普通高等教育机电类专业系列教材
机械工业出版社精品教材

数控机床加工工艺

第 2 版

主　编　华茂发

副主编　唐　健

参　编　陈益严　刘　越

主　审　陈绍廉

机 械 工 业 出 版 社

本书是普通高等教育机电类专业系列教材。全书共分七章，内容包括：数控加工的切削基础、工件在数控机床上的装夹、数控加工的工艺基础、数控车削加工工艺、数控铣削加工工艺、加工中心的加工工艺及数控线切割加工工艺。

全书以数控机床加工工艺为主线，将切削加工的基本理论知识，常规机械加工工艺和数控加工工艺，常用的刀具、夹具和辅具等内容有机地结合为一体。教材通过典型零件的数控车削加工、数控铣削加工、加工中心加工和数控线切割加工工艺分析，将数控加工基本理论知识与实际应用融会贯通。教材内容比较全面、系统，突出理论知识的实际应用和学生实践能力的培养，符合培养一线技术应用型人才的教学要求。教材每章均配有一定数量的习题，全书配有电子课件，便于教学使用。

本书可作为普通高等院校数控技术专业和机电一体化技术专业的教学用书，也可作为职业大学、电视大学等相关专业的教材，同时，还可供数控加工技术人员参考。

图书在版编目（CIP）数据

数控机床加工工艺/华茂发主编 . —2 版 . —北京：机械工业出版社，2010. 10（2024. 8 重印）

普通高等教育机电类专业系列教材
ISBN 978-7-111-32196-5

Ⅰ. ①数… Ⅱ. ①华… Ⅲ. ①数控机床-加工-高等学校：技术学校-教材 Ⅳ. ①TG659

中国版本图书馆 CIP 数据核字（2010）第 197305 号

机械工业出版社(北京市百万庄大街 22 号　邮政编码 100037)
策划编辑：郑　丹　王英杰　责任编辑：吴天培
版式设计：霍永明　责任校对：李秋荣
封面设计：鞠　杨　责任印制：邰　敏
中煤（北京）印务有限公司印刷
2024 年 8 月第 2 版第 15 次印刷
184mm×260mm · 15 印张 · 367 千字
标准书号：ISBN 978-7-111-32196-5
定价：44. 80 元

电话服务　　　　　　　　　网络服务
客服电话：010- 88361066　　机 工 官 网：www.cmpbook.com
　　　　　010- 88379833　　机 工 官 博：weibo.com/cmp1952
　　　　　010- 68326294　　金 书 网：www.golden-book.com
封底无防伪标均为盗版　　机工教育服务网：www.cmpedu.com

前　言

《数控机床加工工艺》一书是普通高等教育机电类专业系列教材，自 2000 年 10 月出版以来，受到了广大读者的普遍欢迎，已多次印刷，是机械工业出版社的精品教材。由于该书的出版时间较长了，为适应数控加工技术的迅速发展、企业对高技能数控人才提出越来越高的要求和相关高等院校数控技术及相关专业的教学改革等新形势、新要求，满足培养应用型数控人才的教学需要，我们对该书进行了修订。

本次修订在保留第 1 版教材的结构体系和特点的基础上，贯彻高等教育和应用型人才培养的要求，结合数控技术发展的新成果以及编者所在院校近年来的教学改革成果、教学实践和广大读者建议，对相关内容作了补充和修改。修订的主要内容有：

1. 补充了数控加工技术的最新研究成果。

2. 补充了机床夹具的相关内容，例如，夹紧力的估算、自定心夹紧机构、数控车床、数控铣床及加工中心常用典型夹具等内容。

3. 增减了数控机床用刀具和工具系统的基本知识，如补充了机夹可转位车刀、刀片及工具系统型号的组成和螺纹孔加工刀具，删去了深孔加工喷吸钻。

4. 补充和修改了部分典型零件数控加工实例，如第四章、第五章中各增加了一个典型零件数控车削和数控铣削的加工工艺分析实例；第七章中重新编写了三个典型零件数控线切割加工工艺分析实例，删去了原书中的三个实例。

5. 增加了螺纹加工切削用量选择的内容，修改了数控线切割加工参数选择的相关内容。

此外，原书第四、第五及第六章中的三个形状较复杂的典型零件的数控加工工艺分析实例，在本次修订中改作选修内容（打"*"号的），供各校根据教学需要选用。这些实例分析详尽，也便于学生课后自学。

本书系统性、综合性强，内容丰富，前后各章联系紧密，书中精选的典型实例，具有很强的实用性。全书的编写遵从"淡化理论，够用为度，培养技能，重在应用"的原则，体现了职业技术教育教材的特色。本书可作为普通高等教育数控技术专业和机电一体化技术专业的教学用书，也可作为职业大学、电视大学等相关专业的教材，同时，还可供数控加工技术人员参考。

全书由南京工程学院华茂发、重庆工业职业技术学院唐健、福建工程学院陈益严和九江职业技术学院刘越共同编写。由华茂发任主编，唐健任副主编。各章编写分工为：绪论、第三章、第六章由华茂发编写；第一章由华茂发、唐健编写；第二章由陈益严、华茂发编写；第四章由刘越编写；第五章由唐健编写；第七章由陈益严编写。全书由华茂发统稿。

南京航空航天大学陈绍廉教授对本书进行了认真的审阅，提出了许多宝贵的建议，在此表示衷心的感谢。

本书配有电子课件，凡使用本书作教材的教师可登录机械工业出版社教材服务网

（http://www.cmpedu.com）下载，或发送电子邮件至 cmpgaozhi@sina.com 索取。咨询电话：010 - 88379375。

由于编者水平有限，书中难免有不妥和错误，恳请广大读者批评指正。

编 者

目　　录

绪　论

一、数控加工在机械制造业中的地位和作用

随着科学技术的发展，机械产品结构越来越合理，其性能、精度和效率日趋提高，更新换代频繁，生产类型由大批大量生产向多品种小批量生产转化。因此，对机械产品的加工相应地提出了高精度、高柔性与高度自动化的要求。

大批大量的产品，如汽车、拖拉机与家用电器的零件，为了解决高产、优质的问题，多采用专用的工艺装备、专用自动化机床或专用的自动生产线和自动车间进行生产。但是应用这些专用生产设备进行生产，生产准备周期长，产品改型不易，因而使产品的开发周期增长。在机械产品中，单件与小批量产品占到 70% ~ 80%，这类产品一般都采用通用机床加工，当产品改变时，机床与工艺装备均需作相应的变换和调整，而且通用机床的自动化程度不高，基本上由人工操作，难以提高生产效率和保证产品质量。特别是一些曲线、曲面轮廓组成的复杂零件，只能借助靠模和仿形机床，或者借助划线和样板用手工操作的方法来加工，加工精度和生产效率受到很大的限制。

由于数控机床综合应用了电子计算机、自动控制、伺服驱动、精密检测与新型机械结构等方面的技术成果，具有高柔性、高精度与高度自动化的特点，因此，采用数控加工手段，解决了机械制造中常规加工技术难以解决甚至无法解决的单件、小批量、特别是复杂型面零件的加工。应用数控加工技术是机械制造业的一次技术革命，使机械制造业的发展进入了一个新的阶段，提高了机械制造业的制造水平，为社会提供了高质量、多品种及高可靠性的机械产品。目前应用数控加工技术的领域已从当初的航空工业部门逐步扩大到汽车、造船、机床、建筑等民用机械制造业，并已取得了巨大的经济效益。

二、数控加工技术的发展

1. 数控机床的发展　　自 1952 年第一台数控铣床在美国诞生以来，随着电子技术、计算机技术、自动控制和精密测量技术的发展，数控机床得到迅速的发展和更新换代。

数控机床的发展关键取决于数控系统的发展，数控系统的发展先后经历了两个阶段、六代的发展历程。第一个阶段叫做数控（NC）阶段，经历了电子管（1952 年）、晶体管（1959 年）和小规模集成电路（1965 年）三代。自 1970 年小型计算机开始用于数控系统就进入到第二阶段，成为第四代数控系统（CNC）；从 1974 年微处理器开始用于数控系统即发展到第五代（MNC）。之后经过十多年的发展，数控系统从性能到可靠性都得到了根本性的提高。目前数控机床上使用的数控系统大多是第五代数控系统。由于第五代及以前各代数控系统与通用计算机不兼容，系统内部结构、工作原理和运行过程复杂，难以进行升级和进一步开发，是一种专用封闭式系统，因此，20 世纪 90 年代后，基于 PC 机的软硬件资源，人们设计了新一代的开放式数控系统，使数控系统的发展进入到第六代（PC—CNC）。目前的第六代数控系统代表着数控系统未来的发展方向，在数控机床上的使用将会越来越多。

随着数控系统的不断更新换代，数控机床的品种也得以不断发展，产量也不断地提高。目前，世界数控机床的品种已超过 1500 种，几乎所有品种的机床都实现了数控化。

我国数控机床的研制始于 1958 年，由清华大学研制出了最早的样机。1966 年我国诞生了第一台用直线—圆弧插补的晶体管数控系统。1970 年初研制成功集成电路数控系统。1980 年以来，通过研究和引进技术，我国的数控机床发展很快，目前能够开发和生产具有自主知识产权的中、高档数控系统，并且取得了可喜的成果。我国的数控机床产品已覆盖了车床、铣床、镗铣床、钻床、磨床、加工中心及齿轮机床等，品种已超过 500 种，形成了具有批量生产能力的生产基地。

2. 自动编程系统的发展　在 20 世纪 50 年代后期，美国首先研制成功了 APT（Automatically Programmed Tools）系统。由于它具有语言直观易懂、制带快捷、加工精度高等优点，很快就成为广泛使用的自动编程系统。到了 20 世纪 60 年代和 70 年代，又先后发展了 APTⅢ和 APTⅣ系统，主要用于轮廓零件的编程，也可以用于点位加工和多坐标数控机床程序的编制。APT 语言系统很庞大，需要大型通用计算机，不适用于中小用户。为此，还发展了一些比较灵活、针对性强的可用小型计算机的自动编程系统，如用于两坐标轮廓零件编程的 ADAPT 系统等。

在西欧和日本，也在引进美国技术的基础上发展了各自的自动编程系统，如德国的 EXAPT 系统、法国的 IFAPT 系统、英国的 2CL 系统以及日本的 FAPT 和 HAPT 系统等。

1972 年，美国洛克希德飞机公司开发出具有计算机辅助设计、绘图和数控编程一体化功能的自动编程系统 CAD/CAM，由此标志着一种新型的计算机自动编程方法的诞生。1978 年，法国达索飞机公司开发研制出具有三维设计、分析和数控编程一体化功能的 CATIA 自动编程系统；1983 年，美国 Unigraphics Solutions 公司开发研制出 UGⅡ CAD/CAM 系统，这也是目前应用最广泛的 CAD/CAM 软件之一。20 世纪 80 年代以后，各种不同的 CAD/CAM 自动编程系统如雨后春笋般地发展起来，如 Master CAM、Surf CAM、Pro/Engineer 等。

自 20 世纪 90 年代中期以后，数控自动编程系统更是向着集成化、智能化、网络化、并行化和虚拟化方向迅速发展，标志着更新的自动编程系统的发展潮流和方向。

我国的自动编程系统发展较晚，但进步很快，目前主要有用于航空零件加工的 SKC 系统以及 ZCK，ZBC 系统和用于线切割加工的 SKG 系统等。

3. 自动化生产系统的发展　随着 CNC 技术、信息技术、网络技术以及系统工程学的发展，为单机数控化向计算机控制的多机制造系统自动化发展创造了必要的条件，在 20 世纪 60 年代末期出现了由一台计算机直接管理和控制一群数控机床的计算机群控系统，即直接数控系统 DNC（Direct NC），1967 年出现了由多台数控机床联接成可调加工系统，这就是最初的柔性制造系统 FMS（Flexible Manufacturing System）。20 世纪 80 年代初又出现以 1~3 台加工中心或车削中心为主体，再配上工件自动装卸的可交换工作台及监控检验装置的柔性制造单元 FMC（Flexible Manufcturing Cell）。FMC、FMS 经近十多年的迅速发展，在 1989 年第八届欧洲国际机床展览会上，展出的 FMS 超过 200 条。目前，已经出现了包括生产决策、产品设计及制造和管理等全过程均由计算机集成管理和控制的计算机集成制造系统 CIMS（Computer Integrated Manufacturing System），以实现工厂自动化。自动化生产系统的发展，使加工技术跨入了一个新的里程，建立了一种全新的生产模式。我国已开始在这方面进行了探索与研制，并取得可喜的成果，已有一些 FMS 和 CIMS 成功地用于生产。

三、数控加工的特点

同常规加工相比，数控加工具有如下的特点：

1. 自动化程度高　在数控机床上加工零件时，除了手工装卸工件外，全部加工过程都由机床自动完成。在柔性制造系统上，上下料、检测、诊断、对刀、传输、调度、管理等也都由机床自动完成，这样减轻了操作者的劳动强度，改善了劳动条件。

2. 加工精度高，加工质量稳定　数控加工的尺寸精度通常在 0.005～0.1mm 之间，目前最高的尺寸精度可达 ±0.0015mm，不受零件形状复杂程度的影响，加工中消除了操作者的人为误差，提高了同批零件尺寸的一致性，使产品质量保持稳定。

3. 对加工对象的适应性强　数控机床上实现自动加工的控制信息是加工程序。当加工对象改变时，除了相应更换刀具和解决工件装夹方式外，只要重新编写并输入该零件的加工程序，便可自动加工出新的零件，不必对机床作任何复杂的调整，这样缩短了生产准备周期，给新产品的研制开发以及产品的改进、改型提供了捷径。

4. 生产效率高　数控机床的加工效率高，一方面是自动化程度高，在一次装夹中能完成较多表面的加工，省去了划线、多次装夹、检测等工序；另一方面是数控机床的运动速度高，空行程时间短。目前，数控车床的主轴转速已达到 5000～7000r/min，数控高速磨削的砂轮线速度达到 100～200m/s，加工中心的主轴转速已达到 70000r/min，高速铣床的主轴转速达到 100000r/min；各轴的快速移动速度可达 150～210m/min，进给速度可达 20～30m/min；随着新型刀具材料的使用，切削速度可达 1000m/min，最高可达 1500m/min。

5. 易于建立计算机通信网络　由于数控机床是使用数字信息，易于与计算机辅助设计和制造（CAD/CAM）系统联接，形成计算机辅助设计和制造与数控机床紧密结合的一体化系统。

当然，数控加工在某些方面也有不足之处，这就是数控机床价格昂贵，加工成本高，技术复杂，对工艺和编程要求较高，加工中难以调整，维修困难。为了提高数控机床的利用率，取得良好的经济效益，需要切实解决好加工工艺与程序编制、刀具的供应、编程与操作人员的培训等问题。

四、数控加工工艺研究的内容及任务

数控加工工艺是以数控加工中的工艺问题为研究对象的一门加工技术。它以机械制造中的工艺基本理论为基础，结合数控机床的特点，综合运用多方面的知识解决数控加工中的面临的工艺问题。

数控加工工艺的内容包括金属切削和加工工艺的基本知识和基本理论、金属切削刀具、夹具、典型零件加工及工艺分析等。数控机床加工工艺研究的宗旨是：如何科学地、最优地设计加工工艺，充分发挥数控机床的特点，实现在数控加工中的优质、高产、低耗。

数控机床加工工艺是数控技术专业和机电类专业的主要专业课之一。通过本课程的学习，应基本掌握数控加工的金属切削及加工工艺的基本知识和基本理论；学会选择机床、刀具、夹具及零件的加工方法；掌握数控加工工艺设计方法；通过有关教学环节的配合，初步具有制订中等复杂程度零件的数控加工工艺和分析解决生产中一般工艺问题的能力。

五、数控加工工艺的特点及学习方法

数控加工工艺是一门综合性、实践性、灵活性强的专业技术课程。学习本课程应注意下列几点：

（1）本课程包含面广、内容丰富、综合性强。不仅包含金属切削原理、刀具、夹具和加工工艺等，还涉及毛坯制造、金属材料、热处理、公差配合、零件加工方法和加工设备等多方面知识。因此，在学习时，要善于将已学过的相关课程的知识同本课程的知识结合起来，合理地综合运用。

（2）数控加工工艺同生产实际密切相关，其理论源于生产实际，是长期生产实践的总结。因此，学习本课程必须注意同生产实际的结合。只有通过实践教学环节（实验、课程设计及实习）的配合，通过深入生产实际，才能掌握本课程的知识，提高工艺设计和解决问题的能力。

（3）数控加工工艺的应用有很大的灵活性。对同一个问题，在工艺设计上可能有多种方案，必须针对具体问题进行具体分析，在不同的现场条件下，灵活运用理论知识，优选最佳方案。

第一章　数控加工的切削基础

第一节　概　述

一、切削运动和加工中的工件表面

（一）切削运动

金属切削加工就是用金属切削刀具把工件毛坯上预留的金属材料（统称余量）切除，获得图样所要求的零件。在切削过程中，刀具和工件之间必须有相对运动，这种相对运动就称为切削运动。按切削运动在切削加工中的功用不同分为主运动和进给运动。

1. 主运动　主运动是由机床提供的主要运动，它使刀具和工件之间产生相对运动，从而使刀具前刀面接近工件并切除切削层。它可以是旋转运动，如车削时工件的旋转运动（图1-1），铣削时铣刀的旋转运动；也可以是直线运动，如刨削时刀具或工件的往复直线运动。其特点是切削速度最高，消耗的机床功率也最大。

2. 进给运动　进给运动是由机床提供的使刀具与工件之间产生附加的相对运动，加上主运动即可不断地或连续地切除切削层，并得出具有所需几何特性的已加工表面。它可以是连续的运动，如车削外圆时车刀平行于工件轴线的纵向运动（图1-1）；也可以是间断运动，如刨削时刀具的横向移动，其特点是消耗的功率比主运动小得多。

主运动可以由工件完成（如车削、龙门刨削等），也可以由刀具完成（如钻削、铣削等）。进给运动也同样可以由工件完成（如铣削、磨削等）或刀具完成（车削、钻削等）。

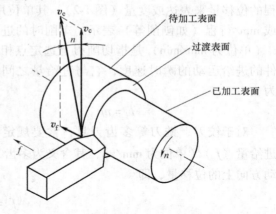

图1-1　车削时的运动和工件上的三个表面

在各类切削加工中，主运动只有一个，而进给运动可以有一个（如车削）、两个（如外圆磨削）或多个，甚至没有（如拉削）。

当主运动和进给运动同时进行时，由主运动和进给运动合成的运动称为合成切削运动（图1-1）。刀具切削刃上选定点相对工件的瞬时合成运动方向称为合成切削运动方向，其速度称为合成切削速度。合成切削速度 v_e 为同一选定点的主运动速度 v_c 与进给运动速度 v_f 的矢量和，即

$$v_e = v_c + v_f$$

（二）加工中的工件表面

切削过程中，工件上多余的材料不断地被刀具切除而转变为切屑，因此，工件在切削过程中形成了三个不断变化着的表面（图1-1）：

1. 已加工表面　工件上经刀具切削后产生的表面称为已加工表面。

2. 待加工表面　工件上有待切除切削层的表面称为待加工表面。

3. 过渡表面　过渡表面就是工件上由切削刃形成的那部分表面，它在下一切削行程（如刨削）、刀具或工件的下一转里（如单刃镗削或车削）将被切除，或者由下一切削刃（如铣削）切除。

二、切削要素

（一）切削用量

切削用量是用来表示切削运动，调整机床用的参量，并且可用它对主运动和进给运动进行定量的表述。它包括以下三个要素：

1. 切削速度（v_c）　切削刃选定点相对于工件主运动的瞬时速度称为切削速度。大多数切削加工的主运动是回转运动，其切削速度 v_c（单位为 m/min）的计算公式如下

$$v_c = \frac{\pi d n}{1000} \tag{1-1}$$

式中　d——切削刃选定点处所对应的工件或刀具的回转直径，单位为 mm；

$\quad\quad n$——工件或刀具的转速，单位为 r/min。

2. 进给量（f）　刀具在进给方向上相对于工件的位移量称为进给量，可用刀具或工件每转或每行程的位移量来表达或度量（图 1-2）。其单位用 mm/r 或 mm/行程（如刨削等）表示。车削时的进给速度 v_f（单位为 mm/min）是指切削刃上选定点相对于工件的进给运动的瞬时速度，它与进给量之间的关系为

$$v_f = nf \tag{1-2}$$

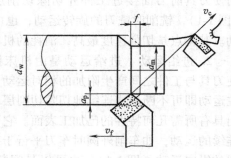

图 1-2　切削用量三要素

对于铰刀、铣刀等多齿刀具，常要规定出每齿进给量（f_z）（单位为 mm/z），其含义为多齿刀具每转或每行程中每齿相对于工件在进给运动方向上的位移量，即

$$f_z = \frac{f}{z} \tag{1-3}$$

式中　z——刀齿数。

3. 背吃刀量（a_p）　背吃刀量是已加工表面和待加工表面之间的垂直距离，其单位为 mm。外圆车削时

$$a_p = \frac{d_w - d_m}{2} \tag{1-4}$$

式中　d_w——待加工表面直径，单位为 mm；

$\quad\quad d_m$——已加工表面直径，单位为 min。

镗孔时，则上式中的 d_w 与 d_m 互换一下位置。

（二）切削层参数

在切削加工中，刀具或工件沿进给运动方向每移动 f 或 f_z 后，由一个刀齿正在切除的金属层称为切削层。切削层的尺寸称为切削层参数。为简化计算，切削层的剖面形状和尺寸，

在垂直于切削速度 v_c 的基面上度量。图 1-3 表示车削时的切削层，当工件旋转一转时，车刀切削刃由过渡表面 I 的位置移到过渡表面 II 的位置，在这两圈过渡表面（圆柱螺旋面）之间所包含的工件材料层在车刀前刀面挤压下被切除，这层工件材料即是车削时的切削层。

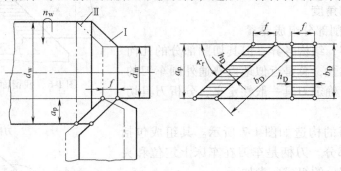

图 1-3 外圆纵车时切削层的参数

1. 切削厚度（h_D） 它是指在垂直于切削刃的方向上度量的切削层截面的尺寸。当主切削刃为直线刃时，直线切削刃上各点的切削层厚度相等（图 1-3）并有以下近似关系，即

$$h_D \approx f\sin\kappa_r \qquad (1-5)$$

图 1-4 表示主切削刃为曲线刃时，切削层局部厚度的变化情况。

2. 切削宽度（b_D） 它是指沿切削刃方向度量的切削层截面尺寸。它大致反映了工作主切削刃参加切削工作的长度，对于直线主切削刃有以下近似关系（图 1-3），即

$$b_D = \frac{a_p}{\sin\kappa_r} \qquad (1-6)$$

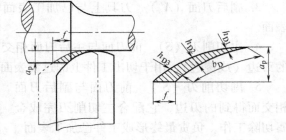

图 1-4 曲线切削刃工作时的 h_D 和 b_D

3. 切削面积（A_D） 它是指在给定瞬间，切削层在切削层尺寸平面里的横截面积，即图 1-5 中的 $ABCD$ 所包围的面积。由于刀具副偏角的存在，经切削加工后的已加工表面上常留下有规则的刀纹，这些刀纹在切削层尺寸平面里的横截面积（图 1-5 中 ABE 所包围的面积）称为残留面积 ΔA_D，它构成了已加工表面理论表面粗糙度的几何基形。

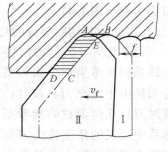

车削时切削面积 A_D 可按下式计算

$$A_D = a_p f = b_D h_D \qquad (1-7)$$

图 1-5 残留面积

实际切削面积 A_{De} 等于切削面积 A_D 减去残留面积 ΔA_D，即

$$A_{De} = A_D - \Delta A_D \qquad (1-8)$$

残留面积的高度称为轮廓最大高度，用 Rz 表示（图 1-6）。它直接影响已加工表面的表面粗糙度，其计算公式如下

$$Rz = \frac{f}{\cot\kappa_r + \cot\kappa_r'} \qquad (1-9)$$

若刀尖呈圆弧形，则轮廓最大高度 Rz 为

$$Rz \approx \frac{f^2}{8r_\varepsilon} \qquad (1-10)$$

式中 r_ε——刀尖圆弧半径，单位为 mm。

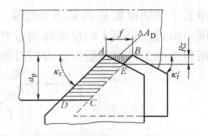

图 1-6 残留面积及其高度

三、刀具几何角度

（一）刀具切削部分组成要素

刀具种类繁多，结构各异，但其切削部分的几何形状和参数都有共性，总是近似地以普通外圆车刀的切削部分为基础，确定刀具一般性定义，分析刀具切削部分的几何参数。

普通外圆车刀的构造如图 1-7 所示。其组成包括刀柄部分和切削部分。刀柄是车刀在车床上定位和夹持的部分。切削部分的组成要素如下：

1. 前刀面（A_γ）　刀具上切屑流过的表面。

2. 主后刀面（A_α）　刀具上与过渡表面相对的表面。

3. 副后刀面（A_α'）　刀具上与已加工表面相对的表面。

图 1-7 车刀的组成

4. 主切削刃（S）　前刀面与主后刀面相交而得到的刃边（或棱边），用于切出工件上的过渡表面，完成主要的金属切除工作。

5. 副切削刃（S'）　前刀面与副后刀面相交而得到的刃边，它配合主切削刃完成金属切除工作，负责最终形成工件已加工表面。

6. 刀尖　主切削刃与副切削刃的连接处的一小部分切削刃。它分为修圆刀尖和倒角刀尖两类（图 1-8）。

（二）刀具切削部分的几何角度

刀具几何参数的确定需要以一定的参考坐标系和参考坐标平面为基准。刀具静止参考系是用于定义刀具设计、制造、刃磨和测量时刀具几何参数的参考系，在刀具静止参考系中定义的角度称为刀具标注角度。下面主要介绍刀具静止参考系中常用的正交平面参考系。

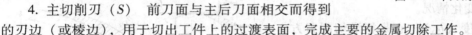

图 1-8 刀尖的类型
a）切削刃的实际交点　b）修圆刀尖　c）倒角刀尖

1. 正交平面参考系（图 1-9）

（1）基面（p_r）：通过切削刃选定点，垂直于主运动方向的平面。通常它平行或垂直于刀具在制造、刃磨及测量时适合于安装或定位的一个平面或轴线。对车刀、刨刀而言，就是过切削刃选定点和刀柄安装平面平行的

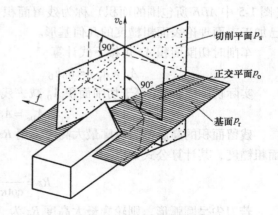

图 1-9 正交平面参考系

平面。对钻头、铣刀等旋转刀具来说，即是过切削刃选定点并通过刀具轴线的平面。

（2）切削平面（p_s）：通过切削刃选定点与切削刃相切并垂直于基面的平面。当切削刃为直线刃时，过切削刃选定点的切削平面，即是包含切削刃并垂直于基面的平面。

（3）正交平面（p_o）：正交平面是指通过切削刃选定点并同时垂直于基面和切削平面的平面。也可以看成是通过切削刃选定点并垂直于切削刃在基面上投影的平面。

2. 刀具的标注角度（图 1-10）

（1）在正交平面中测量的角度

1）前角（γ_o）：前刀面与基面间的夹角。当前刀面与切削平面夹角小于 90° 时，前角为正值；大于 90° 时，前角为负值。它对刀具切削性能有很大的影响。

2）后角（α_o）：后刀面与切削平面间的夹角。当后刀面与基面夹角小于 90° 时，后角为正值；大于 90° 时，后角为负值。它的主要作用是减小后刀面和过渡表面之间的摩擦。

3）楔角（β_o）：前刀面与后刀面的夹角。它是由前角和后角得到的派生角度。

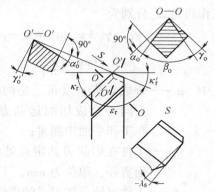

图 1-10 正交平面参考系内的刀具标注角度

$$\beta_o = 90° - (\gamma_o + \alpha_o) \tag{1-11}$$

（2）在基面中测量的角度

1）主偏角（κ_r）：主切削平面与假定进给运动方向间的夹角，它总是为正值。

2）副偏角（κ_r'）：副切削平面与假定进给运动反方向间的夹角。

3）刀尖角（ε_r）：刀尖角是主切削平面与副切削平面间的夹角。它是由主偏角和副偏角得到的派生角度。

$$\varepsilon_r = 180° - (\kappa_r + \kappa_r') \tag{1-12}$$

（3）在切削平面中测量的角度：刃倾角（λ_s），即主切削刃与基面间的夹角。当刀尖相对于车刀刀柄安装面处于最高点时，刃倾角为正值；当刀尖处于最低点时，刃倾角为负值；当切削刃平行于刀柄安装面时，刃倾角为 0°，这时，切削刃在基面内。

（4）在副正交平面中测量的角度：参照主切削刃的研究方法，在副切削刃上同样可定义一副正交平面（p_o'）和副切削平面（p_s'）。在副正交平面中测量的角度有副后角（α_o'），它是副后刀面与副切削平面间的夹角。当副后刀面与基面夹角小于 90° 时，副后角为正值；大于 90° 时，副后角为负值。它决定了副后刀面的位置。

3. 刀具的工作角度 以上讨论的刀具角度是在刀具静止参考系中定义的角度，即在不考虑刀具的具体安装情况和运动影响的条件下而定义的刀具标注角度。实际上，在切削加工中，由于进给运动的影响或刀具相对于工件安装位置发生变化时，常常使刀具实际的切削角度发生变化。这种在实际切削过程中起作用的刀具角度，称为工作角度。

在大多数场合（如车削、镗削、铣削等），进给速度远小于主运动速度，因而在一般安装条件下，刀具的工作角度近似等于标注角度，所以不必进行工作角度的计算。只有在车螺纹、车丝杠、车凸轮或有意将刀具位置装高、装低、左右倾斜等特殊情况下，角度变化值较大，才考虑工作角度。现以横车为例说明刀具的工作角度。

如图 1-11 所示，在车床上切断和车槽加工时，刀具沿横向进给，这时刀具相对于工件的运动轨迹是一阿基米德圆柱螺旋面，各瞬时刀具相对于工件的合成切削运动方向是阿基米德圆柱螺旋面的切线方向，它与主运动方向的夹角为 μ，这时工作基面 P_{re} 和工作切削平面 P_{se} 分别相对于基面 P_r 和切削平面 P_s 转过 μ 角。刀具的工作前角 γ_{oe} 和工作后角 α_{oe} 分别为

$$\gamma_{oe} = \gamma_o + \mu \quad \alpha_{oe} = \alpha_o - \mu \qquad (1\text{-}13)$$

$$\tan\mu = \frac{f}{\pi d} \qquad (1\text{-}14)$$

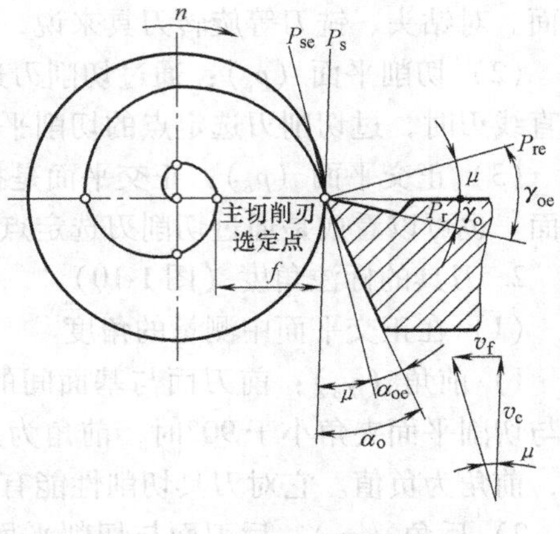

式中　μ——合成切削速度角，是同一瞬间主运动方向与合成切削运动方向间的夹角，在工作平面中测量；

　　　d——工件在切削刃选定点处的瞬时过渡表面直径，单位为 mm；

　　　f——工件每转一转刀具的横向进给量，单位为 mm/r。

图 1-11　横向进给运动对工作角度的影响

显然，在横向进给切削时，由于进给运动的影响，刀具的工作前角增大一个 μ 值，工作后角减小一个 μ 值。而且随着进给量的增大和刀具向工件中心接近，μ 值还在增大。因此在横向车削时，应适当增大 α_o，以补偿进给运动的影响。

纵向进给运动及刀尖安装高于或低于工件轴线、刀杆中心线与进给方向不垂直对工作角度的影响，留请读者分析。

四、刀具材料

刀具材料主要是指刀具切削部分的材料。刀具切削性能的优劣，首先决定于切削部分的材料；其次取决于切削部分的几何参数及刀具结构的选择和设计是否合理。

（一）刀具材料应具备的性能

切削时，刀具切削部分不仅要承受很大的切削力，而且要承受切屑变形和摩擦所产生的高温。要使刀具能在这样的条件下工作而不致很快地变钝或损坏，保持其切削能力，就必须使刀具材料具有如下的性能：

1. 高的硬度和耐磨性　刀具材料的硬度必须更高于被加工材料的硬度，否则在高温高压下，就不能保持刀具锋利的几何形状。通常刀具材料的硬度都在 60HRC 以上。

刀具材料的耐磨性是指抵抗磨损的能力。一般说来，刀具材料硬度越高，耐磨性也越好。此外，刀具材料组织中碳化物越多、颗粒越细、分布越均匀，其耐磨性也越高。

2. 足够的强度与韧性　刀具切削部分的材料在切削时要承受很大的切削力和冲击力。因此，刀具材料必须要有足够的强度和韧性。一般用刀具材料的抗弯强度表示它的强度大小；用冲击韧度表示其韧性的大小，它反映刀具材料抗脆性断裂和崩刃的能力。

3. 良好的耐热性和导热性　刀具材料的耐热性是指刀具材料在高温下保持其切削性能的能力。耐热性越好，刀具材料在高温时抗塑性变形的能力、抗磨损的能力也越强。

刀具材料的导热性越好，切削时产生的热量越容易传导出去，从而降低切削部分的温度，减轻刀具磨损。

4. 良好的工艺性　为了便于制造、要求刀具材料有较好的可加工性，包括锻压、焊接、

切削加工、热处理、可磨性等。

5. 经济性 选择刀具材料时，应注意经济效益，力求价格低廉。

（二）刀具材料的种类

目前最常用的刀具材料有高速钢和硬质合金。陶瓷材料和超硬刀具材料（金刚石和立方氮化硼）仅应用于有限场合，但它们的硬度很高，具有优良的抗磨损性能，刀具寿命高，能保证高的加工精度。

1. 高速钢 高速钢是含有较多的钨、铬、钼、钒等合金元素的高合金工具钢。

高速钢按用途不同分为通用型高速钢和高性能高速钢。

（1）通用型高速钢：通用型高速钢具有一定的硬度（63～66HRC）和耐磨性、高的强度和韧性，切削速度（加工钢料）一般不高于 50～60m/min，不适合高速切削和硬的材料切削。常用牌号有 W18Cr4V 和 W6Mo5Cr4V2。其中，W18Cr4V 具有较好的综合性能，W6Mo5Cr4V2 的强度和韧性高于 W18Cr4V，并具有热塑性好和磨削性能好的优点，但热稳定性低于 W18Cr4V。

（2）高性能高速钢：高性能高速钢是在通用型高速钢的基础上，通过增加碳、钒的含量或添加钴、铝等合金元素而得到的耐热性、耐磨性更高的新钢种。在 630～650℃ 时仍可保持 60HRC 的硬度，其寿命是通用型高速钢的 1.5～3 倍。适用于加工奥氏体不锈钢、高温合金、钛合金、超高强度钢等难加工材料。但这类钢种的综合性能不如通用型高速钢，不同的牌号只有在各自规定的切削条件下，才能达到良好的加工效果。因此其使用范围受到限制。常用牌号有：9W18Cr4V、9W6Mo5Cr4V2、W6Mo5Cr4V3、W6Mo5Cr4V2Co8、及W6Mo5Cr4V2Al 等。

2. 硬质合金 硬质合金是由硬度和熔点都很高的碳化物（WC、TiC、TaC、NbC 等），用 Co、Mo、Ni 作粘结剂制成的粉末冶金制品。其常温硬度可达 78～82HRC，能耐 800～1000℃ 高温，允许的切削速度是高速钢的 4～10 倍。但其冲击韧度与抗弯强度远比高速钢低，因此很少做成整体式刀具。在实际使用中，一般将硬质合金刀块用焊接或机械夹固的方式固定在刀体上。

常用的硬质合金有三大类：

（1）钨钴类硬质合金（YG）：由碳化钨和钴组成。这类硬质合金韧性较好，但硬度和耐磨性较差，适用于加工脆性材料（铸铁等）。钨钴类硬质合金中含 Co 越多，则韧性越好。常用的牌号有：YG8、YG6、YG3，它们制造的刀具依次适用于粗加工、半精加工和精加工。

（2）钨钛钴类硬质合金（YT）：由碳化钨、碳化钛和钴组成。这类硬质合金耐热性和耐磨性较好，但抗冲击韧度较差，适用于切屑呈带状的钢料等塑性材料。常用的牌号有YT5、YT15、YT30 等，其中的数字表示碳化钛的含量。碳化钛的含量越高，则耐磨性越好、韧性越低。这三种牌号的钨钛钴类硬质合金制造的刀具分别适用于粗加工、半精加工和精加工。

（3）钨钛钽（铌）类硬质合金（YW）：由在钨钛钴类硬质合金中加入少量的碳化钽（TaC）或碳化铌（NbC）组成。它具有上述两类硬质合金的优点，用其制造的刀具既能加工钢、铸铁、有色金属，也能加工高温合金、耐热合金及合金铸铁等难加工材料。常用牌号有 YW1 和 YW2。

3. 其他刀具材料

（1）涂层刀具材料：这种材料是在韧性较好的硬质合金基体上或高速钢基体上，采用化学气相沉积（CVD）法或物理气相沉积（PVD）法涂覆一薄层硬度和耐磨性极高的难熔金属化合物而得到的刀具材料。通过这种方法，使刀具既具有基体材料的强度和韧性，又具有很高的耐磨性。常用的涂层材料有 TiC、TiN、Al_2O_3 等。TiC 的硬度和耐磨性好；TiN 的抗氧化、抗粘结性好；Al_2O_3 耐热性好。使用时可根据不同的需要选择涂层材料。

（2）陶瓷：其主要成分是 Al_2O_3，刀片硬度可达 78HRC 以上，能耐 1200～1450℃高温，故能承受较高的切削速度。但抗弯强度低，怕冲击，易崩刃。主要用于钢、铸铁、高硬度材料及高精度零件的精加工。

（3）金刚石：金刚石分人造金刚石和天然金刚石两种。做切削刀具材料者，大多是人造金刚石，其硬度极高，可达 10000HV（硬质合金仅为 1300～1800HV），其耐磨性是硬质合金的 80～120 倍。但韧性差，对铁族材料亲和力大。因此一般不适宜加工黑色金属，主要用于有色金属以及非金属材料的高速精加工。

（4）立方氮化硼（CNB）：这是人工合成的一种高硬度材料，其硬度可达 7300～9000HV，可耐 1300～1500℃高温，与铁族元素亲和力小。但其强度低，焊接性差。目前主要用于加工淬硬钢、冷硬铸铁、高温合金和一些难加工材料。

第二节　金属切削过程基本规律及其应用

一、切屑的形成及种类

（一）切屑的形成过程

从实践中可知，切屑的形成过程就是切削层变形的过程。为了进一步揭示金属切削的变形过程和便于认识其实用意义，把切削区域划分为三个变形区，如图 1-12 所示。

1. 第Ⅰ变形区　即剪切滑移区，如图 1-13 所示。在剪切面 OM 附近的切削层金属，在刀具的作用下，在 OA 到 OM 之间由许多切应力曲面构成的剪切滑移区，其宽度很窄，只有 0.02～0.2mm。

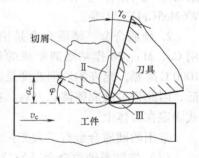

图 1-12　三个变形区的划分

当前刀面以切削速度挤压切削层时，其中某一质点 P 便进入剪切滑移区，由位置 1 移至位置 2，2—2′之间的距离就是它的滑移量。此后，P 点的滑移依次为 3—3′、4—4′，滑移量也相应依次增加，切应力应变也逐渐增大。当 P 点移至 OM 面（终剪切面）上，切应力达到屈服点（σ_s）时，滑移变形基本结束，切削层变形为切屑且沿前刀面流出。

2. 第Ⅱ变形区　切屑沿前刀面流出时，受到前刀面的挤压和摩擦，使靠近前刀面处的金属再次产生剪切变形，使切屑底层薄薄的一层金属流动滞缓。这一层滞缓流动的金属层称为滞流层。滞流层的变形程度比切屑上层大几倍到几十倍。

3. 第Ⅲ变形区　是刀具后刀面和工件的接触区。

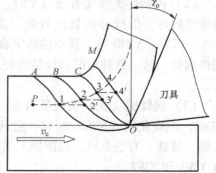

图 1-13　第一变形区金属的剪切滑移

切屑底层和前刀面之间的挤压摩擦，使切屑底层的金属晶粒纤维化而拉长，在带有钝圆半径 r_n 的切削刃口处被分为两部分：一部分随切屑沿前刀面流出；另一部分沿后刀面流出，形成已加工表面，它受到切削刃钝圆半径和后刀面的挤压、摩擦与回弹，造成已加工表面金属的纤维化和加工硬化，并产生一定的残余应力。第Ⅲ变形区的金属变形，将影响到工件的表面质量及使用性能。

（二）切屑的种类

由于工件材料不同，切削条件不同，切削过程中的变形程度也就不同。根据切削过程中变形程度的不同，可把切屑分为四种不同的形态，如图 1-14 所示。

1. 带状切屑（图 1-14a） 这种切屑的底层（与前刀面接触的面）光滑，而外表面呈毛茸状，无明显裂纹。一般加工塑性金属材料（如软钢、铜、铝等），在切削厚度较小、切削速度较高、刀具前角较大时，容易得到这种切屑。形成带状切屑时，切削过程较平稳，切削力波动较小，加工表面质量高。

2. 挤裂切屑（图 1-14b） 又称节状切屑。这种切屑的底面有时出现裂纹，而外表面呈明显的锯齿状。挤裂切屑大多在加工塑性较低的金属材料（如黄铜），切削速度较低、切削厚度较大、刀具前角较小时产生；特别当工艺系统刚性不足、加工碳素钢材料时，也容易得到这种切屑。产生挤裂切屑时，切削过程不太稳定，切削力波动也较大，已加工表面质量较低。

3. 单元切屑（图 1-14c） 又称粒状切屑。采用小前角或负前角，以极低的切削速度和大的切削厚度切削塑性金属（如伸长率较低的结构钢）时，会产生这种切屑。产生单元切屑时，切削过程不平稳，切削力波动较大，已加工表面质量较差。

4. 崩碎切屑（图 1-14d） 切削脆性金属（如铸铁、青铜等）时，由于材料的塑性很小，抗拉强度很低，在切削时切削层内靠近切削刃和前刀面的局部金属未经明显的塑性变形就被挤裂，形成不规则状的碎块切屑。工件材料越硬脆、刀具前角越小、切削厚度越大时，越容易产生崩碎切屑。产生崩碎切削时，切削力波动大，加工表面凹凸不平，切削刃容易损坏。

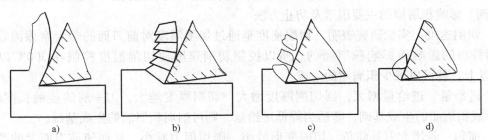

图 1-14 切屑种类
a）带状切屑 b）挤裂切屑 c）单元切屑 d）崩碎切屑

二、积屑瘤

（一）积屑瘤的现象

在中速或较低切削速度范围内，切削一般钢料或其他塑性金属材料，而又能形成带状切屑时，常在切削刃口附近粘结一硬度很高（通常为工件材料硬度的 2～3.5 倍）的楔状金属块，它包围着切削刃且覆盖部分前刀面，这种楔状金属块称为积屑瘤，如图 1-15 所示。

（二）积屑瘤的形成过程

在切削过程中，由于刀—屑间的摩擦，使前刀面和切屑底层一样都是刚形成的新鲜表面，它们之间的粘附能力较强。因此在一定的切削条件（压力和温度）下，切屑底层与前刀面接触处发生粘结，使与前刀面接触的切屑底层金属流动较慢，而上层金属流动较快。流动较慢的切屑底层，称为滞流层。如果温度与压力适当，滞流层金属就与前刀面粘结成一体。随后，新的滞流层在此基础上逐层积聚、粘合，最后长成积屑瘤。长大后的积屑瘤受外力作用或振动影响会发生局部断裂或脱落。积屑瘤的产生、成长、脱落过程是在短时间内进行的，并在切削过程中周期性地不断出现。

（三）积屑瘤在切削过程中的作用

1. 增大前角　积屑瘤粘附在前刀面上，它增大了刀具的实际前角，当积屑瘤最高时，刀具有 30°左右的前角 γ_b，因而可减少切屑变形，降低切削力。

2. 增大切削厚度　积屑瘤前端伸出于切削刃外，伸出量为 Δh_D（见图 1-15），使切削厚度增大了 Δh_D，因而影响了加工尺寸。

3. 增大已加工表面粗糙度　积屑瘤的产生、成长与脱落是一个带有一定周期性的动态过程（每秒钟几十至几百次），使切削厚度不断变化，有可能由此而引起振动；积屑瘤的底部相对稳定一些，其顶部很不稳定，容易破裂，一部分粘附于切屑底部而排出，一部分留在已加工表面上，形成鳞片状毛刺；积屑瘤粘附在切削刃上，使实际切削刃呈一不规则的曲线，导致在已加工表面上沿着主运动方向刻出一些深浅和宽窄不同的纵向沟纹。

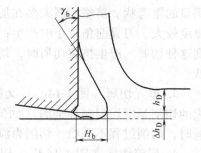

图 1-15　积屑瘤

4. 影响刀具寿命　如图 1-15 所示，积屑瘤包围着切削刃，同时覆盖着一部分前刀面。积屑瘤一旦形成，它便代替切削刃和前刀面进行切削。于是，切削刃和前刀面都得到积屑瘤的保护，从而减少了刀具磨损。但在积屑瘤不稳定的情况下使用硬质合金刀具时，积屑瘤的破裂可能使硬质合金刀具颗粒剥落，使刀具磨损加剧。

（四）影响积屑瘤的主要因素及防止方法

1. 切削速度　实验研究表明，切削速度是通过切削温度对前刀面的最大摩擦因数和工件材料性质的影响而影响积屑瘤的。所以控制切削速度使切削温度控制在 300℃ 以下或 380℃ 以上，就可以减少积屑瘤的生成。

2. 进给量　进给量增大，则切削厚度增大。切削厚度越大，刀—屑的接触长度越长，从而形成积屑瘤的生成基础。若适当降低进给量，则可削弱积屑瘤的生成基础。

3. 前角　若增大刀具前角，切屑变形减小，则切削力减小，从而使前刀面上的摩擦减小，减小了积屑瘤的生成基础。实践证明，前角增大到 35°时，一般不产生积屑瘤。

4. 切削液　采用润滑性能良好的切削液可以减少或消除积屑瘤的产生。

三、切削力

在切削过程中，为切除工件毛坯的多余金属使之成为切屑，刀具必须克服金属的各种变形抗力和摩擦阻力。这些分别作用于刀具和工件上的大小相等、方向相反的力的总和称为切削力。

（一）切削力的来源及分解

切削时作用在刀具上的力来自两个方面，即三个变形区内产生的弹性变形抗力和塑性变形抗力；切屑、工件与刀具间的摩擦力。如图 1-16 所示，作用在前刀面上的弹、塑性变形抗力 $F_{n\gamma}$ 和摩擦力 $F_{f\gamma}$；作用在后刀面上的弹、塑性变形抗力 $F_{n\alpha}$ 和摩擦力 $F_{f\alpha}$。它们的合力 F_r 作用在前刀面上近切削刃处，其反作用力 F_r' 作用在工件上。

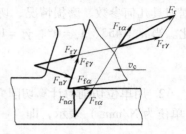

图 1-16　作用在刀具上的力

为了便于分析切削力的作用和测量、计算切削力的大小，通常将合力 F_r 分解成如图 1-17 所示的三个互相垂直的分力。

1. 主切削力 F_c　是总切削力 F_r 在主运动方向上的分力，垂直于基面，与切削速度方向一致，在切削过程中消耗的功率最大（占总数 95% 以上），它是计算刀具强度、机床切削功率的主要依据。

2. 背向力 F_p　是总切削力 F_r 在切深方向上的分力。在内、外圆车削时又称为径向力。由于 F_p 方向上没有相对运动，它不消耗功率，但它会使工件弯曲变形和产生振动；是影响工件加工质量的主要分力。F_p 是机床主轴轴承设计和机床刚度校验的主要依据。

3. 进给力 F_f　是总切削力 F_r 在进给运动方向上的分力，外圆车削中又称为轴向力。它是机床进给机构强度和刚度设计、校验的主要依据。

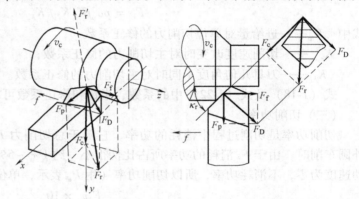

图 1-17　外圆车削时切削合力与分力

由于 F_c、F_p、F_f 三者互相垂直，所以总切削力与它们之间的关系是

$$F_r = \sqrt{F_c^2 + F_D^2} = \sqrt{F_c^2 + F_p^2 + F_f^2} \tag{1-15}$$

F_p、F_f 与 F_D 有如下关系

$$F_p = F_D \cos\kappa_r \tag{1-16}$$

$$F_f = F_D \sin\kappa_r \tag{1-17}$$

（二）计算切削力的经验公式

在生产中计算切削力的经验公式可分为两类：一类是指数公式；一类是按单位切削力计算的公式。

1. 计算切削力的指数公式　计算切削力 F_c 的指数公式为

$$F_c = C_{F_c} a_p^{x_{F_c}} f^{y_{F_c}} v_c^{n_{F_c}} K_{F_c} \tag{1-18}$$

式中　x_{F_c}——背吃刀量 a_p 对切削力 F_c 的影响指数；

y_{F_c}——进给量 f 对切削力 F_c 的影响指数；

n_{F_c}——切削速度 v_c 对切削力 F_c 的影响指数；

K_{F_c}——实际切削条件与实验条件不同时的总修正系数，它是各项条件修正系数的乘积；

C_{F_c}——在一定切削条件下与工件材料有关的系数。

同样，分力 F_p、F_f 等也可写成类似式（1-18）的形式。但一般多根据 F_c 进行估算。根据刀具几何参数、磨损情况、切削用量的不同，F_p 和 F_f 相对于 F_c 的比值在很大范围内变化。当 $\kappa_r = 45°$、$\lambda_s = 0°$、$\gamma_o = 15°$ 时，有以下近似关系

$$F_p = (0.4 \sim 0.5)F_c \tag{1-19}$$

$$F_f = (0.3 \sim 0.4)F_c \tag{1-20}$$

2. 用单位切削力计算切削力的公式　单位切削力是指单位切削面积上的主切削力，用 p（单位为 N/mm²）表示，即

$$p = \frac{F_c}{A_D} = \frac{F_c}{a_p f} \tag{1-21}$$

单位切削力 p 可从《切削用量手册》中查出，则 F_c 可以通过单位切削力用下列公式进行计算

$$F_c = p a_p f K_{fp} K_{v_c F_c} K_{F_c} \tag{1-22}$$

式中　K_{fp}——进给量对单位切削力的修正系数；

　　　$K_{v_c F_c}$——切削速度改变时对主切削力的修正系数；

　　　K_{F_c}——刀具几何角度不同时对主切削力的修正系数。

式（1-18）及式（1-22）中的系数、指数和修正系数可在《切削用量手册》中查到。

（三）切削功率

切削功率是切削过程中消耗的功率，它等于总切削力 F_r 的三个分力消耗功率的总和。外圆车削时，由于 F_f 消耗的功率所占比例很小，约 $1\% \sim 5\%$，通常略去不计；F_p 方向的运动速度为零，不消耗功率，所以切削功率（用 P_c 表示，单位为 kW）为

$$P_c = \frac{F_c v_c \times 10^{-3}}{60} \tag{1-23}$$

式中　F_c——主切削力，单位为 N；

　　　v_c——切削速度，单位为 m/min。

算出切削功率后，可以进一步计算出机床电动机消耗的功率 P_E（单位为 kW）即

$$P_E \geqslant \frac{P_c}{\eta} \tag{1-24}$$

式中　η——机床的传动功率，一般为 $0.75 \sim 0.85$。

（四）影响切削力的主要因素

1. 工件材料的影响　工件材料的强度、硬度越高，材料的剪切屈服强度越高，切削力越大。在强度、硬度相近的情况下，材料的塑性、韧性越大，则切削力越大。

2. 切削用量的影响

（1）背吃刀量和进给量：当 a_p 或 f 加大时，切削面积加大，变形抗力和摩擦阻力增加，从而引起切削力增大。实验证明，当其他切削条件一定时，a_p 加大一倍，切削力增加一倍；f 加大一倍，切削力增加 $68\% \sim 86\%$。

（2）切削速度：切削塑性金属时，在形成积屑瘤范围内，v_c 较低时，随着 v_c 的增加，积屑瘤增高，γ_o 增大，切削力减小。v_c 较高时，随着 v_c 的增加，积屑瘤逐渐消失，γ_o 减小，切削力又逐渐增大。在积屑瘤消失后，v_c 再增大，使切削温度升高，切削层金属的强度

和硬度降低，切屑变形减小，摩擦力减小，因此切削力减小。v_c 达到一定值后再增大时，切削力变化减缓，渐趋稳定。

切削脆性金属（如铸铁、黄铜）时，切屑和前刀面的摩擦小。v_c 对切削力无显著的影响。

3. 刀具几何角度的影响 前角 γ_o 增大，被切金属变形减小，切削力减小。切削塑性大的材料，加大 γ_o 可使塑性变形显著减小，故切削力减小得多一些。主偏角 κ_r 对进给力 F_f、背向力 F_p 影响较大，增大 κ_r 时，F_p 减小，但 F_f 增大。刃倾角 λ_s 对主切削力 F_c 影响很小，但对背向力 F_p、进给力 F_f 影响显著。λ_s 减小时，F_p 增大，F_f 减小。

4. 刀具磨损的影响 当刀具后刀面磨损后，形成零后角，且切削刃变钝，后刀面与加工表面间挤压和摩擦加剧，使切削力增大。

5. 切削液的影响 以冷却作用为主的水溶液对切削力影响很小。以润滑作用为主的切削油能显著地降低切削力，由于润滑作用，减小了刀具前刀面与切屑、后刀面与工件表面间的摩擦。

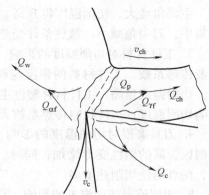

四、切削热与切削温度

（一）切削热的产生与传散

1. 切削热的产生 切削热是由切削功转变而来的，一是切削层发生的弹、塑性变形功；二是切屑与前刀面、工件与后刀面间消耗的摩擦功。具体在三个变形区内产生，如图 1-18 所示。其中包括：

图 1-18 切削热的来源与传散

1）剪切区的变形功转变的热 Q_p。

2）切屑与前刀面的摩擦功转变的热 Q_{γ_f}。

3）已加工表面与后刀面的摩擦功转变的热 Q_{α_f}。

产生的总热量 Q 为

$$Q = Q_p + Q_{\gamma_f} + Q_{\alpha_f} \tag{1-25}$$

切削塑性金属时切削热主要由剪切区变形和前刀面摩擦形成；切削脆性金属时则后刀面摩擦热占的比例较多。

2. 切削热的传散 切削热由切屑、工件、刀具和周围介质传出，可分别用 Q_{ch}、Q_w、Q_c、Q_f 表示。切削热产生与传出的关系为

$$Q = Q_p + Q_{\gamma_f} + Q_{\alpha_f} = Q_{ch} + Q_w + Q_c + Q_f \tag{1-26}$$

切削热传出的大致比例为：

1）车削加工时，Q_{ch}（50% ~ 86%），Q_c（40% ~ 10%），Q_w（9% ~ 3%），Q_f（1%）；

2）钻削加工时，Q_{ch}（28%），Q_c（14.5%），Q_w（52.5%），Q_f（5%）。

切削速度越高，切削厚度越大，则由切屑带走的热量越多。

影响切削热传出的主要因素是工件和刀具材料的热导率以及周围介质的状况。

（二）切削温度及其影响因素

通常所说的切削温度，如无特殊注明，都是指切屑、工件和刀具接触区的平均温度。

1. 切削用量对切削温度的影响 切削速度对切削温度影响显著。实验证明，随着切削

速度的提高，切削温度明显上升。因为当切屑沿前刀面流出时，切屑底层与前刀面发生强烈摩擦，因而产生大量的热量。

进给量对切削温度有一定的影响。随着进给量的增大，单位时间内的金属切除量增多，切削过程产生的切削热也增多，切削温度上升。

背吃刀量对切削温度影响很小。随着背吃刀量的增大，切削层金属的变形与摩擦成正比增加，切削热也成正比增加。但由于切削刃参加工作的长度也成正比地增长，改善了散热条件，所以切削温度的升高并不明显。

2. 刀具几何参数对切削温度的影响　前角的数值直接影响到第 Ⅰ 变形区的变形大小和第 Ⅱ 变形区摩擦的大小及散热条件的好坏，所以对切削温度有明显的影响。前角大，产生的切削热少，切削温度低；前角小，切削温度高。

主偏角增大，切削温度将升高。因为主偏角加大后，切削刃工作长度缩短，切削热相对地集中，刀尖角减小，散热条件变差，切削温度升高。

3. 工件材料对切削温度的影响　工件材料影响切削温度的因素主要有强度、硬度、塑性及传热系数。工件材料的强度与硬度越高，切削时消耗的功率越大，产生的切削热也越多，切削温度越高；工件材料塑性主要影响到第 Ⅰ 变形区的变形和第 Ⅱ 变形区的摩擦，从而影响切削温度；工件材料传热系数大，从工件传出去的热量多，切削温度低。

4. 刀具磨损对切削温度的影响　刀具磨损后切削刃变钝，刃区前方的挤压作用增大，切削区金属的塑性变形增加；同时，磨损后的刀具后角基本为零，使工件与刀具的摩擦加大，两者均使切削热增多。

5. 切削液对切削温度的影响　切削液能降低切削区的温度，改善切削过程中的摩擦状况，减少刀具和切屑的粘结，减少工件热变形，保证加工精度，减小切削力，提高刀具寿命和生产效率。

五、刀具磨损与刀具寿命

（一）刀具磨损形式

刀具失效的形式分为正常磨损和破损两大类。下面主要介绍正常磨损的形态（图 1-19）。

1. 前刀面磨损　在切削速度较高、切削厚度较大的情况下，加工钢料等高熔点塑性金属时，在强烈的摩擦下，前刀面经常会磨出一个月牙形的洼坑。月牙洼中心即为前刀面上切削温度最高处。月牙洼与主切削刃之间有一条小棱边。在切削过程中，月牙洼的宽度与深度逐渐扩展，使棱边逐渐变窄，最后导致崩刃。月牙洼中心距主切削刃距离 KM 约为 $1 \sim 3mm$，KM 值的大小与切削

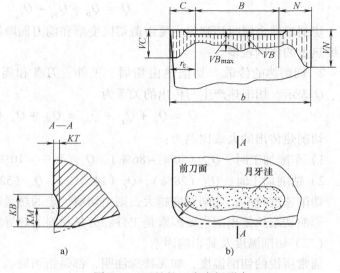

图 1-19　刀具的正常磨损形态

厚度有关。前刀面磨损量，通常以月牙洼的最大深度 KT 表示（见图1-19a）。

2. 后刀面磨损 刀具主后刀面与工件过渡表面接触，产生强烈摩擦，在毗邻主切削刃的部位很快磨出后角等于零的小棱面，此种磨损形式称为后刀面磨损。

在切削速度较低、切削厚度较小的情况下，不管是切削脆性金属（如铸铁等）还是切削塑性金属，刀具都会产生主后刀面磨损。较典型的主后刀面磨损带，如图1-19b所示。刀尖部分（C 区）由于强度较低，散热条件较差，磨损比较严重，其最大值用 VC 表示。毗邻主切削刃且靠近工件外皮处的主后刀面（N 区）上，往往会磨出深沟，其深度用 VN 表示，这是由于上道工序加工硬化层或毛坯表皮硬度高等的影响所致，称为边界磨损。在磨损带的中间部分（B 区），磨损比较均匀，用 VB_{max} 表示其最大磨损值。

3. 前刀面和主后刀面同时磨损 在中等切削速度和进给量的情况下，切削高熔点塑性金属时，经常发生前刀面月牙洼磨损和主后刀面磨损兼有的磨损形式。

（二）刀具磨损过程与磨钝标准

1. 刀具磨损过程 在一定切削条件下，不论何种磨损形态，其磨损量都将随切削时间的增长而增长（图1-20）。由图可知：刀具的磨损过程可分为三个阶段。

（1）初期磨损阶段（OA）：这一阶段磨损速率大，是因为新刃磨的刀具主后刀面存在粗糙不平、显微裂纹、氧化或脱碳层等缺陷，而且切削刃较锋利，主后刀面与过渡表面接触面积较小，压应力和切削温度集中于刃口所致。

（2）正常磨损阶段（AB）：经过初期磨损后，刀具主后刀面粗糙表面已经磨平，承压面积增大，压应力减小，从而使磨损速率明显减小，且比较稳定，即刀具进入正常磨损阶段。

（3）急剧磨损阶段（BC）：当磨损带宽度 VB 增

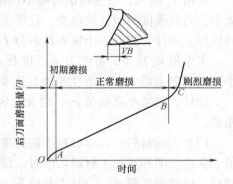

图1-20 刀具磨损的典型曲线

大到一定限度后，摩擦力增大，切削力和切削温度急剧上升，刀具磨损速率增大，以致刀具迅速损坏而失去切削能力。

2. 刀具的磨钝标准 刀具磨损到一定程度后，切削力、切削温度显著增加，加工表面变得粗糙，工件尺寸可能会超出公差范围，切屑颜色、形状发生明显变化，甚至产生振动或出现不正常的噪声等。这些现象都可说明刀具已经磨钝，因此需要根据加工要求规定一个最大的允许磨损值，这就是刀具的磨钝标准。由于后刀面磨损最常见，且易于控制和测量，通常以主后刀面中间部分平均磨损量 VB 作为磨钝标准。根据生产实践的调查资料，硬质合金车刀磨钝标准推荐值见表1-1。

表1-1 硬质合金车刀的磨钝标准 （单位：mm）

加工条件	主后面 VB 值
精车	$0.1 \sim 0.3$
合金钢粗车、粗车刚性较差工件	$0.4 \sim 0.5$
碳素钢粗车	$0.6 \sim 0.8$
铸铁件粗车	$0.8 \sim 1.2$
钢及铸铁大件低速粗车	$1.0 \sim 1.5$

（三）刀具寿命

1. 刀具寿命的概念　所谓刀具寿命，指的是从刀具刃磨后开始切削，一直到磨损量达到磨钝标准为止所经过的总切削时间，用符号 T 表示，单位为 min。寿命应为切削时间，不包括对刀、测量、快进、回程等非切削时间。

2. 影响刀具寿命的因素

（1）切削用量：切削用量是影响刀具寿命的一个重要因素。用硬质合金车刀切削 $\sigma_b = 0.736$GPa 的碳钢时，切削用量与刀具寿命的关系为

$$T = \frac{C_T}{v_c^5 f^{2.25} a_p^{0.75}} \tag{1-27}$$

从上式可以看出：v_c、f、a_p 增大，刀具寿命 T 减小，且 v_c 影响最大，f 次之，a_p 最小。所以在保证一定刀具寿命的条件下，为了提高生产率，应首先选取大的背吃刀量 a_p，然后选择较大的进给量 f，最后选择合理的切削速度 v_c。

（2）刀具几何参数：刀具几何参数对刀具寿命影响最大的是前角 γ_o 和主偏角 κ_r。

前角 γ_o 增大，可使切削力减小，切削温度降低，寿命提高；但前角 γ_o 太大会使楔角 β_o 太小，刀具强度削弱，散热差，且易于破损，刀具寿命反而下降了。由此可见，对于每一种具体加工条件，都有一个使刀具寿命 T 最高的合理数值。

主偏角 κ_r 减小，可使刀尖强度提高，改善散热条件，提高刀具寿命；但主偏角 κ_r 过小，则背向力增大，对刚性差的工艺系统，切削时易引起振动。

此外，如减小副偏角 κ_r'，增大刀尖圆弧半径 r_ε，其对刀具寿命的影响与主偏角减小时相同。

（3）刀具材料：刀具材料的高温强度越高，耐磨性越好，刀具寿命越高。但在有冲击切削、重型切削和难加工材料切削时，影响刀具寿命的主要因素是冲击韧度和抗弯强度。韧性越好，抗弯强度越高，刀具寿命越高，越不易产生破损。

（4）工件材料：工件材料的强度、硬度越高，产生的切削温度越高，故刀具寿命越低。此外，工件材料的塑性、韧性越高，导热性越低，切削温度越高，刀具寿命越低。

3. 刀具寿命的确定　合理选择刀具寿命，可以提高生产率和降低加工成本。刀具寿命定得过高，就要选取较小的切削用量，从而降低了金属切除率，降低了生产率，提高了加工成本。反之刀具寿命定得过低，虽然可以采取较大的切削用量，但却因刀具磨损快，换刀、磨刀时间增加，刀具费用增大，同样会使生产率降低和成本提高。目前生产中常用的刀具寿命参考值见表 1-2。

表 1-2　刀具寿命参考值　　　　　　　　　　（单位：min）

刀具类型	刀具寿命 T 值
高速钢车刀	60～90
高速钢钻头	80～120
硬质合金焊接车刀	60
硬质合金可转位车刀	15～30
硬质合金面铣刀	120～180
齿轮刀具	200～300
自动机用高速钢车刀	180～200

选择刀具寿命时，还应考虑以下几点：

1）复杂的、高精度的、多刃的刀具寿命应比简单的、低精度的、单刃刀具高。

2）可转位刀具换刃、换刀片快捷，为使切削刃始终处于锋利状态，刀具寿命可选得低一些。

3）精加工刀具切削负荷小，刀具寿命应比粗加工刀具选得高一些。

4）精加工大件时，为避免中途换刀，刀具寿命应选得高一些。

5）数控加工中，刀具寿命应大于一个工作班，至少应大于一个零件的切削时间。

第三节　金属材料的切削加工性

一、金属材料切削加工性的概念

金属材料的性能不同，切削加工的难易程度也不同。例如，与切削 45 钢相比，切削铜、铝合金较为轻快；切削合金钢较为困难；切削耐热合金则更为困难。金属材料切削加工的难易程度称为材料的切削加工性。

金属材料的切削加工性与材料的力学、物理、化学性能以及加工要求和切削条件有关。一般地说，良好的切削加工性能是指：刀具寿命 T 较高或一定刀具寿命下的切削速度 v_{cT} 较高；切削力较小，切削温度较低；容易获得好的表面质量；切屑形状容易控制或容易断屑。反之，则认为切削加工性差。

二、衡量金属材料切削加工性的指标

衡量金属材料切削加工性的指标较多，最常用的是切削速度 v_{cT} 和相对加工性 K_r。

v_{cT} 的含义是当刀具寿命为 T 时，切削某种材料所允许的最大切削速度。在相同的刀具寿命下，v_{cT} 值高的材料切削加工性较好。一般用 $T = 60min$ 时所允许的 v_{c60} 高低来评定材料的加工性的好坏。难加工材料用 v_{c20} 来评定。

K_r 是以正火状态 45 钢的 v_{c60} 为基准，记作 $(v_{c60})_j$，将其他材料的 v_{c60} 与 $(v_{c60})_j$ 相比，即

$$K_r = \frac{v_{c60}}{(v_{c60})_j} \tag{1-28}$$

凡 K_r 大于 1 的材料，其加工性比 45 钢好；K_r 小于 1 的材料，加工性比 45 钢差。常用材料的相对加工性 K_r 分为八级，见表 1-3。

表 1-3　材料相对加工性等级

加工性等级	名称及种类		相对加工性 K_r	代表性材料
1	很容易切削材料	一般有色金属	>3.0	ZCuSn5PbZn5，ZCuAl10Fe3 铝铜合金，铝镁合金
2	容易切削材料	易切削钢	2.5~3.0	退火 15Cr，$\sigma_b = 0.373 \sim 0.441 GPa$；自动机钢 $\sigma_b = 0.393 \sim 0.491 GPa$
3		较易切削钢	1.6~2.5	正火 30 钢 $\sigma_b = 0.441 \sim 0.549 GPa$
4	普通材料	一般钢及铸铁	1.0~1.6	45 钢，灰铸铁
5		稍难切削材料	0.65~1.0	2Cr13 调质 $\sigma_b = 0.834 GPa$，85 钢 $\sigma_b = 0.883 GPa$

（续）

加工性等级	名称及种类		相对加工性 K_r	代表性材料
6	难切削材料	较难切削材料	0.5～0.65	45Cr 调质 $\sigma_b = 1.03\text{GPa}$ 65Mn 调质 $\sigma_b = 0.932～0.981\text{GPa}$
7		难切削材料	0.15～0.5	50Cr 调质，1Cr18Ni9Ti，某些钛合金
8		很难切削材料	<0.15	某些钛合金，铸造镍基高温合金

三、改善金属材料切削加工性的途径

材料的切削加工性对生产率和表面质量有很大影响，因此在满足零件使用要求前提下，应尽量选用加工性较好的材料。

材料的切削加工性还可通过一些措施予以改善，采用热处理方法是改善材料切削加工性的重要途径之一。例如，低碳钢的塑性过高，通过正火适当降低塑性，提高硬度，可使精加工的表面质量提高；对高碳钢和工具钢进行球化退火，可以使网状片状的渗碳体组织变为球状的渗碳体，从而降低硬度，改善切削加工性；出现白口组织的铸铁，可在 950～1000℃ 下退火来降低硬度，使切削加工较易进行。

此外，调整材料的化学成分也是改善其切削加工性的重要途径。例如在钢中适当添加硫、铝等元素使之成为易切钢，切削时可使刀具寿命提高，切削力减小，断屑容易，并可获得较好的表面加工质量。

第四节　刀具几何参数的合理选择

一、前角的选择

（一）前角的功用

前角的功用主要影响切屑变形和切削力的大小及刀具寿命和加工表面质量的高低。增大前角使切削变形和摩擦减小，故切削力小、切削热少，加工表面质量高。但前角过大，刀具强度降低，散热体积减小，刀具寿命下降。减小前角，刀具强度提高，切屑变形增大，易断屑。但前角过小，会使切削力和切削热增加，刀具寿命降低。

（二）合理前角的选择原则

1. 工件材料　加工塑性材料时，特别是加工硬化严重的材料（如不锈钢等），为了减小切屑变形和刀具磨损，应选用较大的前角；加工脆性材料时，由于产生的切屑为崩碎切屑，切屑变形也小，增大前角的意义不大，而这时刀—屑之间的作用力集中在切削刃附近，为保证切削刃具有足够的强度，应采用较小的前角。

工件材料的强度和硬度低时，由于切削力不大，为使切削刃锋利，可选用较大的甚至很大的前角；工件材料的强度和硬度高时，应选用较小的前角；加工特别硬的工件材料（如淬火钢）时，应选用很小的前角，甚至选用负前角。这是因为工件材料强度、硬度越高，产生的切削力越大，切削热越多，为了使切削刃具有足够的强度和散热容量，以防崩刃和迅速磨损，因此应选用较小的前角。

2. 刀具材料　刀具材料的抗弯强度和冲击韧度较低时应选用较小的前角。高速钢刀具比硬度合金刀具的合理前角约可大 5°～10°。陶瓷刀具的合理前角，应选得比硬质合金刀具

更小一些。

3. 加工性质 粗加工时，特别是断续切削，不仅切削力大，切削热多，并且承受冲击载荷，为保证切削刃有足够的强度和散热面积，应适当减小前角。精加工时，对切削刃强度要求较低，为使切削刃锋利，减小切屑变形和获得较高的表面质量，前角应取得较大一些。

工艺系统刚性差和机床功率小时，宜选用较大的前角，以减少切削力和振动。

数控机床和自动机、自动线用刀具，为保证刀具工作的稳定性（不发生崩刃及破损），一般选用较小的前角。

硬质合金车刀合理前角的参考值见表1-4。

表1-4 硬质合金车刀合理前角参考值

工件材料	合理前角/（°）		工件材料	合理前角/（°）	
	粗车	精车		粗车	精车
低碳钢 Q235	18 ~ 20	20 ~ 25	40Cr（正火）	13 ~ 18	15 ~ 20
45 钢（正火）	15 ~ 18	18 ~ 20	40Cr（调质）	10 ~ 15	13 ~ 18
45 钢（调质）	10 ~ 15	13 ~ 18	40 钢，40Cr 钢锻件	10 ~ 15	
45 钢、40Cr 铸钢件或钢锻件断续切削	10 ~ 15	5 ~ 10	淬硬钢（40 ~ 50HRC）	$-15 \sim -5$	
灰铸铁 HT150、HT200、青铜 ZCuSn10Pb1、ZCuZn40Pb2	10 ~ 15	5 ~ 10	灰铸铁断续切削	5 ~ 10	0 ~ 5
			高强度钢（$\sigma_b < 180MPa$）	-5	
铝 1050A 及铝合金 ZA12	30 ~ 35	35 ~ 40	高强度钢（$\sigma_b \geqslant 180MPa$）	-10	
纯铜 T1 ~ T3	25 ~ 30	30 ~ 35	锻造高温合金	5 ~ 10	
奥氏体不锈钢（185HBW 以下）	15 ~ 25		铸造高温合金	0 ~ 5	
马氏体不锈钢（250HBW 以下）	15 ~ 25		钛及钛合金	5 ~ 10	
马氏体不锈钢（250HBW 以上）	-5		铸造碳化钨	$-10 \sim -15$	

二、后角的选择

（一）后角的功用

后角的主要功用是减小主后刀面与过渡表面的弹性恢复层之间的摩擦，减轻刀具磨损。后角小使主后刀面与工件表面间的摩擦加剧，刀具磨损加大，工件冷硬程度增加，加工表面质量差；尤其是切削厚度较小时，由于刃口钝圆半径的影响，上述情况更为严重。后角增大，摩擦减小，也减小了刃口钝圆半径，这对切削厚度较小的情况有利，但使切削刃强度和散热情况变差。

（二）合理后角的选择原则

1. 根据切削厚度选择后角 切削厚度 h_D 越大，则后角 α_o 应越小；而切削厚度 h_D 越小，则 α_o 应越大。如进给量较大的外圆车刀 $\alpha_o = 6° \sim 8°$；每齿进给量很小的立铣刀 $\alpha_o = 6°$；而每齿进给量不超过 0.01mm 的圆片铣刀 $\alpha_o = 30°$。这是因为切削厚度较大时，切削力较大，切削温度也较高，为了保证刃口强度和改善散热条件，所以应取较小的后角。切削厚度愈小，切削层上被切削刃的钝圆半径挤压而留在已加工表面上，并与主后刀面挤压摩擦的这一薄层金属，占切削厚度的比例愈大。若这时增大后角，即可减小刃口钝圆半径，使刃口锋利，便于切下薄切屑，可提高刀具寿命和加工表面质量。

根据以上分析，粗加工、强力（大进给量）切削以及承受冲击载荷的刀具，增大刃口强度是首要任务，这时应选取较小的后角；精加工时则应选取较大的后角。

2. 适当考虑被加工材料的力学性能　工件材料硬度、强度较高时，为保证切削刃强度，宜取较小的后角；工件材料硬度较低、塑性较大，以及易产生加工硬化时，主后刀面的摩擦对已加工表面质量和刀具磨损影响较大，此时应取较大的后角；加工脆性材料时，切削力集中在刀刃附近，为强化切削刃，宜选取较小的后角。

3. 考虑工艺系统刚性　工艺系统刚性差，容易产生振动时，为了增强刀具对振动的阻尼作用，应选取较小的后角。

4. 考虑尺寸精度要求　对于尺寸精度要求高的精加工用刀具（如铰刀等），为了减小重磨后刀具尺寸变化，保证有较高的尺寸寿命，后角应取得较小。

硬质合金车刀合理后角的参考值见表1-5。

表1-5　硬质合金车刀合理后角的参考值

工件材料	合理后角	
	粗　　车	精　　车
低碳钢	8°～10°	10°～12°
中碳钢	5°～7°	6°～8°
合金钢	5°～7°	6°～8°
淬火钢	8°～10°	
不锈钢	6°～8°	8°～10°
灰铸钢	4°～6°	6°～8°
铜及铜合金（脆）	4°～6°	6°～8°
铝及铝合金	8°～10°	10°～12°
钛合金 $\sigma_b \leqslant 1.17\text{GPa}$	10°～15°	

副后角可减少副后面与已加工表面间的摩擦。一般车刀、刨刀等的副后角取得与主后角相等；而切断刀、切槽刀及锯片铣刀等的副后角因受刀头强度限制，只能取得较小，通常 $\alpha_o' = 1°～2°$。

三、主偏角及副偏角的选择

（一）主偏角的功用及合理主偏角的选择

1. 主偏角的功用　主偏角的功用主要影响刀具寿命、已加工表面粗糙度及切削力的大小。主偏角 κ_r 较小，则刀头强度高，散热条件好，已加工表面残留面积高度小，作用主切削刃的长度长，单位作用主切削刃上的切削负荷小；其负面效应为背向力大，切削厚度小，断屑效果差。主偏角较大时，所产生的影响与上述完全相反。

2. 合理主偏角的选择原则

1）粗加工和半精加工时，硬质合金车刀应选择较大的主偏角，以利于减少振动，提高刀具寿命和断屑。例如在生产中效果显著的强力切削车刀的 κ_r 就取为75°。

2）加工很硬的材料，如淬硬钢和冷硬铸铁时，为减少单位长度切削刃上的负荷，改善切削刃散热条件，提高刀具寿命，应取 $\kappa_r = 10°～30°$，工艺系统刚性好的取小值，反之取大值。

3）工艺系统刚性低（如车细长轴、薄壁筒）时，应取较大的主偏角，甚至取 $\kappa_r \geqslant 90°$，以减小背向力 F_p，从而降低工艺系统的弹性变形和振动。

4）单件小批生产时，希望用一两把车刀加工出工件上所有表面，则应选用通用性较好的 $\kappa_r = 45°$ 或 $90°$ 的车刀。

5）需要从工件中间切入的车刀，以及仿形加工的车刀，应适当增大主偏角和副偏角；有时主偏角的大小决定于工件形状，例如车阶梯轴时，则需用 $\kappa_r = 90°$ 的刀具。

硬质合金车刀合理主偏角的参考数值见表1-6。

（二）副偏角的功用及合理副偏角的选择

1. 副偏角的功用　副偏角的功用主要是减小副切削刃和已加工表面的摩擦。较小的副偏角，可减小残留面积高度，提高刀具强度和改善散热条件，但将增加副后刀面与已加工表面之间的摩擦，且易引起振动。

2. 副偏角的选择原则

1）一般刀具的副偏角，在不引起振动的情况下，可选取较小的副偏角，如车刀、刨刀均可取 $\kappa_r' = 5° \sim 10°$。

2）精加工刀具的副偏角应取得更小一些，以减小残留面积，从而减小了表面粗糙度。

3）加工高强度、高硬度材料或断续切削时，应取较小的副偏角（$\kappa_r' = 4° \sim 6°$），以提高刀尖强度，改善散热条件。

4）切断力、锯片刀和槽铣刀等，为了保证刀头强度和重磨后刀头宽度变化较小，只能取很小的副偏角，即 $\kappa_r' = 1° \sim 2°$。

硬质合金车刀合理副偏角参考数值见表1-6。

表1-6　硬质合金车刀合理主偏角和副偏角的参考数值

加工情况		参考数值（°）	
		主偏角 κ_r	副偏角 κ_r'
粗车	工艺系统刚性好	45，60，75	5 ~ 10
	工艺系统刚性差	65，75，90	10 ~ 15
	车细长轴、薄壁零件	90，93	6 ~ 10
精车	工艺系统刚性好	45	0 ~ 5
	工艺系统刚性差	60，75	0 ~ 5
	车削冷硬铸铁、淬火钢	10 ~ 30	4 ~ 10
	从工件中间切入	45 ~ 60	30 ~ 45
	切断刀、切槽刀	60 ~ 90	1 ~ 2

四、刃倾角的选择

（一）刃倾角的功用

刃倾角主要影响切屑流向和刀尖强度。刃倾角为正值，切削开始时刀尖与工件先接触，切屑流向待加工表面，可避免缠绕和划伤已加工表面，对半精加工、精加工有利。刃倾角为负值，切削开始时刀尖后接触工件，切屑流向已加工表面，容易将已加工表面划伤；在粗加工开始，尤其是在断续切削时，可避免刀尖受冲击，起保护刀尖的作用（图1-21），并可改善刀具散热条件。

（二）合理刃倾角的选择原则

1）粗加工刀具，可取 $\lambda_s < 0°$，以使刀具具有较高的强度和较好的散热条件，并使切入工件时刀尖免受冲击。精加工时，取 $\lambda_s > 0°$，使切屑流向待加工表面，以提高表面质量。

2）断续切削、工件表面不规则，冲击力大时，应取负的刃倾角，以提高刀尖强度。

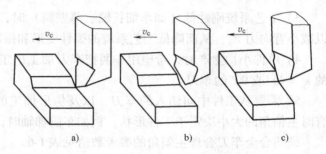

图 1-21　刃倾角对刀尖强度的影响

a）$+\lambda_s$　b）$-\lambda_s$　c）$\lambda_s = 0$

3）切削硬度很高的工件材料（如淬硬钢）时，应取绝对值较大的负刃倾角，以使刀具有足够的强度。

4）工艺系统刚性差时，应取 $\lambda_s > 0°$，以减小背向力，避免切削中的振动。

合理刃倾角的参考数值参考表 1-7 选择。

表 1-7　刃倾角 λ_s 数值的选用表

λ_s 值	0° ~ 5°	5° ~ 10°	0° ~ -5°	-5° ~ -10°	-10° ~ -15°	-10° ~ -45°
应用范围	精车钢和细长轴	精车有色金属	粗车钢和灰铸铁	精车余量不均匀钢	断续车削钢和灰铸铁	带冲击切削淬硬钢

五、其他几何参数的选择

（一）负倒棱及其参数的选择

在粗加工钢和铸铁的硬质合金刀具上，常在主切削刃上刃磨出一个前角为负值的倒棱面（图 1-22），称为负倒棱。其作用是增加切削刃强度，改善刃部散热条件，避免崩刃并提高刀具寿命。由于倒棱宽度很窄，它不改变刀具前角的作用。

负倒棱参数（包括倒棱宽度 $b_{\gamma 1}$ 和倒棱角 γ_{o1}）应适当选择。太小时，起不到应有的作用；太大时，又会增大切削力和切削变形。一般情况下，工件材料强度、硬度高，而刀具材料的抗弯强度低且进给量大时，$b_{\gamma 1}$ 和 γ_{o1} 应较大；加工钢料时，若 $a_p <$ 0.2mm，$f < 0.3$mm/r，可取 $b_{\gamma 1} =$ （0.3 ~ 0.8）f，$\gamma_{o1} = -5° \sim$ $-10°$；当 $a_p \geqslant 2$mm，$f \leqslant 0.7$mm/r，$b_{\gamma 1} =$ （0.3 ~ 0.8）f，$\gamma_{o1} =$ $-25°$。

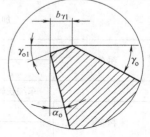

图 1-22　负倒棱

（二）过渡刃及其参数选择

从本章第一节中已知，连接刀具主、副切削刃的刀尖通常刃磨成一段圆弧或直线刃，它们统称为过渡刃（图 1-23）。

在刀具上刃磨过渡刃有利于加强刀尖强度，改善散热条件，提高刀具寿命，减小已加工表面粗糙度和提高已加工表面质量。

直线过渡刃多用在粗加工或强力切削车刀、切断刀以及钻头等多刃刀具上，过渡刃偏角 $\kappa_{r_\varepsilon} = \kappa_r / 2$，过渡刃长度 $b_\varepsilon =$ （0.2 ~ 0.25）a_p。圆弧过渡刃多用在精加工刀具上，减小已加工表面粗糙度，并提高刀具寿命。圆弧过渡刃的圆弧半径 r_ε 在高速钢刀具上，可取 $r_\varepsilon = 0.5$ ~ 5mm，在硬质合金刀具上可取 $r_\varepsilon = 0.2 \sim 2$mm。

过渡刃参数必须选择适当，若 κ_{r_ε} 太小或 b_ε、r_ε 太大，会使切屑变形和切削力增大过多。相反，κ_{r_ε} 太大或 b_ε、r_ε 太小，则过渡刃起不到应有的作用。

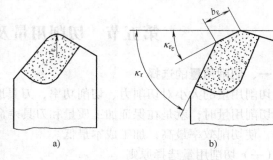

图 1-23　两种过渡刃
a）圆弧过渡刃　b）直线过渡刃

六、刀具几何参数选择示例

对于上述刀具几何参数的选择原则不能生搬硬套，而是要根据具体情况作具体分析，合理运用。下面以图 1-24 所示的加工细长轴的银白屑车刀（因切屑呈银白色而得名）为例，加以分析介绍。

（一）加工对象

加工中碳钢光杠、丝杠等细长轴零件（$d = 10 \sim 30\text{mm}$）。

（二）使用机床

中等功率、刚性一般的数控车床。

（三）刀具材料

刀片材料为硬质合金 YT15，刀杆材料为 45 钢。

（四）刀具几何参数的选择与分析

工件材料的切削加工性是好的，切削过程中要解决的主要矛盾是防止工件的弯曲变形。为此要尽量减小背向力，增强工艺系统的刚性，防止振动的产生。

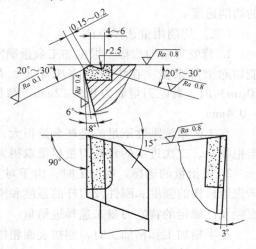

图 1-24　细长轴银白屑车刀

1）采用较大的前角 $\gamma_o = 20° \sim 30°$，以减小切屑的变形，减小切削力，使切削轻快。

2）采用较大的主偏角 $\kappa_r = 90°$，以减小背向力，避免加工时工件的弯曲变形和振动。

3）沿主切削刃磨出 $b_{\gamma 1} = 0.15 \sim 0.2\text{mm}$，$\gamma_{o1} = -20° \sim -30°$ 的倒棱，在切削过程中它作为产生积屑瘤的基座并能提高切削刃的强度。由于负倒棱的存在，切削时产生的积屑瘤比较稳定，可代替切削刃进行切削，并使实际工作前角增大到 $35° \sim 45°$。

4）采用刃倾角 $\lambda_s = +3°$，使切屑流向待加工表面，不致划伤已加工表面。

5）前刀面上磨出宽度为 $4 \sim 6\text{mm}$ 的直线圆弧型卷屑槽，以提高排屑卷屑效果。

（五）切削用量

1）粗车时：$a_p = 1 \sim 3\text{mm}$，$f = 0.3 \sim 0.6\text{mm/r}$，$v_c = 60\text{m/min}$。

2）半精车时：$a_p = 1 \sim 1.5\text{mm}$，$f = 0.3 \sim 0.4\text{mm/r}$，$v_c = 60 \sim 120\text{m/min}$。

3）精车时：$a_p = 0.5 \sim 1\text{mm}$，$f = 0.08 \sim 0.2\text{mm/r}$，$v_c = 100 \sim 120\text{m/min}$。

采用上述几何参数的银白屑车刀和切削用量车削细长轴同用一般外圆车刀相比，生产效率提高 2 倍以上，能耗比降低 15%，刀具寿命可延长 20%。

第五节　切削用量及切削液的选择

一、切削用量的选择

切削用量的大小对切削力、切削功率、刀具磨损、加工质量和加工成本均有显著影响。选择切削用量时，就是在保证加工质量和刀具寿命的前提下，充分发挥机床性能和刀具切削性能，使切削效率最高，加工成本最低。

（一）切削用量选择原则

1. 粗加工时切削用量的选择原则　首先选取尽可能大的背吃刀量；其次要根据机床动力和刚性的限制条件等，选取尽可能大的进给量；最后根据刀具寿命确定最佳的切削速度。

2. 精加工时切削用量的选择原则　首先根据粗加工后的余量确定背吃刀量；其次根据已加工表面粗糙度要求，选取较小的进给量；最后在保证刀具寿命的前提下尽可能选用较高的切削速度。

（二）切削用量选择方法

1. 背吃刀量的选择　根据加工余量确定。粗加工（$Ra10 \sim 80\mu m$）时，一次进给应尽可能切除全部余量。在中等功率机床上，背吃刀量可达 $8 \sim 10mm$。半精加工（$Ra1.25 \sim 10\mu m$）时，背吃刀量取为 $0.5 \sim 2mm$。精加工（$Ra0.32 \sim 1.25\mu m$）时，背吃刀量取为 $0.1 \sim 0.4mm$。

在工艺系统刚性不足或毛坯余量很大，或余量不均匀时，粗加工要分几次进给，并且应当把第一、二次进给的背吃刀量尽量取得大一些。

2. 进给量的选择　粗加工时，由于对工件表面质量没有太高的要求，这时主要考虑机床进给机构的强度和刚性及刀杆的强度和刚性等限制因素。根据加工材料、刀杆尺寸、工件直径及已确定的背吃刀量来选择进给量。

在半精加工和精加工时，则按表面粗糙度要求，根据工件材料、刀尖圆弧半径、切削速度来选择进给量。

3. 切削速度的选择　根据已经选定的背吃刀量、进给量及刀具寿命选择切削速度。可用经验公式计算，也可根据生产实践经验在机床说明书允许的切削速度范围内查表选取。

切削速度 v_c 确定后，用式（1-1）算出机床转速 n（对有级变速的机床，须按机床说明书选择与所算转速 n 接近的转速）。

在选择切削速度时，还应考虑以下几点：

1）应尽量避开积屑瘤产生的区域。

2）断续切削时，为减小冲击和热应力，要适当降低切削速度。

3）在易发生振动的情况下，切削速度应避开自激振动的临界速度。

4）加工大件、细长件和薄壁工件时，应选用较低的切削速度。

5）加工带外皮的工件时，应适当降低切削速度。

4. 机床功率的校核　切削功率 P_c 可用式（1-23）计算。机床有效功率 P'_E 为

$$P'_E = P_E \eta \tag{1-29}$$

式中　P_E——机床电动机功率；

　　　η——机床传动效率。

如 $P_e < P'_E$，则选择的切削用量可在指定的机床上使用。如 $P_e \ll P'_E$，则机床功率没有得到充分发挥，这时可以规定较低的刀具寿命（如采用可转位刀片的合理刀具寿命可选为 $15 \sim 30\text{min}$），或采用切削性能更好的刀具材料，以提高切削速度的办法使切削功率增大，以期充分利用机床功率，达到提高生产率的目的。

如 $P_e > P'_E$，则选择的切削用量不能在指定的机床上使用，这时可调换功率较大的机床，或根据所限定的机床功率降低切削用量（主要是降低切削速度）。这时虽然机床功率得到充分利用，但刀具的性能却未能充分发挥。

二、切削液的选择

在金属切削过程中，合理选择切削液，可以改善工件与刀具间的摩擦状况，降低切削力和切削温度，减轻刀具磨损，减小工件的热变形，从而可以提高刀具寿命，提高加工效率和加工质量。

（一）切削液的作用

1. 冷却作用　切削液可以将切削过程中所产生的热量迅速地从切削区带走，使切削区温度降低。切削液的流动性越好，比热容、热导率和汽化热等参数越高，则其冷却性能越好。

2. 润滑作用　切削液能在刀具的前、后刀面与工件之间形成一层润滑薄膜，可减少或避免刀具与工件或切屑间的直接接触，减轻摩擦和粘结程度，因而可以减轻刀具的磨损，提高工件表面的加工质量。

为保证润滑作用的实现，要求切削液能够迅速渗入刀具与工件或切屑的接触界面，形成牢固的润滑油膜，使其不致在高温、高压及剧烈摩擦的条件下被破坏。

3. 清洗作用　在切削过程中，会产生大量切屑、金属碎片和粉末，特别是在磨削过程中，砂轮上的砂粒会随时脱落和破碎下来。使用切削液便可以及时地将它们从刀具（或砂轮）工件上冲洗下去，从而避免切屑粘附刀具、堵塞排屑和划伤已加工表面。这一作用对于磨削、螺纹加工和深孔加工等工序尤为重要。为此，要求切削液有良好的流动性，并且在使用时有足够大的压力和流量。

4. 防锈作用　为了减轻工件、刀具和机床受周围介质（如空气、水分等）的腐蚀，要求切削液具有一定的防锈作用。防锈作用的好坏，取决于切削液本身的性能和加入的防锈添加剂品种和比例。

（二）切削液的种类

常用的切削液分为三大类：水溶液、乳化液和切削油。

1. 水溶液　水溶液是以水为主要成分的切削液。水的导热性能好，冷却效果好。但单纯的水容易使金属生锈，润滑性能差。因此，常在水溶液中加入一定量的添加剂，如防锈添加剂、表面活性物质和油性添加剂等，使其既具有良好的防锈性能，又具有一定的润滑性能。在配制水溶液时，要特别注意水质情况，如果是硬水，必须进行软化处理。

2. 乳化液　乳化液是将乳化油用 $95\% \sim 98\%$ 的水稀释而成，呈乳白色或半透明状的液体，具有良好的冷却作用。但润滑、防锈性能较差。常再加入一定量的油性、极压添加剂和防锈添加剂，配制成极压乳化液或防锈乳化液。

3. 切削油　切削油的主要成分是矿物油，少数采用动植物油或复合油。纯矿物油不能在摩擦界面形成坚固的润滑膜，润滑效果较差。实际使用中，常加入油性添加剂、板压添加

剂和防锈添加剂，以提高其润滑和防锈作用。

（三）切削液的选用

1. 粗加工时切削液的选用　粗加工时，加工余量大，所用切削用量大，产生大量的切削热。采用高速钢刀具切削时，使用切削液的主要目的是降低切削温度，减少刀具磨损。硬质合金刀具耐热性好，一般不用切削液，必要时可采用低浓度乳化液或水溶液。但必须连续、充分地浇注，以免处于高温状态的硬质合金刀片产生巨大的内应力而出现裂纹。

2. 精加工时切削液的选用　精加工时，要求表面粗糙度值较小，一般选用润滑性能较好的切削液，如高浓度的乳化液或含极压添加剂的切削油。

3. 根据工件材料的性质选用切削液　切削塑性材料时需用切削液。切削铸铁、黄铜等脆性材料时，一般不用切削液，以免崩碎切屑粘附在机床的运动部件上。

加工高强度钢、高温合金等难加工材料时，由于切削加工处于极压润滑摩擦状态，故应选用含极压添加剂的切削液。

切削有色金属和铜、铝合金时，为了得到较高的表面质量和精度，可采用10%~20%的乳化液、煤油或煤油与矿物油的混合物。但不能用含硫的切削液，因硫对有色金属有腐蚀作用。

切削镁合金时，不能用水溶液，以免燃烧。

习 题

1-1 在实心材料上钻孔时，哪个表面是待加工表面？

1-2 车端面的45°弯头车刀：$\kappa_r = \kappa_r' = 45°$、$\gamma_o = -5°$、$\alpha_o = \alpha_o' = 6°$、$\lambda_s = -3°$；车内孔的车刀：$\kappa_r = 75°$、$\gamma_o = 10°$、$\alpha_o = \alpha_o' = 10°$、$\kappa_r' = 15°$、$\lambda_s = 10°$。用图将上述角度画出，并指出前刀面、主后刀面、副后刀面、主切削刃、副切削刃的位置。

1-3 刀具的工作条件对刀具材料提出哪些性能要求？何者为主？

1-4 试比较硬质合金与高速钢性能的主要区别。为什么高速钢刀具仍占有重要地位？

1-5 目前，高硬度的刀具材料有哪些？其性能特点和使用范围如何？

1-6 何谓积屑瘤？它是怎样形成的？积屑瘤对切削过程有什么影响？若要避免产生积屑瘤，应该采取哪些措施？

1-7 试说明车刀的主要几何参数对F_c、F_p、F_r的影响规律。

1-8 分析切削用量（v_c、f、a_p）对切削温度的影响，并对比它们对切削力的影响，可以得出什么结论？

1-9 什么叫刀具磨钝标准？刀具磨钝标准与哪些因素有关？

1-10 什么叫刀具寿命？它与刀具磨钝标准有何联系？当刀具的磨钝标准确定后，刀具寿命是否就确定了？为什么？

1-11 为什么加工塑性材料时，应尽可能采用大的前角？若前角选得过大又会带来什么问题？如何解决这个矛盾？

1-12 后角有何功用？选择后角时，主要考虑什么因素，为什么？

1-13 主偏角的作用及选择原则是什么？

1-14 选择切削用量的次序是怎样的？为什么？

1-15 粗、精加工时选择切削用量有什么不同特点？

1-16 当所选进给量受到切削力或加工表面粗糙度的限制时，可分别采取哪些措施解决？

第二章 工件在数控机床上的装夹

第一节 机床夹具概述

在数控机床上加工零件时，为保证加工精度，必须先使工件在机床上占据一个正确的位置，即定位，然后将其夹紧。这种定位与夹紧的过程称为工件的装夹。用于装夹工件的工艺装备就是机床夹具。

一、机床夹具的分类

1. 按专门化程度分类

（1）通用夹具：通用夹具是指已经标准化、无需调整或稍加调整就可用于装夹不同工件的夹具。如三爪自定心卡盘和四爪单动卡盘、平口钳、回转工作台、分度头等。这类夹具主要用于单件、小批量生产。

（2）专用夹具：专为某一工件的一定工序加工而设计制造的夹具。结构紧凑，操作方便，主要用于产品固定的大批大量生产中。

（3）可调夹具：可调夹具是指加工完一种工件后，通过调整或更换个别元件就可加工形状相似、尺寸相近的工件。多用于中小批量生产。

（4）组合夹具：组合夹具是指按一定的工艺要求，由一套预先制造好的通用标准元件和部件组合而成的夹具。这种夹具使用完后，可进行拆卸或重新组装夹具，具有缩短生产周期、减少专用夹具的品种和数量的优点。适用于新产品的试制及多品种、小批量的生产。

（5）随行夹具：随行夹具是在自动线加工中针对某一种工件而采用的一种夹具。除了具有一般夹具所担负的装夹工件的任务外，还担负着沿自动线输送工件的任务。

2. 按使用机床类型分类 可分为车床夹具、铣床夹具、钻床夹具、镗床夹具、加工中心机床夹具和其他机床夹具等。

3. 按驱动夹具工作的动力源分类 可分为手动夹具、气动夹具、液压夹具、电动夹具、磁力夹具、真空夹具及自夹紧夹具等。

二、机床夹具的组成

虽然机床夹具种类很多，但它们的基本组成是相同的。我们以一个数控铣床夹具为例，说明夹具的组成。

图 2-1 所示为在数控铣床上铣连杆槽夹具。该夹具靠工作台 T 形槽和夹具体上定位键 9 确定其在数控铣床上的位置，用 T 形螺钉紧固。

加工时，工件在夹具中的正确位置靠夹具体 1 的上平面、圆柱销 11 和菱形销 10 保证。夹紧时，转动螺母 7，压下压板 2，压板 2 一端压着夹具体，另一端压紧工件，保证工件的正确位置不变。

从上例可知，数控机床夹具由以下几部分组成。

1. 定位装置 定位装置是由定位元件及其组合而构成。它用于确定工件在夹具中的正确位置。如图 2-1 中的圆柱销 11，菱形销 10 等都是定位元件。

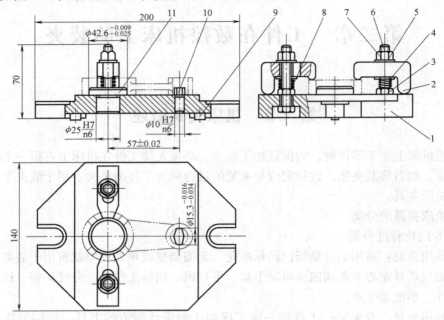

图 2-1　连杆铣槽夹具结构

1—夹具体　2—压板　3、7—螺母　4、5—垫圈　6—螺栓　8—弹簧　9—定位键　10—菱形销　11—圆柱销

2. 夹紧装置　夹紧装置用于保证工件在夹具中的既定位置，使其在外力作用下不致产生移动。它包括夹紧元件、传动装置及动力装置等。如图 2-1 中的压板 2、螺母 3 和 7、垫圈 4 和 5、螺栓 6 及弹簧 8 等元件组成的装置就是夹紧装置。

3. 夹具体　用于连接夹具各元件及装置，使其成为一个整体的基础件，以保证夹具的精度和刚度。

4. 其他元件及装置　如定位键、操作件和分度装置，以及标准化连接元件等。

第二节　工件的定位

一、六点定位原理

工件在空间具有六个自由度，即沿 x、y、z 三个坐标方向的移动自由度 $\vec{x}$、$\vec{y}$、$\vec{z}$ 和绕 x、y、z 三个坐标轴的转动自由度 $\hat{x}$、$\hat{y}$、$\hat{z}$（见图 2-2），因此，要完全确定工件的位置，就需要按一定的要求布置六个支撑点（即定位元件）来限制工件的六个自由度。其中每个支撑点限制相应的一个自由度。这就是工件定位的"六点定位原理"。

如图 2-3 所示的长方形工件，底面 A 放置在不在同一直线上的三个支撑上，限制了工件的 $\vec{z}$、$\hat{x}$、$\hat{y}$ 三个自由度；工件侧面 B 紧靠在沿长度方向布置的两个支撑点上，限制了 $\vec{x}$、$\hat{z}$ 两个自由度；端面 C 紧靠在一个支撑点上，限制了 $\vec{y}$ 自由度。

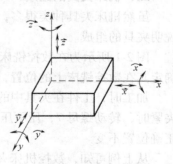

图 2-2　工件在空间的自由度

图 2-4 所示为盘状工件的六点定位情况。平面放在三个支撑点上，限制了 $\vec{z}$、$\widehat{y}$、$\widehat{x}$ 三个自由度；圆柱面靠在侧面的两个支撑点上，限制了 $\vec{x}$、$\vec{y}$ 两个自由度；在槽的侧面放置一个支撑点，限制了 $\widehat{z}$ 自由度。

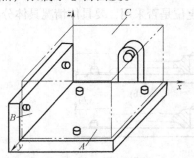

图 2-3 长方形工件的六点定位

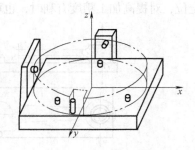

图 2-4 盘类工件的六点定位

由图 2-3 和图 2-4 可知，工件形状不同，定位表面不同，定位点的布置情况会各不相同。

二、限制工件自由度与加工要求的关系

根据工件加工表面的不同加工要求，有些自由度对加工要求有影响，有些自由度对加工要求无影响。如铣削图 2-5 所示零件上的通槽，$\widehat{x}$、$\widehat{y}$、$\vec{z}$ 三个自由度影响槽底面与 A 面的平行度及尺寸 $60_{-0.2}^{\ 0}$ mm 两项加工要求，$\vec{x}$、$\widehat{z}$ 两个自由度影响槽侧面与 B 面的平行度及尺寸（30 ± 0.1）mm 两项加工要求，$\vec{y}$ 自由度不影响通槽加工。$\vec{x}$、$\vec{z}$、$\widehat{x}$、$\widehat{y}$、$\widehat{z}$ 五个自由度对加工要求有影响，应该限制。$\vec{y}$ 自由度对加工要求无影响，可以不限制。工件定位时，影响加工要求的自由度必须限制，不影响加工要求的自由度不必限制。

1. **完全定位与不完全定位** 工件的六个自由度都被限制的定位称为完全定位，如图 2-3、图 2-4 所示。工件被限制的自由度少于六个，但不影响加工要求的定位称为不完全定位，如图 2-5 所示。完全定位与不完全定位是实际加工中最常用的定位方式。

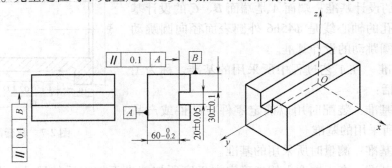

图 2-5 限制自由度与加工要求的关系

2. **过定位与欠定位** 按照加工要求应该限制的自由度没有被限制的定位称为欠定位。欠定位是不允许的。因为欠定位保证不了加工要求。如图 2-5 中，如果 $\vec{z}$ 没有限制，$60_{-0.2}^{\ 0}$ mm 就无法保证；$\widehat{x}$ 或 $\widehat{y}$ 没有限制，槽底与 A 面的平行度就不能保证。

工件的一个或几个自由度被不同的定位元件重复限制的定位称为过定位。如图 2-6a 所示的连杆定位方案，长销限制了 $\vec{x}$、$\vec{y}$、$\widehat{x}$、$\widehat{y}$ 四个自由度，支承板限制了 $\widehat{x}$、$\widehat{y}$、$\vec{z}$ 三个自由度，其中 $\widehat{x}$、$\widehat{y}$ 被两个定位元件重复限制，这就产生过定位。当工件小头孔与端面有较大垂直度误差时，夹紧力 F_J 将使连杆变形，或使长销弯曲（图 2-6b、c），造成连杆加工误差。若采用图 2-6d 所示方案，即将长销改为短销，就不会产生过定位。

当过定位导致工件或定位元件变形，影响加工精度时，应严禁采用，但当过定位不影响工件的正确定位，对提高加工精度有利时，也可以采用。过定位是否采用，要具体情况具体分析。

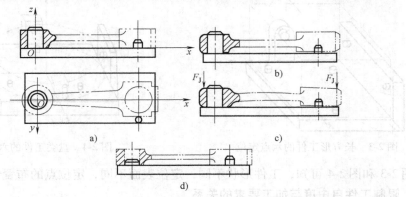

图 2-6　连杆定位方案

第三节　定位基准的选择

一、基准及其分类

零件图、实际零件或工艺文件上用来确定某个点、线、面的位置所依据的点、线、面，称为基准。根据基准功用不同，分为设计基准和工艺基准。

1. 设计基准　设计图样上所采用的基准，称为设计基准。例如，图 2-7 所示的衬套零件，轴线 O—O 是各外圆表面和内孔的设计基准；端面 A 是端面 B、C 的设计基准；$\phi30H7$ 内孔的轴心线是 $\phi45h6$ 外圆表面径向圆跳动和端面 B 端面圆跳动的设计基准。

2. 工艺基准　在工艺过程中所采用的基准，称为工艺基准。它包括：

（1）装配基准：装配时用以确定零件在部件或产品中的相对位置所采用的基准。

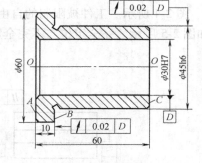

图 2-7　衬套简图

（2）测量基准：测量时所采用的基准。

（3）工序基准：在工序图上用来确定本工序所加工表面加工后的尺寸、形状、位置的基准。

（4）定位基准：在加工中确定工件的位置所采用的基准。

作为基准的点、线、面有时在工件上并不一定实际存在（如孔和轴的轴线，两平面之间的对称中心面等），在定位时是通过有关具体表面体现的，这些表面称为定位基面。工件以回转表面（如孔、外圆）定位时，回转表面的轴线是定位基准，而回转表面就是定位基面。工件以平面定位时，其定位基准与定位基面一致。

图 2-8 所示是各种基准之间相互关系的实例。

二、定位基准的选择

定位基准有粗基准和精基准两种。用未机加工过的毛坯表面作为定位基准的称为粗基准；用已机加工过的表面作为定位基准的称为精基准。

1. 粗基准的选择 粗基准的选择是否合理，直接影响到各加工表面加工余量的分配，以及加工表面和不加工表面的相互位置关系。因此，必须合理选择。具体选择时一般应遵循下列原则：

1) 为保证不加工表面与加工表面之间的位置要求，应选择不加工表面为粗基准。

如图 2-9 所示，以不加工的外圆表面作粗基准，可以保证内孔加工后壁厚均匀。同时，还可以在一次安装中加工出大部分要加工表面。

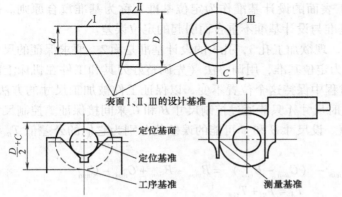

图 2-8 各种基准之间关系

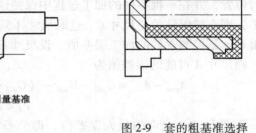

图 2-9 套的粗基准选择

2) 为保证重要加工面的余量均匀，应选择重要加工面为粗基准。

例如，车床床身加工时，为保证导轨面有均匀一致的金相组织和较高的耐磨性，应使其加工余量小而均匀。因此，应选择导轨面为粗基准，先加工与床腿的连接面，如图 2-10a 所示。然后，再以连接面为精基准，加工导轨面，如图 2-10b 所示。这样即可保证导轨面被切去的余量小而均匀。

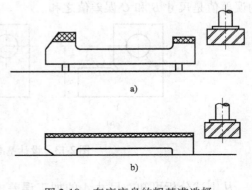

图 2-10 车床床身的粗基准选择

3) 为保证各加工表面都有足够的加工余量，应选择毛坯余量最小的面为粗基准。

如图 2-11 所示的阶梯轴，毛坯锻造时两外圆有 5mm 的偏心，应选择 $\phi58$mm 的外圆表面作粗基准，因其加工余量较小。如果选 $\phi114$mm 外圆为粗基准加工 $\phi58$mm 外圆时，则加工后的 $\phi50$mm 的外圆，因一侧余量不足而使工件报废。

4) 粗基准比较粗糙且精度低，一般在同一尺寸方向上不应重复使用。否则，因重复使用所

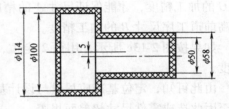

图 2-11 阶梯轴的粗基准选择

产生的定位误差，会引起相应加工表面间出现较大的位置误差。

例如图 2-12 所示的小轴，如果重复使用毛坯面 B 定位加工表面 A 和 C，则会使加工面 A 和 C 产生较大的同轴度误差。

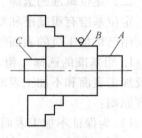

5）作为粗基准的表面，应尽量平整，没有浇口、冒口或飞边等其他表面缺陷，以便使工件定位可靠，夹紧方便。

2. 精基准的选择　除第一道工序采用粗基准外，其余工序都应使用精基准。选择精基准主要考虑如何减少加工误差、保证加工精度、使工件装夹方便，并使零件的制造较为经济、容易。具体选择时可遵循下列原则：

图 2-12　重复使用粗基准示例

（1）基准重合原则：选择加工表面的设计基准作为定位基准，称为基准重合原则。采用基准重合原则可以避免由定位基准与设计基准不重合而引起的定位误差。

例如，图 2-13a 所示的轴承座，现欲加工孔 3，孔 3 的设计基准是面 2，要求保证的尺寸是 A。若如图 2-13b 所示，以面 1 为定位基准，用调整法（先调整好刀具和工件在机床上的相对位置，并在一批零件的加工过程中保持这个位置不变，以保证工件被加工尺寸的方法）加工，则直接保证的是尺寸 C。这时尺寸 A 只能通过控制尺寸 B 和 C 来间接保证。控制尺寸 B 和 C 就是控制它们的加工误差值。设尺寸 B 和 C 可能的误差值分别为它们的公差值 T_B 和 T_C，则尺寸 A 可能的误差值为

$$A_{max} - A_{min} = C_{max} - B_{min} - (C_{min} - B_{max}) = B_{max} - B_{min} + C_{max} - C_{min}$$

即
$$T_A = T_B + T_C$$

T_A 是尺寸 A 允许的最大误差值，即公差值。上式说明：用这种定位方法加工，尺寸 A 的误差值是尺寸 B 和 C 误差值之和。

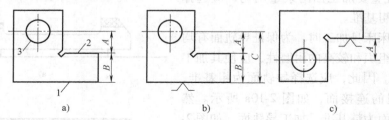

图 2-13　设计基准与定位基准不重合示例
1、2、3—定位面

从上述分析可知，尺寸 A 的加工误差中增加了一个从定位基准到设计基准之间尺寸 B 的误差，这个误差称为基准不重合误差。由于基准不重合误差的存在，只有提高本道工序尺寸 C 的加工精度，才能保证尺寸 A 的精度，当本道工序的加工精度不能满足要求时，还需提高前道工序尺寸 B 的加工精度。

如果按图 2-13c 所示，用面 2 定位，遵循基准重合原则，则能直接保证设计尺寸 A 的精度。

由此可知，定位基准应尽量与设计基准重合，否则会因基准不重合产生定位误差，有时甚至因此造成零件尺寸超差而报废。

应用基准重合原则时，应注意具体条件。定位过程中产生的基准不重合误差，是在用夹具装夹、调整法加工一批工件时产生的。若用试切法（通过试切——测量——调整——再

试切，反复进行到被加工尺寸达到要求为止的加工方法）加工，设计要求的尺寸一般可直接测量，则不存在基准不重合误差。在带有自动测量功能的数控机床上加工，可在工艺中安排坐标系测量检查工步，即每个零件加工前由 CNC 系统自动控制测量头检测工序基准并自动计算、修正坐标值，消除基准不重合误差。因此，不必遵循基准重合原则。

（2）基准统一原则：当工件以某一组精基准可以比较方便地加工其他各表面时，应尽可能在多数工序中采用此同一组精基准定位，这就是基准统一原则。采用基准统一原则可以避免基准变换所产生的误差，提高各加工表面之间的位置精度，同时简化夹具的设计和制造工作量。

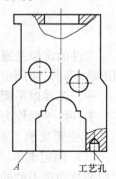

例如加工轴类零件时，采用两端中心孔作统一基准加工各外圆表面，这样可以保证各表面之间较高的同轴度。又如图 2-14 所示的汽车发动机机体，在加工其主轴承座孔、凸轮轴座孔、气缸孔及座孔端面时，采用底面及底面上的两个工艺孔作为统一的精基准，就能较好地保证这些加工表面之间的相互位置关系。

图 2-14　发动机机体

（3）自为基准原则：某些要求加工余量小而均匀的精加工工序，选择加工表面本身作为定位基准，称为自为基准原则。

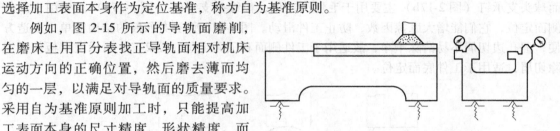

例如，图 2-15 所示的导轨面磨削，在磨床上用百分表找正导轨面相对机床运动方向的正确位置，然后磨去薄而均匀的一层，以满足对导轨面的质量要求。采用自为基准原则加工时，只能提高加工表面本身的尺寸精度、形状精度，而不能提高加工表面的位置精度，加工表面的位置精度应由前道工序保证。

图 2-15　自为基准实例

（4）互为基准原则：为使各加工表面之间有较高的位置精度，又为了使其加工余量小而均匀，可采用两个表面互为基准反复加工，称为互为基准原则。

例如，车床主轴颈与前端锥孔有很高的同轴度要求，生产中常以主轴颈表面和锥孔表面互为基准反复加工来达到。又如加工精密齿轮，可确定齿面和内孔互为基准（见图 2-16），反复加工。

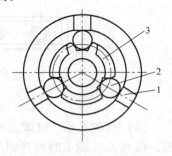

除了上述四条原则外，选择精基准时，还应考虑所选精基准能使工件定位准确、稳定，装夹方便，进而使夹具结构简单、操作方便。

在实际生产中，精基准的选择要完全符合上述原则，有时很难做到。例如，统一的定位基准与设计基准不重合时，就不

图 2-16　以齿面定位加工孔
1—卡盘　2—滚柱　3—齿轮

可能同时遵循基准统一原则和基准重合原则。在这种情况下，若采用统一定位基准，尺寸精度能够保证，则应遵循基准统一原则。若不能保证尺寸精度，则可在粗加工和半精加工时遵循基准统一原则，在精加工时遵循基准重合原则。所以，应根据具体的加工对象和加工条件，从保证主要技术要求出发，灵活选用有利的精基准。

3. 辅助基准的选择　有些零件的加工，为了装夹方便或易于实现基准统一，人为地造

成一种定位基准，称为辅助基准。例如，轴类零件加工所用的两个中心孔、图2-14所示零件的两个工艺孔等。作为辅助基准的表面不是零件的工作表面，在零件的工作中不起任何作用，只是由于工艺上的需要才作出的。所以，有些可在加工完毕后从零件上切除。

第四节　常见定位方式及定位元件

工件的定位是通过工件上的定位表面与夹具上的定位元件的配合或接触实现的。定位表面形状不同，所用定位元件种类也不同。

一、工件以平面定位

工件以平面作为定位基准时，常用的定位元件如下所述。

1. 主要支承　主要支承用来限制工件的自由度，起定位作用。

（1）固定支承：固定支承有支承钉和支承板两种形式，如图2-17所示。在使用过程中，它们都是固定不动的。

当工件以加工过平面定位时，可采用平头支承钉（图2-17a）或支承板（图2-17d、e）；而球头支承钉（图2-17b）主要用于毛坯面定位，齿纹头支承钉（图2-17c）主要用于工件侧面定位，它们能增大摩擦因数，防止工件滑动。图2-17d所示支承板的结构简单，制造方便，但孔边切屑不易清除干净，故适用于工件侧面和顶面定位。图2-17e所示支承板便于清除切屑，适用于工件底面定位。

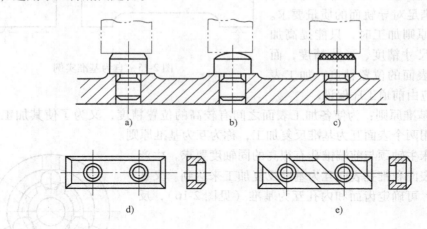

a)　　　　　　　b)　　　　　　　c)

d)　　　　　　　　　e)

图2-17　支承钉和支承板

（2）可调支承：可调支承用于在工件定位过程中，支承钉的高度需要调整的场合，如图2-18所示。调节时松开螺母2，将调整钉1调到所需高度，再拧紧螺母2。大多用于工件毛坯尺寸、形状变化较大，以及粗加工定位。

（3）自位支承（浮动支承）：自位支承是在工件定位过程中，能自动调整位置的支承。图2-19a是三点式自位支承，图2-19b是两点式自位支承。这类支承的特点是：支承点的位置能随着工件定位面的位置不同而自动调节，直至各点都与工件接触为止。其作用仍相当于一个定位支承点，只限制工件一个自由度。可提高工件的刚性和稳定性。适用于工件以毛坯面定位或刚性不足的场合。

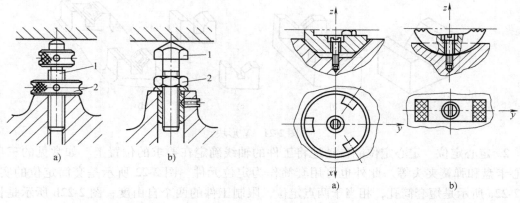

图 2-18 可调支承
1—调整钉 2—锁紧螺母

图 2-19 自位支承

2. 辅助支承 辅助支承用来提高工件的装夹刚性和稳定性，不起定位作用，也不允许破坏原有的定位。

辅助支承的典型结构如图 2-20 所示。图 2-20a 的结构最简单，但使用时效率低。图 2-20b 为弹簧自位式辅助支承，靠弹簧 2 推动滑柱 1 与工件接触，用顶柱 3 锁紧。

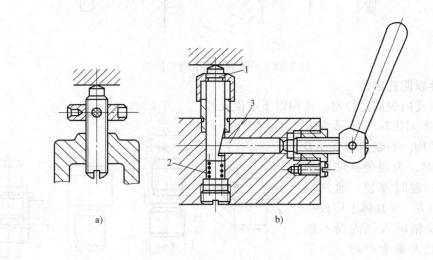

图 2-20 辅助支承
1—滑柱 2—弹簧 3—顶柱

二、工件以外圆柱面定位

工件以外圆柱面定位有支承定位和定心定位两种。

1. 支承定位 支承定位最常见的是 V 形块定位。图 2-21 所示为常见 V 形块结构。图 2-21a 用于较短工件精基准定位；图 2-21b 用于较长工件粗基准定位；图 2-21c 用于工件两段精基准面相距较远的场合。如果定位基准与长度较大，则 V 形块不必做成整体钢件，而采用铸铁底座镶淬火钢垫，如图 2-21d 所示。长 V 形块限制工件的四个自由度，短 V 形块限制工件的两个自由度。V 形块两斜面的夹角有 60°、90°和 120°三种，其中以 90°为最常用。

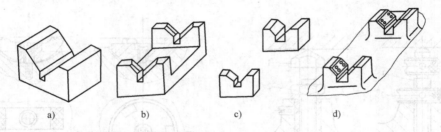

图 2-21　V 形块

2. 定心定位　定心定位能自动地将工件的轴线确定在要求的位置上。如常见的三爪自定心卡盘和弹簧夹头等。此外也可用套筒作为定位元件。图 2-22 所示是套筒定位的实例，图 2-22a 所示是短套筒孔，相当于两点定位，限制工件的两个自由度；图 2-22b 所示是长套筒孔，相当于四点定位，限制工件的四个自由度。

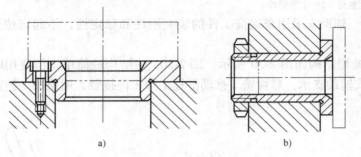

图 2-22　外圆表面的套筒定位

三、工件以圆孔定位

工件以圆孔内表面定位时，常用以下定位元件。

1. 定位销　图 2-23 所示为常用定位销的结构。当定位销直径 D 为 3～10mm 时，为避免在使用中折断，或热处理时淬裂，通常把根部倒成圆角 R。夹具体上应设有沉孔，使定位销沉入孔内而不影响定位。大批大量生产时，为了便于定位销的更换，可采用图 2-23d 所示的带衬套的结构形式。为便于工件装入，定位销的头部有 15°倒角。

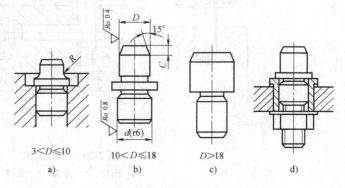

图 2-23　定位销

2. 圆柱心轴　图 2-24 所示为常用圆柱心轴的结构形式。图 2-24a 所示为间隙配合心轴，装卸工件较方便，但定心精度不高。图 2-24b 所示是过盈配合心轴，由引导部分 1、工作部分 2 和传动部分 3 组成。这种心轴制造简单，定心准确，不用另设夹紧装置，但装卸工件不便，易损伤工件定位孔，因此，多用于定心精度要求高的精加工。图 2-24c 所示是花键心轴，用于加工以花键孔定位的工件。

3. 圆锥销　图 2-25 是工件以圆孔在圆锥销上定位的示意图，它限制了工件的 $\vec{x}$、$\vec{y}$、$\vec{z}$

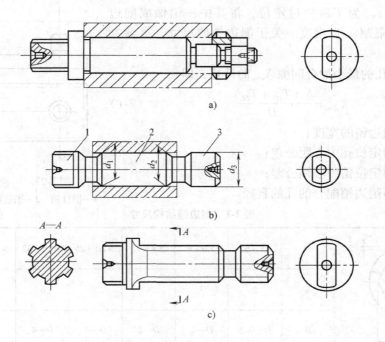

图 2-24　圆柱心轴
1—引导部分　2—工作部分　3—传动部分

三个自由度。图 2-25a 所示的圆锥销用于粗定位基面，图 2-25b 所示的圆锥销用精定位基面。

4. 圆锥心轴（小锥度心轴）　如图 2-26 所示，工件在锥度心轴上定位，并靠工件定位圆孔与心轴限位圆锥面的弹性变形夹紧工件。

这种定位方式的定心精度高，可达 $\phi 0.01 \sim \phi 0.02 mm$，但工件的轴向位移误差较大，适用于工件定位孔精度不低于 IT7 公差等级的精车和磨削加工，不能加工端面。

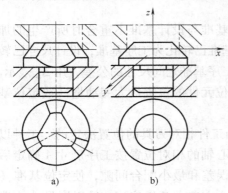

图 2-25　圆锥销定位

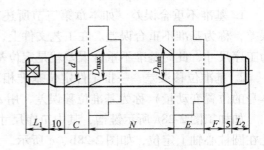

图 2-26　圆锥心轴

四、工件以一面两孔定位

图 2-27 为一面两孔定位简图。利用工件上的一个大平面和与该平面垂直的两个圆孔作定位基准进行定位。夹具上如果采用一个平面支承（限制 $\hat{x}$、$\hat{y}$ 和 $\vec{z}$ 三个自由度）和两个圆柱销（各限制 $\vec{x}$ 和 $\vec{y}$ 二个自由度）作定位元件，则在两销连心线方向产生过定位（重复

限制 $\vec{x}$ 自由度）。为了避免过定位，将其中一销做成削边销。削边销不限制 $\vec{x}$ 自由度。关于削边销的尺寸，可参考表 2-1。

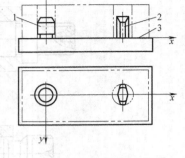

削边销与孔的最小配合间隙 $X_{\min}$ 的计算，即

$$X_{\min} = \frac{b\ (T_{LD} + T_{Ld})}{D} \qquad (2-1)$$

式中　b——削边销的宽度；

　　　T_{LD}——两定位孔中心距公差；

　　　T_{Ld}——两定位销中心距公差；

　　　D——与削边销配合的孔的直径。

图 2-27　一面两孔定位
1—圆柱销　2—削边销　3—定位平面

表 2-1　削边销结构尺寸　　　　（单位：mm）

D	3~6	>6~8	>8~20	>20~25	>25~32	>32~40	>40~50
b	2	3	4	5	6	7	8
B	D—0.5	D—1	D—2	D—3	D—4	D—5	

第五节　定位误差

一批工件逐个在夹具上定位时，各个工件在夹具上所占据的位置不可能完全一致，以致使加工后各工件的工序尺寸存在误差，这种因工件定位而产生的工序基准在工序尺寸方向上的最大变动量，称为定位误差，用 Δ_D 表示。

一、定位误差产生的原因

1. 基准不重合误差　如本章第三节所述，定位基准与设计基准不重合时所产生的加工误差，称为基准不重合误差。在工艺文件上，设计基准已转化为工序基准，设计尺寸已转化为工序尺寸，此时基准不重合误差就是定位基准与工序基准之间尺寸的公差，用 Δ_B 表示。

2. 基准位移误差　一批工件定位基准相对于定位元件的位置最大变动量（或定位基准本身的位置变动量）称为基准位移误差，用 Δ_Y 表示。

如加工图 2-28a 所示键槽，其中工序尺寸 A 是由工件相对刀具的位置决定的。工件以内孔在圆柱心轴上定位，如图 2-28b、c 所示。刀具与心轴的相对位置按工序尺寸 A 确定后保持不变。由于工件内孔直径和定位心轴直径的制造误差和最小配合间隙，使定位基准（工件内孔轴线）与定位心轴轴线不重合，在工序尺寸 A 方向上产生位移，给工序尺寸 A 造成了误差，这个误差就是基准位移误差。其大小为定位基准的最大变动范围，即

$$\Delta_Y = A_{\max} - A_{\min}$$

式中　$A_{\max}$——最大工序尺寸；

　　　$A_{\min}$——最小工序尺寸。

二、定位误差的计算方法

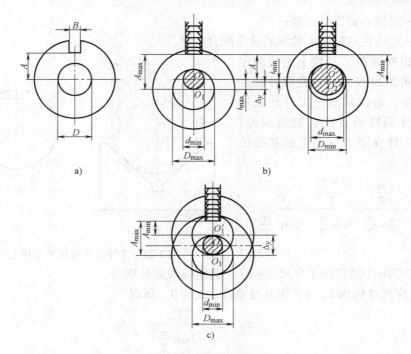

图 2-28 基准位移误差

定位误差是由基准不重合误差与基准位移误差两项组合而成。计算时，先分别算出 Δ_B 和 Δ_Y，然后再根据不同情况分别按照下述方法进行合成，从而求得定位误差 Δ_D。

1）工序基准不在定位基面上，$\Delta_D = \Delta_Y + \Delta_B$ （2-2）

2）工序基准在定位基面上，$\Delta_D = |\Delta_Y + \Delta_B|$ （2-3）

"+"、"－"的确定可按如下原则判断：当由于基准不重合和基准位移分别引起工序尺寸作相同方向变化（即同时增大或同时减小）时，取"+"号；而当引起工序尺寸彼此向相反方向变化时，取"－"号。

三、常见定位方式的定位误差

1. 工件以平面定位的定位误差 定位基准为平面时，其定位误差主要是由基准不重合误差引起的，一般不计算基准位移误差。这是因为平面定位时的定位基准就是定位基面，而定位基面接触于定位元件工作表面，在加工尺寸方向不产生位移，而由定位基面平面度引起的误差又很小，可忽略不计。

2. 工件以圆柱面配合定位的基准位移误差

（1）定位副固定单边接触：如图 2-28b 所示，当心轴水平放置时，工件在自重作用下与心轴固定单边接触，此时

$$\Delta_Y = OO_1 - OO_2 = \frac{D_{max} - d_{min}}{2} - \frac{D_{min} - d_{max}}{2} = \frac{D_{max} - D_{min}}{2} + \frac{d_{max} - d_{min}}{2} = \frac{T_D + T_d}{2} \quad (2\text{-}4)$$

（2）定位副任意边接触：如图 2-28c 所示，当心轴垂直放置时，工件与心轴任意边接触，此时

$$\Delta_Y = D_{max} - d_{min} = T_D + T_d + X_{min} \quad (2\text{-}5)$$

式中 T_D——工件定位孔直径公差；

T_d——定位心轴直径公差；

X_{min}——定位孔与定位心轴间的最小配合间隙。

3. 工件以外圆在 V 形块上定位的定位误差　　如图 2-29 所示，工件以外圆在 V 形块上定位，定位基准是工件外圆轴线，因工件外圆柱面直径有制造误差，由此产生的工件在竖直方向上的基准位移误差为

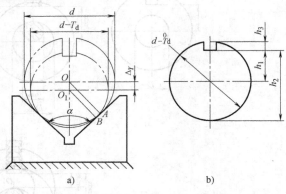

$$\Delta_Y = OO_1 = \frac{\dfrac{d}{2}}{\sin\dfrac{\alpha}{2}} - \frac{\dfrac{d - T_d}{2}}{\sin\dfrac{\alpha}{2}} = \frac{T_d}{2\sin\dfrac{\alpha}{2}}$$

(2-6)

图 2-29　工件以外圆在 V 形块上定位

对于图 2-29b 中的三种工序尺寸标注，其定位误差分别为：

1）当工序尺寸标为 h_1 时，因基准重合，$\Delta_B = 0$，所以

$$\Delta_D = \Delta_Y = \frac{T_d}{2\sin\dfrac{\alpha}{2}}$$

(2-7)

2）当工序尺寸标为 h_2 时，工序基准为外圆柱面下母线，与定位基准不重合，二者以 $\dfrac{d}{2}{}_{-T_d}^{\ 0}$ 相联系，所以 $\Delta_B = \dfrac{T_d}{2}$。由于工序基准在定位基面上，因此 $\Delta_D = |\ \Delta_Y \pm \Delta_B\ |$。符号的确定：当定位基面直径由大变小时，定位基准朝下运动，使 h_2 变大；当定位基面直径由大变小时，假定定位基准不动，工序基准相对于定位基准向上运动，使 h_2 变小。两者变动方向相反，故有

$$\Delta_D = |\ \Delta_Y - \Delta_B\ | = \left|\ \frac{T_d}{2\sin\dfrac{\alpha}{2}} - \frac{T_d}{2}\ \right| = \frac{T_d}{2}\left[\frac{1}{\sin\dfrac{\alpha}{2}} - 1\right]$$

(2-8)

3）当工序尺寸标为 h_3 时，工序基准为外圆柱面上母线，基准不重合误差仍为 $\Delta_B = \dfrac{T_d}{2}$。当定位基面直径由大变小时，$\Delta_B$ 和 Δ_Y 都使 h_3 变小，故有

$$\Delta_D = \Delta_Y + \Delta_B = \frac{T_d}{2\sin\dfrac{\alpha}{2}} + \frac{T_d}{2} = \frac{T_d}{2}\left[\frac{1}{\sin\dfrac{\alpha}{2}} + 1\right]$$

(2-9)

4. 工件以一面两孔组合定位的基准位移误差

（1）移动的基准位移误差：该误差可按定位销垂直放置时计算，一般取决于第一定位副的最大配合间隙，即

$$\Delta_Y = X_{1max} = T_{d_1} + T_{D_1} + X_{1min}$$

(2-10)

式中　X_{1max}——圆柱销与定位孔的最大配合间隙；

T_{d_1}——圆柱销直径公差；

T_{D_1}——与圆柱销配合的定位孔的直径公差；

X_{1min}——圆柱销与定位孔的最小配合间隙。

（2）转动的基准位移误差（转角误差）：如图 2-30 所示，转角误差取决于两定位孔与定位销的最大配合间隙 X_{1max} 和 X_{2max}、中心距 L 以及工件的偏转方向。当两孔偏转于两销同一侧时（图 2-30a），其单边转角误差为

$$\Delta_\beta = \arctan \frac{X_{2max} - X_{1max}}{2L} \tag{2-11}$$

当两孔偏转于两销异侧时（图 2-30b），其单边转角误差为

$$\Delta_\alpha = \arctan \frac{X_{1max} + X_{2max}}{2L} \tag{2-12}$$

实际上，工件还可能向另一方向偏转 Δ_β 和 Δ_α，所以真正的转角误差应当是 $\pm\Delta_\beta$ 和 $\pm\Delta_\alpha$。

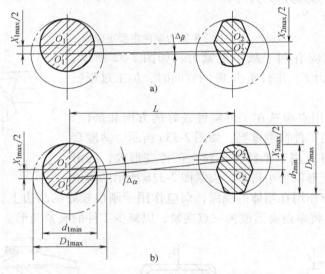

图 2-30 一面两孔定位的转角误差

第六节 工件的夹紧

加工过程中，为保证工件定位时确定的正确位置，防止工件在切削力、离心力、惯性力、重力等作用下产生位移和振动，须将工件夹紧。这种保证加工精度和安全生产的装置，称为夹紧装置。

一、对夹紧装置的基本要求

1）夹紧过程中，不改变工件定位后所占据的正确位置。

2）夹紧力的大小适当。既要保证工件在加工过程中其位置稳定不变、振动小，又要使工件不产生过大的夹紧变形。

3）操作方便、省力、安全。

4）夹紧装置的自动化程度及复杂程度应与工件的产量和批量相适应。

二、夹紧力方向和作用点的选择

1）夹紧力应朝向主要定位基准。如图 2-31a 所示，被加工孔与左端面有垂直度要求，

因此，要求夹紧力 F_J 朝向定位元件 A 面。如果夹紧力改朝 B 面，由于工件左端面与底面的夹角误差，夹紧时将破坏工件的定位，影响孔与左端面的垂直度要求。又如图 2-31b 所示，夹紧力 F_J 朝向 V 形块，使工件的装夹稳定可靠。但是，如果改为朝向 B 面，则夹紧时工件有可能会离开 V 形块的工作面而破坏工件的定位。

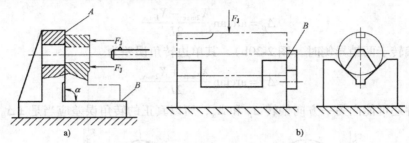

图 2-31　夹紧力朝向主要定位面

2）夹紧力方向应有利于减小夹紧力。如图 2-32 所示，当夹紧力 F_J 与切削力 F、工件重力 W 同方向时，加工过程所需的夹紧力可最小。

3）夹紧力的作用点应选在工件刚性较好的方向和部位。这一原则对刚性差的工件特别重要。如图 2-33a 所示，薄壁套的轴向刚性比径向好，用卡爪径向夹紧时工件变形大，若沿轴向施加夹紧力，变形就会小得多。夹紧图 2-33b 所示的薄壁

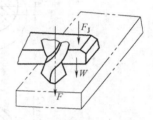

图 2-32　F_J、F、W 三力同向

箱体时，夹紧力不应作用在箱体的顶面，而应作用于刚性较好的凸边上。箱体没有凸边时，可如图 2-33c 那样，将单点夹紧改为三点夹紧，以减少工件的夹紧变形。

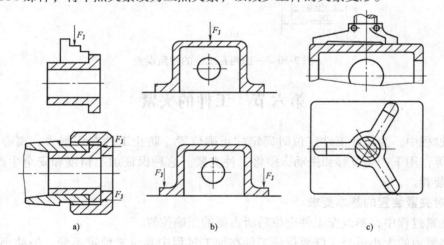

图 2-33　夹紧力与工件刚性的关系

4）夹紧力作用点应尽量靠近工件加工面。如图 2-34 所示在拨叉上铣槽。由于主要夹紧力的作用点距加工表面较远，故在靠近加工面的地方设置了辅助支承增加了夹紧力 F_J。这样提高了工件的装夹刚性，减少了加工过程中的振动。

5）夹紧力作用线应落在定位支承范围内。如图 2-35 夹紧力作用线落在定位元件支承范围之外，夹紧时将破坏工件的定位，因而是错误的。

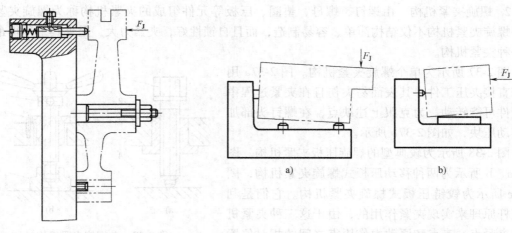

图 2-34　夹紧力作用点靠近加工面　　　　　图 2-35　夹紧力作用点的位置不正确

三、夹紧力的估算

夹紧力的大小应适当，它直接影响工件装夹的可靠性、工件夹紧变形、定位的准确及工件的加工精度。在实际加工中，夹紧力的影响因素很多，计算相当复杂。因此，一般只能作粗略的估算。常用下述两种方法估算夹紧力：

1）参照同类夹具的使用情况，用类比法估算。此法在生产中应用甚广。

2）将夹具和工件看成刚性系统，找出加工过程中对夹具最不利的瞬时状态，按静力平衡条件计算出理论夹紧力，再乘以安全系数作为实际所需的夹紧力，即

$$F_J = kF \qquad\qquad (2-13)$$

式中　F_J——实际所需夹紧力；

　　　F——按静力平衡计算出的夹紧力；

　　　k——安全系数，粗加工时取 2.5～3，精加工时取 1.5～2。

四、典型夹紧机构

夹紧机构种类很多，但最常用的有以下几种。

1. 斜楔夹紧机构　采用斜楔作为传力元件或夹紧元件的夹紧机构称为斜楔夹紧机构。图 2-36a 所示为斜楔夹紧机构的一种应用。敲入斜楔 1，迫使滑柱 2 下降，装在滑柱上的浮动压板 3 即可同时夹紧两个工件 4。加工完毕后，锤击斜楔 1 的小头，松开工件。由于用斜楔直接夹紧工件的夹紧力较小，且操作费时，所以实际生产中多与其他机构联合使用。图 2-36b 所示是斜楔与螺旋夹紧机构的组合形式。通过转动螺杆推动楔块，使铰链压板转动而夹紧工件。

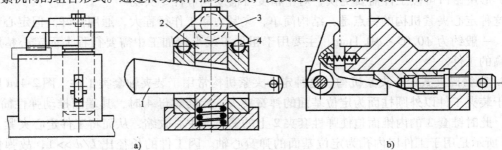

图 2-36　斜楔夹紧机构
1—斜楔　2—滑柱　3—浮动压板　4—工件

2. 螺旋夹紧机构　由螺钉、螺母、垫圈、压板等元件组成的夹紧机构称为螺旋夹紧机构。螺旋夹紧机构不仅结构简单、容易制造，而且自锁性好，夹紧力大，是夹具上用得最多的一种夹紧机构。

图 2-37 所示为单个螺旋夹紧机构。图 2-37a 用螺钉直接夹压工件，其表面易夹伤且在夹紧过程中使工件可能转动。为克服上述缺点，在螺钉头部加上摆动压块，如图 2-37b 所示。

图 2-38 所示为较典型的螺旋压板夹紧机构。图2-38a、b 所示为两种移动压板式螺旋夹紧机构，图2-38c 所示为铰链压板式螺旋夹紧机构。它们是利用杠杆原理来实现夹紧作用的，由于这三种夹紧机构的夹紧点、支点和原动力作用点之间的相对位置不同，因此杠杆比各异，夹紧力也不同。以图 2-38c 所示夹紧机构增力倍数最大。

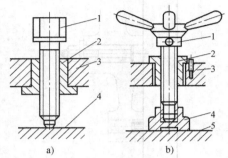

图 2-37　单螺旋夹紧机构
a) 1—螺钉　2—套　3—夹具体　4—工件
b) 1—手柄　2—套　3—夹具体　4—压块　5—工件

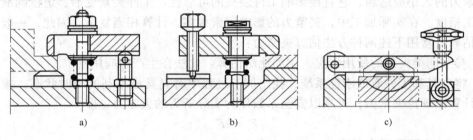

图 2-38　螺旋压板夹紧机构

3. 偏心夹紧机构　用偏心件直接或间接夹紧工件的机构，称为偏心夹紧机构。图 2-39a 所示为圆偏心轮夹紧机构。当下压手柄 1 时，圆偏心轮 2 绕轴 3 旋转，将圆柱面压在垫板 4 上，反作用力又将轴 3 抬起，推动压板 5 压紧工件。图 2-39b 所示的夹紧机构用的是偏心轴，图 2-39c 所示的夹紧机构用的是偏心叉。

偏心夹紧机构操作方便、夹紧迅速，缺点是夹紧力和夹紧行程都较小。一般用于切削力不大、振动小、没有离心力影响的加工中。

4. 螺旋式定心夹紧机构　如图 2-40 所示，旋动有左、右螺纹的双向螺杆 6，使滑座 1、5 上的 V 形块钳口 2、4 作对向等速移动，从而实现对工件的定心夹紧；反之，便可松开工件。V 形块钳口可按工件需要更换，对中精度可借助调节杆 3 实现。

这种定心夹紧机构的特点是：结构简单、夹紧力和工作行程大，通用性好。但定心精度不高，一般约为 $\phi0.05 \sim \phi0.1$mm，主要用于粗加工或半精加工中需要行程大而定心精度要求不高的工件。

5. 弹簧筒夹式定心夹紧机构　这种定心夹紧机构常用于装夹轴套类工件。图 2-41a 所示为用于装夹工件以外圆柱面为定位基面的弹簧夹头。旋转螺母 4 时，其端面推动弹性筒夹 2 左移，此时锥套 3 的内锥面迫使弹性套夹 2 上的簧瓣向中心收缩，从而将工件定心夹紧。图 2-41b 所示是用于工件以内孔为定位基面的弹簧心轴。因工件的长径比 $L/d >> 1$，故弹性筒夹 2 的两端各有簧瓣。旋转螺母 4 时，其端面推动锥套 3，同时推动弹性筒夹 2 的两端簧瓣

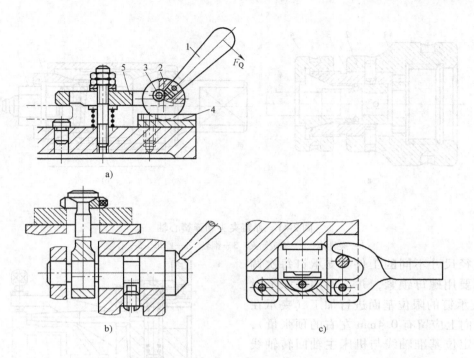

图 2-39　偏心夹紧机构

1—手柄　2—圆偏心轮　3—轴　4—垫板　5—压板

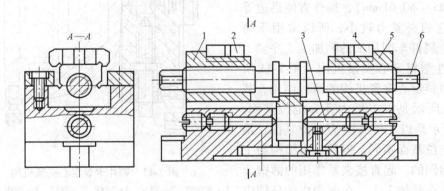

图 2-40　螺旋式定心夹紧机构

1、5—滑座　2、4—V形块钳口　3—调节杆　6—双向螺杆

向外均匀扩张，从而将工件定心夹紧。反向转动螺母，带动锥套向右，便可松开工件。弹簧筒夹定心夹紧机构的结构简单，体积小，操作方便迅速，因而应用十分广泛。其定心精度可稳定在 $\phi 0.04 \sim \phi 0.1 \mathrm{mm}$ 之间。为保证弹性筒夹正常工作，工件定位基面的尺寸公差应控制在 $0.1 \sim 0.5 \mathrm{mm}$ 范围内，故一般适用于半精加工或精加工场合。

6. 膜片卡盘定心夹紧机构　如图 2-42 所示，以工件大端面和外圆为定位基面，在 10 个等高支柱 6 和膜片 2 的 10 个爪上定位。首先顺时针旋转螺钉 4 使楔块 5 下移，并推动滑柱 3 右移，迫使膜片 2 产生弹性变形，10 个夹爪同时张开，以装入工件。再逆时针旋转螺钉，使膜片恢复弹性变形，10 个夹爪同时收缩将工件定心夹紧，夹爪上支承钉 1 可以调节，以

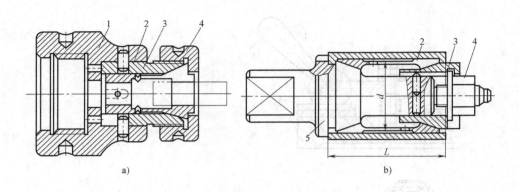

图 2-41 弹簧夹头和弹簧心轴

1—夹具体 2—弹簧筒夹 3—锥套 4—螺母 5—心轴

适应直径尺寸不同的工件。支承钉每次调整后都要用螺母锁紧，并在所用机床上对10个支承钉的限位基面进行加工（夹爪在直径方向上应留有 0.4mm 左右的预张量），以保证定位基准轴线与机床主轴回转轴线的同轴度。膜片卡盘定心夹紧机构具有刚性、工艺性、通用性好，定心精度高（一般为 $\phi 0.005 \sim \phi 0.01\text{mm}$），操作方便迅速等特点。但它的夹紧力较小，所以常用于磨削或有色金属件车削加工的精加工工序。

7. 液性塑料定心夹紧机构 图 2-43 所示为液性塑料定心夹紧机构的两种结构，其中图 2-43a 所示是以工件内孔为定位基面，图 2-43b 所示是以工件外圆为定位基面，虽然两者的定位基面不同，但其基本结构与工作原理是相同的。起直接夹紧作用的薄壁套

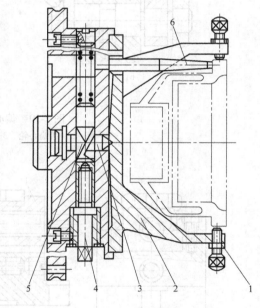

图 2-42 膜片卡盘定心夹紧机构

1—支承钉 2—膜片 3—滑柱 4—螺钉 5—楔块 6—支柱

筒 2 压配在夹具体 1 上，在所构成的环槽中注满了液性塑料 3。当旋转夹紧螺钉 5 通过柱塞 4 向腔内加压时，液性塑料便向各个方向传递压力，在压力作用下薄壁套筒产生径向均匀的弹性变形，从而将工件定心夹紧。限位螺钉 6 用于限制加工螺钉的行程，防止薄壁套筒因超负荷而产生塑性变形。这种定心机构的结构非常紧凑，操作方便，定心精度高，可达 $\phi 0.005 \sim \phi 0.01\text{mm}$，主要用于定位基面孔径 $D > 18\text{mm}$ 或外径 $d > 18\text{mm}$、尺寸精度为 IT8 ~ IT7 公差等级工件的半精加工或精加工。

五、气液传动装置

使用人力通过各种传力机构对工件进行夹紧，称为手动夹紧。而现代高效率的夹具，大多采用机动夹紧，其动力系统有：气压、液压、电动、电磁、真空等。其中最常用的有气压和液压传动装置。

1. 气压传动装置 以压缩空气为动力的气压夹紧，动作迅速，压力可调，污染小，设

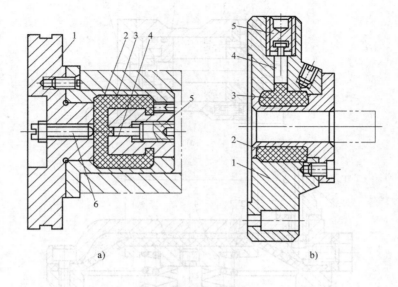

图 2-43　液性塑料定心夹具

1—夹具体　2—薄壁套筒　3—液性塑料　4—柱塞　5—夹紧螺钉　6—限位螺钉

备维护简便。但气压夹紧夹紧刚性差，装置的结构尺寸相对较大。

典型的气压传动系统如图 2-44 所示，其中：雾化器 2 将气源 1 送来的压缩空气与雾化的润滑油混合，以润滑气缸；减压阀 3 将送来的压缩空气减至气压夹紧装置所要求的工作压力；单向阀 4 防止气源中断或压力突降而使夹紧机构松开；分配阀 5 控制压缩空气对气缸的进气和排气；调速阀 6 调节压缩空气进入气缸的速度，以控制活塞的移动速度；压力表 7 指示气缸中压缩空气的压力；

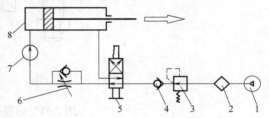

图 2-44　气压传动系统

1—气源　2—雾化器　3—减压阀　4—单向阀
5—分配阀　6—调速阀　7—压力表　8—气缸

气缸 8 以压缩空气推动活塞移动，带动夹紧装置夹紧工件。

气缸是气压夹具的动力部分。常用气缸有活塞式和薄膜式两种结构形式，如图 2-45 所示。活塞式气缸（图 2-45a）的工作行程较长，其作用力的大小不受行程长度的影响。薄膜式气缸（图 2-45b）密封性好，简单紧凑，摩擦部位少，使用寿命长，但其工作行程短，作用力随行程大小而变化。

2. 液压传动装置　液压传动是用压力油作为介质，其工作原理与气压传动相似。但与气压传动装置相比，具有夹紧力大，夹紧刚性好，夹紧可靠，液压缸体积小及噪声小等优点。缺点是易漏油，液压元件制造精度要求高。

图 2-46 所示是一种双向多件液压夹紧铣床夹具的夹紧部分。当压力油由管道 A 进入工作液压缸 5 的 G 腔时，使两个活塞 4 同时向外顶出，推动压板 3 压紧工件。当压力油由管道 B 进入工作液压缸 5 的两端 E 及 F 腔时，两活塞 4 被同时推回，由弹簧 2 将两边压板顶回，松开工件。

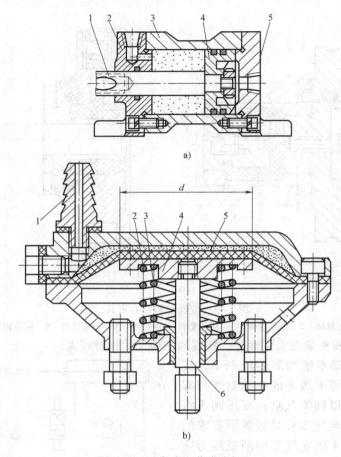

图 2-45　活塞式和薄膜式气缸

a）1—活塞杆　2—前盖　3—气缸体　4—活塞　5—后盖

b）1—接头　2、3—弹簧　4—托盘　5—薄膜　6—推杆

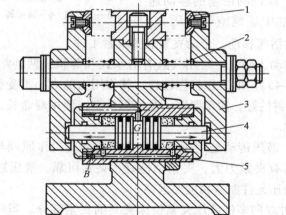

图 2-46　双向液压夹紧铣床夹具

1—摆块　2—弹簧　3—压板　4—活塞　5—工作液压缸

习 题

2-1 为什么说夹紧不等于定位？

2-2 什么是欠定位？为什么不能采用欠定位？试举例说明之。

2-3 什么是过定位？试分析图 2-47 中的定位元件分别限制了哪些自由度？是否合理？如何改进？

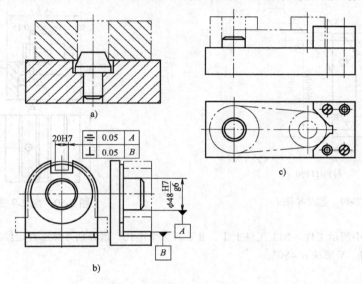

图 2-47 题 2-3 图

2-4 什么是辅助支承？使用时应注意什么问题？举例说明辅助支承的应用。

2-5 什么是自位支承？（浮动支承）？它与辅助支承有何不同？

2-6 根据六点定位原理分析图 2-48 中各定位方案的定位元件所限制的自由度。

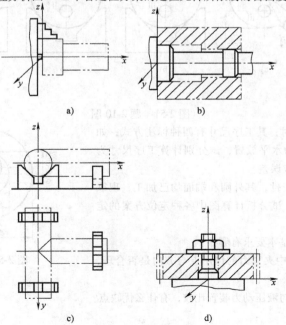

图 2-48 题 2-6 图

2-7 粗基准、精基准选择的原则有哪些？举例说明。

2-8 试选择图2-49所示端盖零件加工时的粗基准，并简述理由。

2-9 对于图2-50所示零件，已知A、B、C、D及E面均已加工好，试分析加工φ10mm孔时用哪些表面定位较合理？为什么？

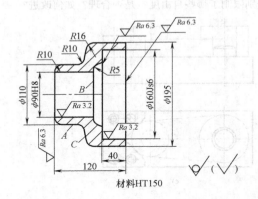

图2-49 题2-8图

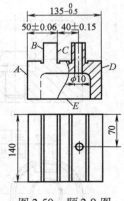

图2-50 题2-9图

2-10 图2-51a中所示工件，加工工件上Ⅰ、Ⅱ、Ⅲ三个小孔，请分别计算三种定位方案的定位误差并说明哪个定位方案好。V形块 $\alpha = 90°$。

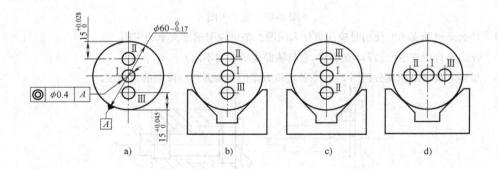

图2-51 题2-10图

2-11 套类零件铣槽时，其工序尺寸有四种标注方式，如图2-52所示，若定位销为水平放置，试分别计算工序尺寸为 H_1、H_2、H_3、H_4 时的定位误差。

2-12 图2-53a所示工件，其外圆和端面均已加工，现欲钻孔保证尺寸 $30^{0}_{-0.11}$mm，试分析计算图中各种定位方案的定位误差。V形块 $\alpha = 90°$。

2-13 对夹紧装置的基本要求有哪些？

2-14 试分析图2-54中夹紧力的作用点与方向是否合理，为什么？如何改进？

2-15 气压动力装置与液压动力装置比较，有什么优缺点？

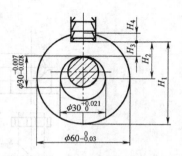

图2-52 题2-11图

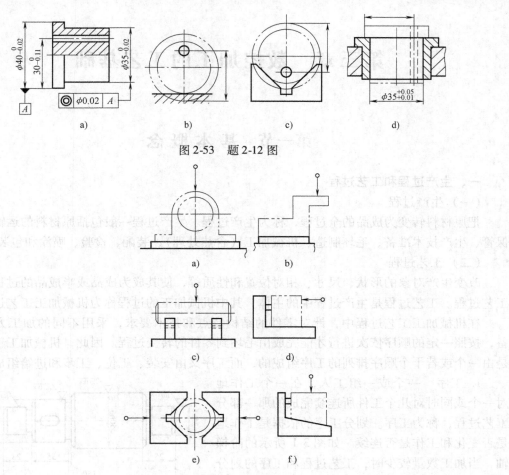

图 2-53 题 2-12 图

图 2-54 题 2-14 图

第三章　数控加工的工艺基础

第一节　基本概念

一、生产过程和工艺过程

（一）生产过程

把原材料转变为成品的全过程，称为生产过程。生产过程一般包括原材料的运输、仓库保管、生产技术准备、毛坯制造、机械加工（含热处理）、装配、检验、喷涂和包装等。

（二）工艺过程

改变生产对象的形状、尺寸、相对位置和性质等，使其成为成品或半成品的过程，称为工艺过程。工艺过程是生产过程中的主体。其中机械加工的过程称为机械加工工艺过程。

在机械加工工艺过程中，针对零件的结构特点和技术要求，采用不同的加工方法和装备，按照一定的顺序依次进行才能完成由毛坯到零件的转变过程。因此，机械加工工艺过程是由一个或若干个顺序排列的工序组成的，而工序又由安装、工位、工步和进给组成。

1. 工序　一个或一组工人，在一个工作地对一个或同时对几个工件所连续完成的那一部分工艺过程，称为工序。划分工序的依据是工作地是否变化和工作是否连续。如图 3-1 所示的阶梯轴，当加工数量较少时，工艺过程和工序的划分见表 3-1，共有四个工序。当加工数量较多时，其工艺过程和工序的划分见表 3-2，可分为六个工序。

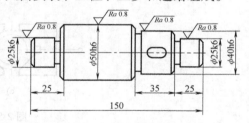

图 3-1　阶梯轴简图

在表 3-1 的工序 2 中，先车一个工件的一端，然后调头装夹，再车另一端，是在同一地点，且工艺内容是连续的，因此算作一道工序。在表 3-2 的工序 2 和工序 3 中，虽然工作地点相同，但工艺内容不连续（工序 3 是在该批工序 2 的内容都完成后才进行的），因此算作两道工序。

表 3-1　单件小批生产的工艺过程

工序号	工序内容	设备
1	车两端面、钻两端中心孔	车床
2	车外圆、车槽和倒角	车床
3	铣键槽、去毛刺	铣床、钳工
4	磨外圆	磨床

表 3-2　大批量生产的工艺过程

工序号	工序内容	设备
1	两端同时铣端面、钻中心孔	专用机床
2	车一端外圆、车槽和倒角	车床
3	车另一端外圆、车槽和倒角	车床
4	铣键槽	铣床
5	去毛刺	钳工台或专门毛刺去除机
6	磨外圆	磨床

上述工序的定义和划分是常规加工工艺中采用的方法。在数控加工中，根据数控加工的特点，工序的划分比较灵活，不受上述定义的限制，详见本章第二节。

2. 工步 在加工表面（或装配时连接面）和加工（或装配）工具不变的情况下，所连续完成的那一部分工序内容，称为工步。划分工步的依据是加工表面和工具是否变化。如表3-1 中的工序 1 有四个工步。表 3-2 中的工序 4 只有一个工步。

但是，为了简化工艺文件，对在一次安装中连续进行若干个相同的工步，通常多看作一个工步。如钻削图 3-2 所示零件上六个 $\phi20mm$ 的孔，可写成一个工步——钻 $6 \times \phi20mm$ 孔。有时，为了提高生产率，用几把不同刀具或复合刀具同时加工一个零件上的几个表面，通常称此工步为复合工步。图 3-3 所示情况就是一个复合工步。在数控加工中，有时，将在一次安装下用一把刀具连续切削零件上的多个表面划分为一个工步，详见第四章和第五章的第三节。

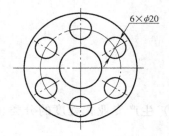

图 3-2 加工六个表面相同的工步

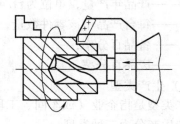

图 3-3 复合工步

3. 进给 在一个工步内，若被加工表面需切除的余量较大，可分几次切削，每次切削称为一次进给。如图 3-4 所示的零件加工。第一工步只需一次进给，第二工步需分两次进给。

4. 安装 工件经一次装夹后所完成的那一部分工序，称为安装。在一道工序中，工件可能只需要安装一次，也可能需要安装几次。在表 3-2 的工序 4 中，只需一次安装即可铣出键槽，而在表 3-1 的工序 2 中，至少要两次安装，才能完成全部工艺内容。

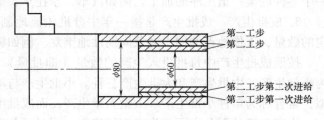

图 3-4 阶梯轴的车削进给

5. 工位 为了完成一定的工序部分，一次装夹工件后，工件（或装配单元）与夹具或设备的可动部分一起相对刀具或设备的固定部分所占据的每一个位置，称为工位。常用各种回转工作台、移动工作台、回转夹具或移动夹具，使工件在一次安装中先后处于几个不同的位置进行加工。图 3-5 所示为一利用移动工作台或移动夹具，在一次安装中顺次完成铣端面、钻中心孔两工位加工的实例。采用这种多工位加工方法，减少了安装次数，可以提高加工精度和生产率。

二、生产纲领和生产类型

（一）生产纲领

生产纲领是指企业在计划期内应当生产的产品产量和进度计划。通常也称为年产量。零件的生产纲领还包括一定的备品和废品数量。它可按下式计算

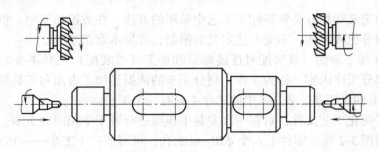

图 3-5　多工位加工示例

$$N = Qn(1 + \alpha)(1 + \beta) \tag{3-1}$$

式中　N——零件的年产量，单位为件/年；

　　　Q——产品年产量，单位为台/年；

　　　n——每台产品中该零件数量，单位为件/台；

　　　α——备品百分率；

　　　β——废品百分率。

（二）生产类型

生产类型是指企业（或车间、工段、班组、工作地）生产专业化程度的分类。一般把机械制造生产分为三种类型。

1. 单件生产　单件生产是指产品品种多，而每一种产品的结构、尺寸不同，且产量很少，各个工作地点的加工对象经常改变，且很少重复的生产类型。例如新产品试制、重型机械和专用设备的制造等均属于单件生产。

2. 大量生产　大量生产是指产品数量很大，大多数工作地点长期地按一定节拍进行某一个零件的某一道工序的加工。例如汽车、摩托车、柴油机等的生产均属于大量生产。

3. 成批生产　成批生产是指一年中分批轮流地制造几种不同的产品，每种产品均有一定的数量，工作地点的加工对象周期性地重复。例如机床、电动机等均属于成批生产。

按照成批生产中每批投入生产的数量（即批量）大小和产品的特征，成批生产又可分为小批生产、中批生产和大批生产三种。小批生产与单件生产相似，大批生产与大量生产相似，常合称为单件小批生产、大批大量生产，而成批生产仅指中批生产。

生产类型的划分主要由生产纲领确定，同时还与产品大小和结构复杂程度有关。表 3-3 是不同类型的产品生产类型与生产纲领的关系。

表 3-3　生产类型和生产纲领的关系

生产类型		生产纲领（单位为台/年或件/年）		
		重型零件（30kg 以上）	中型零件（4~30kg）	轻型零件（4kg 以下）
单件生产		≤5	≤10	≤100
成批生产	小批生产	>5~100	>10~150	>100~500
	中批生产	>100~300	>150~500	>500~5000
	大批生产	>300~1000	>500~5000	>5000~50000
大量生产		>1000	>5000	>50000

生产类型不同，产品的制造工艺、工装设备、技术措施、经济效果等也不相同。大批大量生产采用高效的工艺及设备，经济效果好；单件小批生产通常采用通用设备及工装，生产效率低，经济效果较差。表 3-4 是各种生产类型的工艺特征。

表 3-4 各种生产类型的工艺特征

工艺特征	单件小批生产	成批生产	大批大量生产
毛坯的制造方法及加工余量	铸件用木模手工造型，锻件用自由锻。毛坯精度低，加工余量大	部分铸件用金属模造型，部分锻件用模锻。毛坯精度及加工余量中等	铸件广泛采用金属模造型，锻件广泛采用模锻，以及其他高效方法，毛坯精度高，加工余量小
机床设备及其布置	通用机床、数控机床。按机床类别采用机群式布置	部分通用机床、数控机床及高效机床。按工件类别分工段排列	广泛采用高效专用机床及自动机床。按流水线和自动线排列
工艺装备	多采用通用夹具、刀具和量具。靠划线和试切法达到精度要求	广泛采用夹具，部分靠找正装夹达到精度要求，较多采用专用刀具和量具	广泛采用高效率的夹具、刀具和量具。用调整法达到精度要求
工人技术水平	需技术熟练工人	需技术比较熟练的工人	对操作工人的技术要求较低，对调整工人的技术要求较高
工艺文件	有工艺过程卡，关键工序要工序卡。数控加工工序要详细工序和程序单等文件	有工艺过程卡，关键零件要工序卡，数控加工工序要详细的工序卡和程序单等文件	有工艺过程卡和工序卡，关键工序要调整卡和检验卡
生产率	低	中	高
成本	高	中	低

第二节 机械加工工艺规程的制订

规定零件制造工艺过程和操作方法等的工艺文件，称为工艺规程。它是在具体的生产条件下，以最合理或较合理的工艺过程和操作方法，并按规定的图表或文字形式书写成工艺文件，经审批后用来指导生产的。工艺规程一般应包括下列内容：零件加工的工艺路线；各工序的具体加工内容；各工序所用的机床及工艺装备；切削用量及工时定额等。

一、工艺规程的作用

1. 工艺规程是指导生产的主要技术文件 合理的工艺规程是在工艺理论和实践经验的基础上制订的。按照工艺规程进行生产可以保证产品的质量，并且有较高的生产率和良好的经济效益。一切生产人员都应严格执行既定的工艺规程。

2. 工艺规程是生产组织和管理工作的基本依据 在生产管理中，原材料及毛坯的供应、通用工艺装备的准备、机床负荷的调整、专用工艺装备的设计和制造、生产计划的制订、劳动力的组织，以及生产成本的核算等，都是以工艺规程为基本依据的。

3. 工艺规程是新建或扩建工厂或车间的基本资料　在新建或扩建工厂或车间时，只有根据工艺规程和生产纲领才能正确地确定生产所需的机床和其他设备的种类、规格和数量、车间的面积、机床的布置、生产工人的工种、等级及数量，以及辅助部门的安排等。

二、工艺规程制订时所需的原始资料

1）产品装配图和零件工作图。

2）产品的生产纲领。

3）产品验收的质量标准。

4）现有的生产条件和资料。它包括毛坯的生产条件或协作关系、工艺装备及专用设备的制造能力、加工设备和工艺装备的规格及性能、工人的技术水平以及各种工艺资料和标准等。

5）国内、外同类产品的有关工艺资料等。

三、工艺规程制订的步骤及方法

（一）零件的工艺分析

1. 产品的零件图和装配图分析　首先认真地分析与研究产品的零件图和装配图，熟悉整台产品的用途、性能和工作条件，了解零件在产品中的作用、位置和装配关系，搞清各项技术要求对装配质量和使用性能的影响，找出主要的和关键的技术要求，然后对零件图样进行分析。

（1）零件图的完整性与正确性分析：零件的视图应足够、正确及表达清楚，并符合国家标准，尺寸及有关技术要求应标注齐全，几何元素（点、线、面）之间的关系（如相切、相交、垂直、平行等）应明确。

（2）零件技术要求分析：零件的技术要求主要指尺寸精度、形状精度、位置精度、表面粗糙度及热处理等。这些要求在保证零件使用性能的前提下应经济合理。过高的精度和表面粗糙度要求会使工艺过程复杂、加工困难、成本提高。如图3-6所示为汽车的板弹簧与吊耳配合的简图。其中吊耳两内侧面与板弹簧要求是不接触的，所以该表面粗糙度可由原设计的 $Ra3.2\mu m$ 增大到 $Ra12.5\mu m$，从而可增大铣削加工时的进给量，提高了生产率。

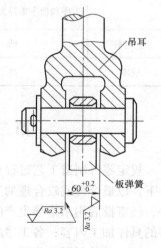

图3-6　汽车板弹簧与
吊耳的配合

（3）尺寸标注方法分析：零件图上的尺寸标注方法有局部分散标注法、集中标注法和坐标标注法等。对在数控机床上加工的零件，零件图上的尺寸在加工精度能够保证使用性能的前提下，可不必用局部分散标注，应采用集中标注，或以同一基准标注，即标注坐标尺寸。这样，既便于编程，又有利于设计基准、工艺基准与编程原点的统一。

（4）零件材料分析：在满足零件功能的前提下应选用廉价的材料。材料选择应立足国内，不要轻易选用贵重及紧缺的材料。

2. 零件的结构工艺性分析　零件结构工艺性是指所设计的零件在能满足使用要求的前提下制造的可行性和经济性。好的结构工艺性会使零件加工容易，节省工时，节省材料。差的结构工艺性会使加工困难，浪费工时，浪费材料，甚至无法加工。零件机械加工工艺性对比的一些实例将在第五、六章中介绍。

对零件图进行工艺性审查时，如发现图样上的视图、尺寸标注、技术要求有错误或遗漏，或结构工艺性不好时，应提出修改意见。在征得设计人员的同意后，按规定手续进行必要的修改及补充。

（二）毛坯的确定

毛坯的确定包括确定毛坯的种类和制造方法两个方面。常用的毛坯种类有铸件、锻件、型材、焊接件等。一般说来，当设计人员设计零件并选好材料后，也就大致确定了毛坯的种类。如铸铁材料毛坯均为铸件，钢材料毛坯一般为锻件或型材等。各种毛坯的制造方法很多。概括起来说，毛坯的制造方法越先进，毛坯精度越高，其形状和尺寸越接近于成品零件，这就使机械加工的劳动量大为减少，材料的消耗也低，使机械加工成本降低；但毛坯的制造费用却因采用了先进的设备而提高。因此，在确定毛坯时应当综合考虑各方面的因素，以求得最佳的效果。

确定毛坯时主要考虑下列因素。

1. 零件的材料及其力学性能　　如前所述，零件的材料大致确定了毛坯的种类，而其力学性能的高低，也在一定程度上影响毛坯的种类，如力学性能要求较高的钢件，其毛坯最好用锻件而不用型材。

2. 生产类型　　不同的生产类型决定了不同的毛坯制造方法。在大批量生产中，应采用精度和生产率都较高的先进的毛坯制造方法，如铸件应采用金属模机器造型，锻件应采用模锻；并应当充分考虑采用新工艺、新技术和新材料的可能性，如精铸、精锻、冷挤压、冷轧、粉末冶金和工程塑料等。单件小批生产则一般采用木模手工造型或自由锻等比较简单方便的毛坯制造方法。

3. 零件的结构形状和外形尺寸　　在充分考虑了上述两项因素后，有时零件的结构形状和外形也会影响毛坯的种类和制造方法。如常见的一般用途的钢质阶梯轴，当各台阶直径相差不大时可用型材，若各台阶直径相差很大时，宜用锻件；成批生产中，中小型零件可选用模锻，而大尺寸的钢轴受到设备和模具的限制一般选用自由锻等。

当然，在考虑上述诸因素的同时，不应当脱离具体的生产条件，如现场毛坯制造的实际水平和能力，毛坯车间近期的发展情况以及由专业化工厂提供毛坯的可能性等。

（三）工艺路线设计

设计工艺路线是制订工艺规程的重要内容之一，其主要内容包括选择各加工表面的加工方法、划分加工阶段、划分工序以及安排工序的先后顺序等。设计者应用从生产实践中总结出来的一些综合性的工艺原则，结合本厂的实际生产条件，提出几种方案，通过对比分析，从中选择最佳方案。

1. 加工方法的选择　　机械零件的结构形状是多种多样的，但它们都是由平面、外圆柱面、内圆柱面或曲面、成形面等基本表面所组成的。每一种表面都有多种加工方法，具体选择时应根据零件的加工精度、表面粗糙度、材料、结构形状、尺寸及生产类型等，选用相应的加工方法和加工方案。

（1）外圆表面加工方法的选择：外圆表面的加工方法主要是车削和磨削。当表面粗糙度要求较小时，还要经光整加工。外圆表面的加工方案见表3-5。

1）最终工序为车削的加工方案，适用于除淬火钢以外的各种金属。

表 3-5　外圆表面的加工方案（*Ra* 值单位为 μm）

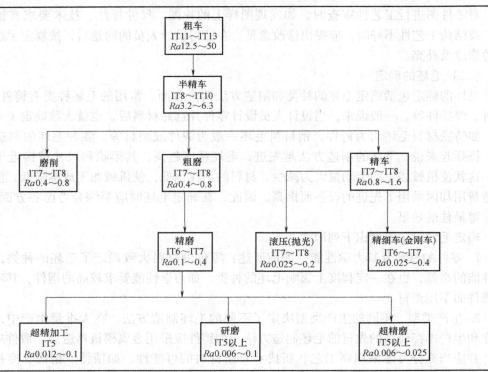

2）最终工序为磨削的加工方案，适用于淬火钢、未淬火钢和铸铁。不适用于有色金属，因其韧性大，磨削时易堵塞砂轮。

3）最终工序为精细车或金刚车的加工方案，适用于要求较高的有色金属的精加工。

4）最终工序为光整加工，如研磨、超精磨及超精加工等，为提高生产率和加工质量，一般在光整加工前进行精磨。

5）对表面粗糙度要求高，而尺寸精度要求不高的外圆，可通过滚压或抛光达到要求。

（2）内孔表面加工方法的选择：内孔表面的加工方法有钻孔、扩孔、铰孔、镗孔、拉孔、磨孔以及光整加工等。常用的孔加工方案见表 3-6。应根据被加工孔的加工要求、尺寸、具体的生产条件、批量的大小以及毛坯上有无预加工孔合理选用。

1）加工公差等级为 IT9 的孔，当孔径小于 10mm 时，可采用钻——铰方案；当孔径小于 30mm 时，可采用钻——扩方案；当孔径大于 30mm 时，可采用钻——镗方案。工件材料为淬火钢以外的各种金属。

2）加工公差等级为 IT8 的孔，当孔径小于 20mm 时，可采用钻——铰方案；当孔径大于 20mm 时，可采用钻——扩——铰，此方案适用于加工除淬火钢以外的各种金属，但孔径应在 20mm 至 80mm 范围内，此外也可采用最终工序为精镗或拉的方案。淬火钢可采用磨削加工。

3）加工公差等级为 IT7 的孔，当孔径小于 12mm 时，可采用钻——粗铰——精铰方案；当孔径在 12mm 到 60mm 之间时，可采用钻——扩——粗铰——精铰方案或钻——扩——拉方案。若加工毛坯上已铸出或锻出的孔，可采用粗镗——半精镗——精镗方案或采用粗镗——

表 3-6　孔加工方案（Ra 值单位为 μm）

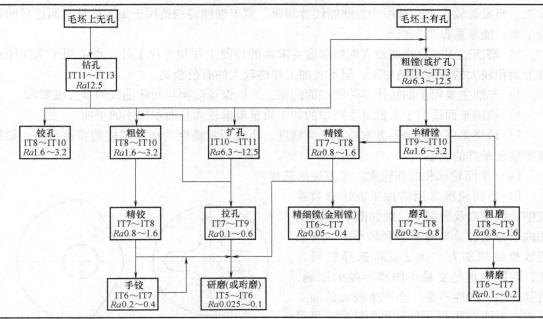

半精镗——磨孔的方案。最终工序为铰孔适用于未淬火钢或铸铁，对有色金属铰出的孔表面粗糙度较大，常用精细镗孔代替铰孔。最终工序为拉孔适用于大批大量生产，工件材料为未淬火钢、铸铁及有色金属。最终工序为磨孔的方案适用于加工除硬度低、韧性大的有色金属外的淬火钢、未淬火钢和铸铁。

　　4）加工公差等级为 IT6 的孔，最终工序采用手铰、精细镗、研磨或珩磨等均能达到，应视具体情况选择。韧性较大的有色金属不宜采用珩磨，可采用研磨或精细镗。研磨对大、小孔加工均适用，而珩磨只适用于大直径孔的加工。

　　（3）平面加工方法的选择：平面的主要加工方法有铣削、刨削、车削、磨削及拉削等，精度要求高的表面还需经研磨或刮削加工。常见的平面加工方案见表 3-7。表中尺寸公差的等级是指平行平面之间距离尺寸的公差等级。

表 3-7　平面加工方案（Ra 值单位为 μm）

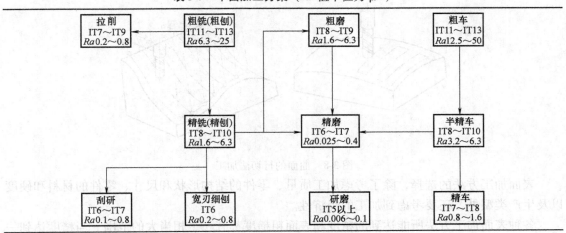

1）最终工序为刮研的加工方案多用于单件小批生产中配合表面要求高且不淬硬平面的加工。当批量较大时，可用宽刀细刨代替刮研。宽刀细刨特别适用于加工像导轨面这样的狭长平面，能显著提高生产率。

2）磨削适用于直线度及表面粗糙度要求高的淬硬工件和薄片工件，也适用于未淬硬钢件上面积较大的平面的精加工。但不宜加工塑性较大的有色金属。

3）车削主要用于回转体零件的端面的加工，以保证端面与回转轴线的垂直度要求。

4）拉削平面适用于大批量生产中的加工质量要求较高且面积较小的平面。

5）最终工序为研磨的方案适用于高精度、小表面粗糙度的小型零件的精密平面，如量规等精密量具的表面。

（4）平面轮廓和曲面轮廓加工方法的选择

1）平面轮廓常用的加工方法有数控铣削、线切割及磨削等。对如图3-7a所示的内平面轮廓，当曲率半径较小时，可采用数控线切割方法加工。若选择铣削方法，因铣刀直径受最小曲率半径的限制，直径太小，刚性不足，会产生较大的加工误差。对图3-7b所示的外平面轮廓，可采用数控铣削方法加工，常用粗铣——精铣方案，也可采用数控线切割方法加工。对精度及表面粗糙度要求较高的轮廓表面，在数控铣削加工之后，再进行数控磨削加工。

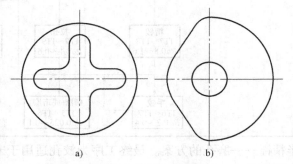

图3-7　平面轮廓类零件
a）内平面轮廓　b）外平面轮廓

数控铣削加工适用于除淬火钢以外的各种金属，数控线切割加工可用于各种金属，数控磨削加工适用于除有色金属以外的各种金属。

2）立体曲面轮廓的加工方法主要是数控铣削。多用球头铣刀，以"行切法"加工，如图3-8所示。根据曲面形状、刀具形状以及精度要求等通常采用二轴半联动或三轴联动。对精度和表面粗糙度要求高的曲面，当用三轴联动的"行切法"加工不能满足要求时，可用模具铣刀，选择四坐标或五坐标联动加工。立体曲面轮廓的加工详见第五章。

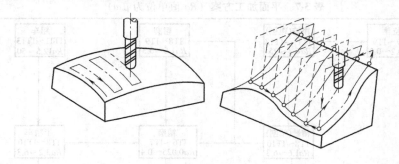

图3-8　曲面的行切法加工

表面加工方法的选择，除了考虑加工质量、零件的结构形状和尺寸、零件的材料和硬度以及生产类型外，还要考虑到加工的经济性。

各种表面加工方法所能达到的精度和表面粗糙度都有一个相当大的范围。当精度达到一定程度后，要继续提高精度，成本会急剧上升。例如外圆车削，将公差等级从 IT7 提高到 IT6，此时需用价格较高的金刚石车刀，很小的背吃刀量和进给量，增加了刀具费用，延长了加工时间，大大地增加了加工成本。对于同一加工表面，采用的加工方法不同，加工成本也不一样。例如，公差等级为 IT7 和表面粗糙度 Ra 值为 0.4μm 的外圆表面，采用精车就不如采用磨削经济。

任何一种加工方法获得的精度只在一定范围内才是经济的，这种一定范围内的加工精度即为该种加工方法的经济精度。它是指在正常加工条件下（采用符合质量标准的设备、工艺装备和标准等级的工人，不延长加工时间）所能达到的加工精度。相应的表面粗糙度称为经济粗糙度。在选择加工方法时，应根据工件的精度要求选择与经济精度相适应的加工方法。常用加工方法的经济精度及表面粗糙度，可查阅有关工艺手册。

2. 加工阶段的划分　当零件的加工质量要求较高时，往往不可能用一道工序来满足其要求，而要用几道工序逐步达到所要求的加工质量。按工序的性质不同，零件的加工过程通常可分为粗加工、半精加工、精加工和光整加工四个阶段。

（1）各加工阶段的主要任务

1）粗加工阶段：其任务是切除毛坯上大部分多余的金属，使毛坯在形状和尺寸上接近零件成品，因此，主要目标是提高生产率。

2）半精加工阶段：其任务是使主要表面达到一定的精度，留有一定的精加工余量，为主要表面的精加工（如精车、精磨）做好准备。并可完成一些次要表面加工，如扩孔、攻螺纹、铣键槽等。

3）精加工阶段：其任务是保证各主要表面达到规定的尺寸精度和表面粗糙度要求。主要目标是全面保证加工质量。

4）光整加工阶段：对零件上精度和表面粗糙度要求很高（公差等级 IT6 以上，表面粗糙度为 $Ra0.2μm$ 以下）的表面，需进行光整加工，其主要目标是提高尺寸精度、减小表面粗糙度值。一般不用来提高位置精度。

（2）划分加工阶段的目的

1）保证加工质量：工件在粗加工时，切除的金属层较厚，切削力和夹紧力都比较大，切削温度也高，将引起较大的变形。如果不划分加工阶段，粗、精加工混在一起，就无法避免上述原因引起的加工误差。按加工阶段加工，粗加工造成的加工误差可以通过半精加工和精加工来纠正，从而保证零件的加工质量。

2）合理使用设备：粗加工余量大，切削用量大，可采用功率大，刚度好，效率高而精度低的机床。精加工切削力小，对机床破坏小，采用高精度机床。这样发挥了设备的各自特点，既能提高生产率，又能延长精密设备的使用寿命。

3）便于及时发现毛坯缺陷：对毛坯的各种缺陷，如铸件的气孔、夹砂和余量不足等，在粗加工后即可发现，便于及时修补或决定报废，以免继续加工下去，造成浪费。

4）便于安排热处理工序：如粗加工后，一般要安排去应力的热处理，以消除内应力。精加工前要安排淬火等最终热处理，其变形可以通过精加工予以消除。

加工阶段的划分也不应绝对化，应根据零件的质量要求、结构特点和生产纲领灵活掌握。对加工质量要求不高、工件刚性好、毛坯精度高、加工余量小、生产纲领不大时，可不必划分加工阶段。对刚性好的重型工件，由于装夹及运输很费时，也常在一次装夹下完成全部粗、精加工。对于不划分加工阶段的工件，为减少粗加工中产生的各种变形对加工质量的影响，在粗加工后，松开夹紧机构，停留一段时间，让工件充分变形，然后再用较小的夹紧力重新夹紧，进行精加工。

3. 工序的划分

（1）工序划分原则：工序的划分可以采用两种不同的原则，即工序集中原则和工序分散原则。

1）工序集中原则：工序集中就是将工件的加工集中在少数几道工序内完成，每道工序的加工内容较多。工序集中有利于采用高效的专用设备和数控机床；减少了机床数量、操作工人数和占地面积；一次装夹后可加工较多表面，不仅保证了各个加工表面之间的相互位置精度，同时还减少了工序间的工件运输量和装夹工件的辅助时间。但数控机床、专用设备和工艺装备投资大，尤其是专用设备和工艺装备调整和维修比较麻烦，不利于转产。

2）工序分散原则：工序分散就是将工件的加工分散在较多的工序内进行，每道工序的加工内容很少。工序分散使设备和工艺装备结构简单，调整和维修方便，操作简单，转产容易；有利于选择合理的切削用量，减少机动时间。但工艺路线长，所需设备及工人人数多，占地面积大。

（2）工序划分方法：工序划分主要考虑生产纲领、所用设备及零件本身的结构和技术要求等因素。

大批量生产时，若使用多刀、多轴等高效机床，工序可按集中原则划分；若在由组合机床组成的自动线上加工，工序一般按分散原则划分。现代生产的发展多趋向于前者。单件小批生产时，工序划分通常采用集中原则。成批生产时，工序可按集中原则划分，也可按分散原则划分，应视具体情况而定。对于尺寸和质量都很大的重型零件，为减少装夹次数和运输量，应按集中原则划分工序。对于刚性差且精度高的精密零件，应按工序分散原则划分工序。

在数控机床上加工的零件，一般按工序集中原则划分工序。划分方法有下列几种：

1）按所用刀具划分：即以同一把刀具完成的那一部分工艺过程为一道工序。这种划分方法适用于工件的待加工表面较多，机床连续工作时间过长（如在一个工作班内不能完成），加工程序的编制和检查难度较大等情况。加工中心常用这种方法划分工序。

2）按安装次数划分：即以一次安装完成的那一部分工艺过程为一道工序。这种方法适合于加工内容不多的工件，加工完成后就能达到待检状态。

3）按粗、精加工划分：即粗加工中完成的那一部分工艺过程为一道工序，精加工中完成的那一部分工艺过程为一道工序。这种划分方法适用于加工后变形较大，需粗、精加工分开的零件，如毛坯为铸件和锻件。

4）按加工部位划分：即完成相同型面的那一部分工艺过程为一道工序。对于加工表面多而复杂的零件，可按其结构特点（如内形、外形、曲面和平面等）划分成多道工序。

4. 加工顺序的安排

零件的加工工序通常包括切削加工工序、热处理工序和辅助工序等。这些工序的顺序直接影响到零件的加工质量、生产率和加工成本。因此，在设计工艺路线时，应合理地安排好切削加工、热处理和辅助工序的顺序，并解决好工序间的衔接问题。

（1）切削加工工序的安排：切削加工工序通常按下列原则安排顺序：

1）基面先行原则：用作精基准的表面，应优先加工。因为定位基准的表面越精确，装夹误差就越小，所以任何零件的加工过程，总是首先对定位基准面进行粗加工和半精加工，必要时，还要进行精加工。例如，轴类零件总是先加工中心孔，再以中心孔为精基准加工外圆表面和端面。箱体类零件总是先加工定位用的平面及两个定位孔，再以平面和定位孔为精基准加工孔系和其他平面。

2）先粗后精原则：各个表面的加工顺序按照粗加工——半精加工——精加工——光整加工的顺序依次进行，这样才能逐步提高加工表面的精度和减小表面粗糙度值。

3）先主后次原则：零件上的工作面及装配面精度要求较高，属于主要表面，应先加工。自由表面、键槽、紧固用的螺孔和光孔等表面，精度要求较低，属于次要表面，可穿插进行，一般安排在主要表面达到一定精度后，最终精加工之前加工。

4）先面后孔原则：对于箱体类、支架类、机体类的零件，一般先加工平面，后加工孔。这样安排加工顺序，一方面是用加工过的平面定位，稳定可靠；另一方面是在加工过的平面上加工孔，比较容易，并能提高孔的加工精度。特别是钻孔，孔的轴线不易偏斜。

（2）热处理工序的安排：为提高材料的力学性能，改善材料的切削加工性和消除工件内应力，在工艺过程中要适当安排一些热处理工序。

1）预备热处理：预备热处理安排在粗加工前、后。其目的是改善材料的切削加工性，消除毛坯应力，改善组织。常用的有正火、退火及调质等。

2）消除残余应力热处理：由于毛坯在制造和机械加工过程中，产生的内应力，会引起工件变形，影响产品质量，所以要安排消除内应力处理。常用的有人工时效、退火等。对于一般形状的铸件，应安排两次时效处理。对于精密零件要多次安排时效处理，加工一次安排一次。

3）最终热处理：最终热处理的目的是提高零件的强度、硬度和耐磨性。常安排在精加工之前，以便通过精加工纠正热处理引起的变形。常用的有表面淬火、渗碳淬火和渗氮处理等。

（3）辅助工序的安排：辅助工序主要包括：检验、清洗、去毛刺、去磁、防锈和平衡等。其中检验工序是主要的辅助工序，是保证产品质量的主要措施之一。它通常安排在：

1）粗加工全部结束后，精加工之前。

2）重要工序前后。

3）工件从一个车间转向另一个车间前后。

4）全部加工结束之后。

（4）工序间的衔接：有些零件的加工是由普通机床和数控机床共同完成的，数控机床加工工序一般都穿插在整个工艺过程之间，因此，应注意解决好数控工序与非数控工序的衔接问题。如对毛坯热处理的要求；作为定位基准的孔和面的精度是否满足要求；是否为后道工序留有加工余量，留多大等，都应该衔接好，以免产生矛盾。

（四）工序设计

工艺路线确定之后，各道工序的内容已基本确定，接下来便可着手工序设计。

工序设计时，所用机床不同，工序设计的要求也不一样。对普通机床加工工序，有些细节问题可不必考虑，由操作者在加工过程中处理。对数控机床加工工序，针对数控机床高度自动化、自适应性差的特点，要充分考虑到加工过程中的每一个细节，工序设计必须十分严密。

工序设计的主要任务是为每一道工序选择机床、夹具、刀具及量具，确定定位夹紧方案、刀具的进给路线、加工余量、工序尺寸及其公差、切削用量及工时定额等。

1. 机床的选择　当工件表面的加工方法确定之后，机床的种类就基本上确定了。但是，每一类机床都有不同的型式，它们的工艺范围、技术规格、加工精度和表面粗糙度、生产率和自动化程度都各不相同。为了正确地为每一道工序选择机床，除了充分了解机床的技术性能外，通常还要考虑以下几点：

1）机床的类型应与工序的划分原则相适应。若工序按集中原则划分的，对单件小批生产，则应选择通用机床或数控机床；对大批量生产，则应选择高效自动化机床和多刀、多轴机床。若工序按分散原则划分的，则应选择结构简单的专用机床。

2）机床的主要规格尺寸应与工件的外形尺寸和加工表面的有关尺寸相适应。即小工件则选小规格的机床加工，大工件则选大规格的机床加工。

3）机床的精度与工序要求的加工精度相适应。如精度要求低的粗加工工序，应选用精度低的机床；精度要求高的精加工工序，应选用精度高的机床。但机床的精度不能过低，也不能过高。机床精度过低，不能保证加工精度，机床精度过高，又会增加零件的制造成本，应根据加工精度要求合理选择。

2. 定位基准与夹紧方案的确定　工件的定位基准应遵循第二章中的定位基准选择原则确定，夹紧方案应符合第二章中有关工件夹紧的基本要求。此外，在数控机床上装夹的工件还应注意下列几点：

1）力求设计基准、工艺基准与编程原点统一，以减少基准不重合误差和数控编程中的计算工作量。

2）尽量减少装夹次数，做到一次装夹后能加工出工件上大部分待加工表面，甚至全部待加工表面，以减少装夹误差，提高加工表面之间的相互位置精度，并充分发挥数控机床的效率。

3）避免采用占机人工调整式方案，以免占机时间太多，影响加工效率。

3. 夹具的选择

1）单件小批量生产时，应优先选用组合夹具、通用夹具或可调夹具，以节省费用和缩短生产准备时间。

2）成批生产时，可考虑采用专用夹具。但力求结构简单。

3）装卸工件要方便可靠，以缩短辅助时间，有条件且生产批量较大时，可采用液动、气动或多工位夹具，以提高加工效率。

除了上述几点外，还要求夹具在数控机床上安装准确，能协调工件和机床坐标系的尺寸关系。

4. 刀具的选择　一般优先采用标准刀具，必要时也可采用各种高生产率的复合刀具及其他一些专用刀具。此外，应结合实际情况，尽可能选用各种先进刀具，如可转位刀具，整体硬质合金刀具、陶瓷刀具等。刀具的类型、规格和精度等级应符合加工要求，刀具材料应与工件材料相适应。

在刀具性能上，数控机床加工所用刀具应高于普通机床加工所用刀具。所以选择数控机床加工刀具时，还应考虑以下几个方面：

（1）切削性能好：为适应刀具在粗加工或对难加工材料的工件加工时，能采用大的背吃刀量和高速进给，刀具必须具有能够承受高速切削和强力切削的性能。同时，同一批刀具在切削性能和刀具寿命方面一定要稳定，以便实现按刀具使用寿命换刀或由数控系统对刀具寿命进行管理。

（2）精度高：为适应数控加工的高精度和自动换刀等要求，刀具必须具有较高的精度。如有的整体式立铣刀的径向尺寸精度高达 0.005mm 等。

（3）可靠性高：要保证数控加工中不会发生刀具意外损坏及潜在缺陷而影响到加工的顺利进行，要求刀具及与之组合的附件必须具有很好的可靠性及较强的适应性。

（4）刀具寿命高：数控加工的刀具，不论在粗加工或精加工中，都应具有比普通机床加工所用刀具更高的刀具寿命，以尽量减少更换或修磨刀具及对刀的次数，从而提高数控机床的加工效率及保证加工质量。

（5）断屑及排屑性能好：数控加工中，断屑和排屑不像普通机床加工那样，能及时由人工处理，切屑易缠绕在刀具和工件上，会损坏刀具和划伤工件已加工表面，甚至会发生伤人和设备事故，影响加工质量和机床的顺利、安全运行，所以要求刀具应具有较好的断屑和排屑性能。

5. 量具的选择 单件小批生产中应采用通用量具，如游标卡尺、百分表等。大批大量生产中应采用各种量规和一些高生产率的专用检具与量仪等。量具的精度必须与加工精度相适应。

6. 进给路线的确定和工步顺序的安排 进给路线是指刀具相对于工件运动的轨迹，也称加工路线。在普通机床加工中，进给路线由操作者直接控制，工序设计时，无须考虑。但在数控加工中，进给路线是由数控系统控制的，因此，工序设计时，必须拟定好刀具的进给路线，并绘制进给路线图，以便编写在数控加工程序中。

工步顺序是指同一道工序中，各个表面加工的先后次序。它对零件的加工质量、加工效率和数控加工中的进给路线有直接影响，应根据零件的结构特点及工序的加工要求等合理安排。

进给路线的确定和工步顺序的安排主要有以下几点原则：

1）使工件表面获得所要求的加工精度和表面质量。例如，避免刀具从工件轮廓法线方向切入、切出及在工件轮廓处停刀，以防留下刀痕；先完成对刚性破坏小的工步，后完成对刚性破坏大的工步，以免工件刚性不足影响加工精度等。

2）尽量使进给路线最短，减少空进给时间，以提高加工效率。

3）使数值计算容易，以减少数控编程中的计算工作量。

有关车削、铣削及孔加工的进给路线的确定详见第四、五、六章。

7. 工序加工余量、工序尺寸及其偏差的确定 确定工序加工余量时应注意下列几点。

（1）采用最小加工余量原则：只要能保证加工精度和加工质量，余量越小越好，以缩短加工时间，减少材料消耗，降低零件的加工费用。

（2）余量要充分：以防止余量不足，造成废品。

（3）余量中应包含热处理引起的变形：对热处理后需精加工的工序，必须考虑热处理引起的变形量，以免因变形较大，余量不足，而造成废品。

（4）大零件应取大余量：零件越大，切削力、内应力引起的变形越大。因此，工序加工余量应取大一些，以便通过本道工序消除变形量。

工序加工余量、工序尺寸及其偏差的确定方法分别见本章第三、四节。

8. 切削用量的确定　切削用量应根据加工性质、加工要求、工件材料及刀具的尺寸和材料等查阅切削手册并结合经验确定。确定切削用量时除了遵循第一章第五节中所述原则和方法外，还应考虑：

（1）刀具差异：不同厂家生产的刀具质量差异较大，所以切削用量须根据实际所用刀具和现场经验加以修正。一般进口刀具允许的切削用量高于国产刀具。

（2）机床特性：切削用量受机床电动机的功率和机床的刚性限制，必须在机床说明书规定的范围内选取。避免因功率不够发生闷车，或刚性不足产生大的机床变形或振动，影响加工精度和表面粗糙度。

（3）数控机床生产率：数控机床的工时费用较高，刀具损耗费用所占比重较低，应尽量用高的切削用量，通过适当降低刀具寿命来提高数控机床的生产率。

9. 时间定额的确定　时间定额是指在一定的生产条件下，规定生产一件产品或完成一道工序所需消耗的时间。它是安排生产计划、计算生产成本的重要依据，还是新建或扩建工厂（或车间）时计算设备和工人数量的依据。一般通过对实际操作时间的测定与分析计算相结合的方法确定。使用中，时间定额还应定期修订，以使其保持平均先进水平。

完成一个零件的一道工序的时间定额，称为单件时间定额。它由下列几部分组成：

（1）基本时间 T_b：基本时间是直接改变生产对象的尺寸、形状、相对位置、表面状态或材料性质等工艺过程所消耗的时间。对切削加工来说，就是直接切除工序余量所消耗的时间（包括刀具的切入和切出时间），又称机动时间，可通过计算求出。以图 3-9 所示外圆车削为例，即

$$T_b = \frac{L + L_1 + L_2}{n f} i = \frac{\pi d(L + L_1 + L_2)Z}{1000 v_c f a_p}$$

式中　T_b——基本时间，单位为 min；

　　　L——工件加工表面的长度，单位为 mm；

　L_1、L_2——刀具的切入和切出长度，单位为 mm；

　　　i——进给次数；

　　　n——工件转速，单位为 r/min；

　　　f——进给量，单位为 mm/r；

　　　v_c——切削速度，单位为 m/min；

　　　a_p——背吃刀量，单位为 mm；

　　　d——切削直径，单位为 mm；

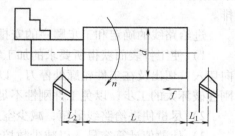

图 3-9　外圆车削

　　　Z——单边工序余量，单位为 mm。

（2）辅助时间 T_α：辅助时间是为实现工艺过程所必须进行的各种辅助动作所消耗的时间。它包括：装卸工件、开停机床、引进或退出刀具、改变切削用量、试切和测量工件等所消耗的时间。

基本时间和辅助时间的总和称为作业时间 T_B，它是直接用于制造产品或零、部件所消

耗的时间。

（3）布置工作地时间 T_s：布置工作地时间是为使加工正常进行，工人照管工作地（如更换刀具、润滑机床、清理切屑、收拾工具等）所消耗的时间。一般按作业时间的 2% ~ 7% 计算。

（4）休息与生理需要时间 T_r：休息与生理需要时间是工人在工作班内为恢复体力和满足生理上的需要所消耗的时间。一般按作业时间的 2% ~ 4% 计算。

上述时间的总和称为单件时间 T_p，即

$$T_p = T_b + T_\alpha + T_s + T_r = T_B + T_s + T_r \tag{3-2}$$

（5）准备与终结时间 T_e（简称准终时间）：准终时间是工人为了生产一批产品或零、部件，进行准备和结束工作所消耗的时间。准备工作有：熟悉工艺文件，领料，领取工艺装备，调整机床等；结束工作有：拆卸和归还工艺装备，送交成品等。因该时间对一批零件（批量为 N）只消耗一次，故分摊到每个零件上的时间为 T_e/N。

所以，批量生产时单件时间定额为上述时间之和，即

$$T_c = T_p + \frac{T_e}{N} = T_b + T_\alpha + T_s + T_r + \frac{T_e}{N} \tag{3-3}$$

大量生产时，由于 N 值很大，$\frac{T_e}{N} \approx 0$，可忽略不计。所以，单件时间定额为

$$T_c = T_p = T_b + T_\alpha + T_s + T_r \tag{3-4}$$

（五）填写工艺文件

将工艺规程的内容填入一定格式的卡片中，即成为生产准备和施工所依据的工艺文件。常见的工艺文件有下列几种。

1. 机械加工工艺过程卡片　这种卡片主要列出了整个零件加工所经过的工艺路线（包括毛坯、机械加工和热处理等），它是制订其他工艺文件的基础，也是生产技术准备、编制作业计划和组织生产的依据。由于它对各个工序的说明不够具体，故适用于生产管理。工艺过程卡片相当于工艺规程的总纲，其格式见表 3-8。

2. 机械加工工艺卡片　这种卡片是用于普通机床加工的卡片，它是以工序为单位详细说明整个工艺过程的工艺文件。它的作用是用来指导工人进行生产和帮助车间管理人员和技术人员掌握整个零件的加工过程。广泛用于成批生产的零件和小批生产中的重要零件。工艺卡片的内容包括：零件的材料、质量、毛坯性质、各道工序的具体内容及加工要求等，其格式见表 3-9。

3. 机械加工工序卡片　这种卡片是用来具体指导工人在普通机床上加工时进行操作的一种工艺文件。它是根据工艺卡片每道工序制订的，多用于大批大量生产的零件和成批生产中的重要零件。卡片上要画出工序简图，注明工序的加工表面及应达到的尺寸和公差、工件的装夹方式、刀具、夹具、量具、切削用量和时间定额等，其格式见表 3-10。

4. 数控加工工序卡片　这种卡片是编制加工程序的主要依据和操作人员配合数控程序进行数控加工的主要指导性工艺文件。它主要包括：工步顺序、工步内容、各工步所用刀具及切削用量等。当工序加工内容不十分复杂时，也可把工序图画在工序卡片上。

5. 数控加工刀具卡片　刀具卡片是组装刀具和调整刀具的依据。它主要包括刀具号、刀具名称、刀柄型号、刀具的直径和长度等。

表 3-8　机械加工工艺过程卡片

厂　名		机械加工工艺过程卡片		产品型号			零（部）件图号				
				产品名称			零（部）件名称			共页	第页
材料牌号		毛坯种类		毛坯外形尺寸		每毛坯可制件数		每台件数		备注	
工序号	工序名称	工序内容			车间	工段	设备	工艺装备		工　时	
										准终	单件
描图											
描校											
底图号											
装订号											
								设计（日期）	审核（日期）	标准化（日期）	会签（日期）
标记	处数	更改文件号	签字	日期	标记	处数	更改文件号	签字	日期		

表 3-9　机械加工工艺卡片

厂　名			机械加工工艺卡片		［与表3-8 同］								
材料牌号			毛坯种类		毛坯外形尺寸	每毛坯可制件数		每台件数			备注		
工序	装夹	工步	工序内容	同时加工零件数	切削用量				设备名称及编号	工艺装备名称及编号			工　时
					背吃刀量 mm	切削速度 m·min⁻¹	每分钟转数或往复次数	进给量 mm 或 (mm·双行程⁻¹)		夹具	刀具	量具	技术等级
［与表3-8 同］													准终　单件
［与表3-8 相同］													

表 3-10　机械加工工序卡片

厂　名	机械加工工序卡片		[与表 3-8 同]			
	（工序图）		车间	工序号	工序名称	材料牌号
			毛坯种类	毛坯外形尺寸	每毛坯可制件数	每台件数
			设备名称	设备型号	设备编号	同时加工件数
			夹具编号	夹具名称		切削液
						工序工时
			工位器具编号	工位器具名称		准终 / 单件
[与表 3-8 同]						
工步号	工步内容	工艺装备	主轴转速 r·min⁻¹	切削速度 m·min⁻¹	进给量 mm·r⁻¹	mm 进给次数 工步工时 机动 辅助

（表格底部）[与表 3-8 同]

6. 数控加工进给路线图　进给路线图主要反映加工过程中刀具的运动轨迹，其作用：一方面是方便编程人员编程；另一方面是帮助操作人员了解刀具的进给轨迹（如：从哪里下刀，在哪里抬刀，哪里是斜下刀等），以便确定夹紧位置和控制夹紧元件的高度。

目前，数控加工工序卡片、数控加工刀具卡片及数控加工进给路线图还没有统一的标准格式，都是由各个企业结合本单位的情况自行确定。其参考格式见第四、五、六章。数控加工工艺文件除了上述几种外，还有数控加工程序单，其格式见有关编程教材。

第三节　加工余量的确定

一、加工余量的概念

加工余量是指加工过程中，所切去的金属层厚度。余量有工序余量和加工总余量之分。工序余量是相邻两工序的工序尺寸之差；加工总余量是毛坯尺寸与零件图的设计尺寸之差，它等于各工序余量之和。即

$$Z_{\Sigma} = \sum_{i=1}^{n} Z_i \qquad (3-5)$$

式中　Z_{Σ}——总加工余量；

　　　Z_i——工序余量；

　　　n——工序数量。

由于工序尺寸有公差，实际切除的余量是一个变值，因此，工序余量分为基本余量（又称公称余量）、最大工序余量和最小工序余量。

为了便于加工，工序尺寸的公差一般按"入体原则"标注，即被包容面的工序尺寸取极限上偏差为零；包容面的工序尺寸取极限下偏差为零；毛坯尺寸的公差一般采取双向对称分布。

中间工序的工序余量与工序尺寸及其公差的关系如图 3-10 所示。由图 3-10 可知，工序的基本余量、最大工序余量和最小工序余量可按下式计算

对于被包容面
$$Z = L_a - L_b \tag{3-6}$$
$$Z_{max} = L_{amax} - L_{bmin} = Z + T_b \tag{3-7}$$
$$Z_{min} = L_{amin} - L_{bmax} = Z - T_a \tag{3-8}$$

对于包容面
$$Z = L_b - L_a \tag{3-9}$$
$$Z_{max} = L_{bmax} - L_{amin} = Z + T_b \tag{3-10}$$
$$Z_{min} = L_{bmin} - L_{amax} = Z - T_a \tag{3-11}$$

式中　Z——工序余量的基本尺寸；

　　　Z_{max}——最大工序余量；

　　　Z_{min}——最小工序余量；

　　　L_a——上工序的基本尺寸；

　　　L_b——本工序的基本尺寸；

　　　T_a——上工序尺寸的公差；

　　　T_b——本工序尺寸的公差。

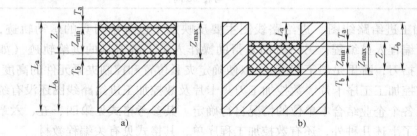

图 3-10　工序余量与工序尺寸及其公差的关系
a）被包容面　b）包容面

加工余量有单边余量和双边余量之分。平面的加工余量则指单边余量，它等于实际切削的金属层厚度。上述表面的加工余量为非对称的单边加工余量。对于内圆和外圆等回转体表面，加工余量指双边余量，即以直径方向计算，实际切削的金属层厚度为加工余量的一半，如图 3-11 所示。

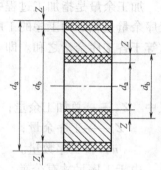

对于外圆表面　　$2Z = d_a - d_b$ 　　　(3-12)

对于内圆表面　　$2Z = d_b - d_a$ 　　　(3-13)

式中　$2Z$——直径上的加工余量；

　　　d_a——上工序的基本尺寸；

　　　d_b——本工序的基本尺寸。

二、影响加工余量的因素

加工余量的大小对零件的加工质量和制造的经济性有较大的影响。余量过大会浪费原材料及机械加工的工时，增加机

图 3-11　双边余量

床、刀具及能源等的消耗；余量过小则不能消除上工序留下的各种误差、表面缺陷和本工序的装夹误差，容易造成废品。因此，应根据影响余量大小的因素合理地确定加工余量。影响加工余量大小的因素有下列几种：

1. 上工序的各种表面缺陷和误差

（1）上工序表面粗糙度 Ra 和缺陷层 D_a：为了使工件的加工质量逐步提高，一般每道工序都应切到待加工表面以下的正常金属组织，将上工序留下的表面粗糙度 Ra 和缺陷层 D_a 全部切去，如图 3-12 所示。

（2）上工序的尺寸公差 T_a：从图 3-10 可知，上工序的尺寸公差 T_a 直接影响本工序的基本余量，因此，本工序的余量应包含上工序的尺寸公差 T_a。

（3）上工序的几何误差（也称空间误差）ρ_a：当几何公差与尺寸公差之间的关系是包容原则时，尺寸公差控制几何误差，可不计 ρ_a 值。但当几何公差与尺寸公差之间是独立原则或最大实体原则时，尺寸公差不控制几

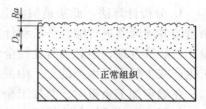

图 3-12　表面粗糙度及缺陷层

何误差，此时加工余量中要包括上工序的几何误差 ρ_a。如图 3-13 所示的小轴，其轴线有直线度误差 ω，须在本工序中纠正，因而直径方向的加工余量应增加 2ω。

2. 本工序的装夹误差 ε_b　装夹误差包括定位误差、夹紧误差（夹紧变形）及夹具本身的误差。由于装夹误差的影响，使工件待加工表面偏离了正确位置，所以确定加工余量时还应考虑装夹误差的影响。如图 3-14 所示，用三爪自定心卡盘夹持工件外圆磨削内孔时，由于三爪自定心卡盘定心不准，使工件轴线偏离主轴回转轴线 e 值，导致内孔磨削余量不均匀，甚至造成局部表面无加

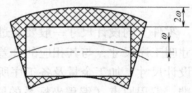

图 3-13　轴线弯曲对加
工余量的影响

工余量的情况。为保证全部待加工表面有足够的加工余量，孔的直径余量应增加 $2e$。

几何误差 ρ_a 和装夹误差 ε_b 都具有方向性，它们的合成应为向量和。综上所述，工序余量的组成可用下式来表示，即

对单边余量　　$Z_b = T_a + Ra + D_a + |\rho_a + \varepsilon_b|$　　（3-14）

对双边余量　　$2Z_b = T_a + 2(Ra + D_a) + 2|\rho_a + \varepsilon_b|$

（3-15）

应用上述公式时，可视具体情况作适当修正。例如，在无心磨床上磨削外圆、用拉刀、浮动铰刀、浮动镗刀加工孔时，都是自为基准，加工余量不受装夹误差 ε_b 和几何误差 ρ_a 中的位置误差的影响。此时加工余量的计算公式可修正为

$$2Z_b = T_a + 2(Ra + D_a) + 2\rho_a \qquad (3-16)$$

又如，外圆表面的光整加工，若以减小麦面粗糙度值为主要目的，如研磨、超精加工等，则加工余量的计算公式为

$$2Z_b = 2Ra \qquad (3-17)$$

图 3-14　装夹误差对加工
余量的影响

若还需进一步提高尺寸精度和形状精度时，则加工余量的计算公式为

$$2Z_b = T_a + 2Ra + 2\rho_a$$

（3-18）

三、确定加工余量的方法

1. 经验估算法 此法是凭工艺人员的实践经验估计加工余量。为避免因余量不足而产生废品，所估余量一般偏大，仅用于单件小批生产。

2. 查表修正法 将工厂生产实践和试验研究积累的有关加工余量的资料制成表格，并汇编成手册。确定加工余量时，可先从手册中查得所需数据，然后再结合工厂的实际情况进行适当修正。这种方法目前应用最广。查表时应注意表中的余量值为基本余量值，对称表面的加工余量是双边余量，非对称表面的余量是单边余量。

3. 分析计算法 此法是根据上述的加工余量计算公式和一定的试验资料，对影响加工余量的各项因素进行综合分析和计算来确定加工余量的一种方法。用这种方法确定的加工余量比较经济合理，但必须有比较全面和可靠的试验资料，目前，只在材料十分贵重，以及军工生产或少数大量生产的工厂中采用。

在确定加工余量时，总加工余量（毛坯余量）和工序余量要分别确定。总加工余量的大小与所选择的毛坯制造精度有关。用查表法确定工序余量时，粗加工工序的加工余量不能用查表法确定，而是由总加工余量减去其它各工序余量之和而获得。

第四节 工序尺寸及其公差的确定

零件上的设计尺寸一般要经过几道机械加工工序的加工才能得到，每道工序所应保证的尺寸叫工序尺寸，与其相应的公差即工序尺寸的公差。工序尺寸及其公差的确定，不仅取决于设计尺寸、加工余量及各工序所能达到的经济精度，而且还与定位基准、工序基准、测量基准、编程原点（编程坐标系的原点）的确定及基准的转换有关。所以，计算工序尺寸及公差时，应根据不同的情况，采用不同的方法。

一、基准重合时工序尺寸及其公差的计算

当工序基准、测量基准、定位基准或编程原点与设计基准重合时，工序尺寸及其公差直接由各工序的加工余量和所能达到的精度确定。其计算方法是由最后一道工序开始向前推算，具体步骤如下：

1）确定毛坯总余量和工序余量。

2）确定工序公差。最终工序尺寸公差等于零件图上设计尺寸公差，其余工序尺寸公差按经济精度确定。

3）计算工序基本尺寸。从零件图上的设计尺寸开始向前推算，直至毛坯尺寸。最终工序基本尺寸等于零件图上的基本尺寸，其余工序基本尺寸等于后道工序基本尺寸加上或减去后道工序余量。

4）标注工序尺寸公差。最后一道工序的公差按零件图上设计尺寸标注，中间工序尺寸公差按"入体原则"标注，毛坯尺寸公差按双向标注。

例如某车床主轴箱主轴孔的设计尺寸为 $\phi100^{+0.035}_{0}$ mm，表面粗糙度 Ra 值为 0.8μm，毛坯为铸铁件。已知其加工工艺过程为粗镗——半精镗——精镗——浮动镗。用查表修正法或经验估算法确定毛坯总余量和各工序余量，其中粗镗余量由毛坯总余量减去其余工序余量确定，各道工序的基本余量如下：

浮动镗 $Z = 0.1$ mm

精　镗　　$Z = 0.5\,\text{mm}$

半精镗　　$Z = 2.4\,\text{mm}$

毛　坯　　$Z = 8\,\text{mm}$

粗　镗　　$Z = [8 - (2.4 + 0.5 + 0.1)]\,\text{mm} = 5\,\text{mm}$

按照各工序能达到的经济精度查表确定的各工序尺寸公差分别为

精　镗　　$T = 0.054\,\text{mm}$

半精镗　　$T = 0.23\,\text{mm}$

粗　镗　　$T = 0.46\,\text{mm}$

毛　坯　　$T = 2.4\,\text{mm}$

各工序的基本尺寸计算如下：

浮动镗　　$D = 100\,\text{mm}$

精　镗　　$D = (100 - 0.1)\,\text{mm} = 99.9\,\text{mm}$

半精镗　　$D = (99.9 - 0.5)\,\text{mm} = 99.4\,\text{mm}$

粗　镗　　$D = (97 - 5)\,\text{mm} = 92\,\text{mm}$

毛　坯　　$D = (99.4 - 2.4)\,\text{mm} = 97\,\text{mm}$

按照工艺要求分布公差，最终得到的工序尺寸为

毛　坯　　$\phi 92 \pm 1.2\,\text{mm}$

粗　镗　　$\phi 97^{+0.46}_{0}\,\text{mm}$

半精镗　　$\phi 99.4^{+0.23}_{0}\,\text{mm}$

精　镗　　$\phi 99.9^{+0.054}_{0}\,\text{mm}$

浮动镗　　$\phi 100^{+0.035}_{0}\,\text{mm}$

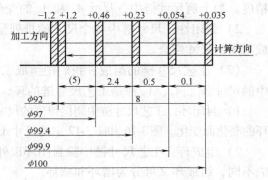

图 3-15　孔加工余量、公差及工序尺寸分布图

孔加工余量、公差及工序尺寸的分布如图 3-15 所示。

二、基准不重合时工序尺寸及其公差的计算

当工序基准、测量基准、定位基准或编程原点与设计基准不重合时，工序尺寸及其公差的确定，需要借助于工艺尺寸链的基本知识和计算方法，通过解工艺尺寸链才能获得。

（一）工艺尺寸链

1. 工艺尺寸链的概念

（1）工艺尺寸链的定义：在机器装配或零件加工过程中，互相联系且按一定顺序排列的封闭尺寸组合，称为尺寸链。其中，由单个零件在加工过程中的各有关工艺尺寸所组成的尺寸链，称为工艺尺寸链。

如图 3-16a 所示，图中尺寸 A_1、A_0 为设计尺寸，先以底面定位加工上表面，得到尺寸 A_1，当用调整法加工凹槽时，为了使定位稳定可靠并简化夹具，仍然以底面定位，按尺寸 A_2 加工凹槽，于是该零件上在加工时并未直接予以保证的尺寸 A_0 就随之确定。这样相互联系的尺寸 A_1—A_2—A_0 就构成一个如图 3-16b 所示的封闭尺寸组合，即工艺尺寸链。

又如图 3-17a 所示零件，尺寸 A_1 及 A_0 为设计尺寸。在加工过程中，因尺寸 A_0 不便直接测量，若以面 1 为测量基准，按容易测量的尺寸 A_2 加工，就能间接保证尺寸 A_0。这样相互联系的尺寸 A_1—A_2—A_0 也同样构成一个工艺尺寸链，见图 3-17b。

（2）工艺尺寸链的特征：通过以上分析可知，工艺尺寸链具有以下两个特征：

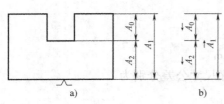
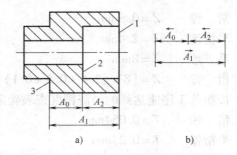

图 3-16　定位基准与设计基准　　　　　图 3-17　测量基准与设计基准
　　　　不重合的工艺尺寸链　　　　　　　　　不重合的工艺尺寸链

1）关联性：任何一个直接保证的尺寸及其精度的变化，必将影响间接保证的尺寸及其精度。如上例尺寸链中，尺寸 A_1 和 A_2 的变化都将引起尺寸 A_0 的变化。

2）封闭性：尺寸链中各个尺寸的排列呈封闭性，如上例中的 A_1—A_2—A_0，首尾相接组成封闭的尺寸组合。

（3）工艺尺寸链的组成：我们把组成工艺尺寸链的各个尺寸称为环。图 3-16 和图 3-17 中的尺寸 A_1、A_2、A_0 都是工艺尺寸链的环，它们可分为两种：

1）封闭环：工艺尺寸链中间接得到的尺寸，称为封闭环。它的基本属性是派生，随着别的环的变化而变化。图 3-16 和图 3-17 中的尺寸 A_0 均为封闭环。一个工艺尺寸链中只有一个封闭环。

2）组成环：工艺尺寸链中除封闭环以外的其他环，称为组成环。根据其对封闭环的影响不同，组成环又可分为增环和减环。

增环是当其他组成环不变，该环增大（或减小）使封闭环随之增大（或减小）的组成环。图 3-16 和图 3-17 中的尺寸 A_1 即为增环。

减环是当其他组成环不变，该环增大（或减小），使封闭环随之减小（或增大）的组成环。图 3-16 和图 3-17 中的尺寸 A_2 即为减环。

3）组成环的判别：为了迅速判别增、减环，可采用下述方法：在工艺尺寸链图上，先给封闭环任定一方向并画出箭头，然后沿此方向环绕尺寸链回路，依次给每一组成环画出箭头，凡箭头方向和封闭环相反的则为增环，相同的则为减环。

2. 工艺尺寸链计算的基本公式　工艺尺寸链的计算，关键是正确地确定封闭环，否则计算结果是错的。封闭环的确定取决于加工方法和测量方法。

工艺尺寸链的计算方法有两种：极大极小法和概率法。生产中一般多采用极大极小法，其基本计算公式如下：

（1）封闭环的基本尺寸：封闭环的基本尺寸 A_0 等于所有增环的基本尺寸 A_i 之和减去所有减环的基本尺寸 A_j 之和，即

$$A_0 = \sum_{i=1}^{m} A_i - \sum_{j=m+1}^{n-1} A_j \tag{3-19}$$

式中　　m——增环的环数；

　　　　n——包括封闭环在内的总环数。

（2）封闭环的极限尺寸：封闭环的最大极限尺寸 A_{0max} 等于所有增环的最大极限尺寸 A_{imax} 之和减去所有减环的最小极限尺寸 A_{jmin} 之和，即

$$A_{0\max} = \sum_{i=1}^{m} A_{i\max} - \sum_{j=m+1}^{n-1} A_{j\min} \qquad (3\text{-}20)$$

封闭环的最小极限尺寸 $A_{0\min}$ 等于所有增环的最小极限尺寸 $A_{i\min}$ 之和减去所有减环的最大权限尺寸 $A_{j\max}$ 之和,即

$$A_{0\min} = \sum_{i=1}^{m} A_{i\min} - \sum_{j=m+1}^{n-1} A_{j\max} \qquad (3\text{-}21)$$

（3）封闭环的平均尺寸：封闭环的平均尺寸 A_{0M} 等于所有增环的平均尺寸 A_{iM} 之和减去所有减环的平均尺寸 A_{jM} 之和，即

$$A_{0M} = \sum_{i=1}^{m} A_{iM} - \sum_{j=m+1}^{n-1} A_{jM} \qquad (3\text{-}22)$$

（4）封闭环的上、下偏差：封闭环的上偏差 ESA_0 等于所有增环的上偏差 ESA_i 之和减去所有减环的下偏差 EIA_j 之和，即

$$ESA_0 = \sum_{i=1}^{m} ESA_i - \sum_{j=m+1}^{n-1} EIA_j \qquad (3\text{-}23)$$

封闭环的下偏差 EIA_0 等于所有增环的下偏差 EIA_i 之和减去所有减环的上偏差 ESA_j 之和，即

$$EIA_0 = \sum_{i=1}^{m} EIA_i - \sum_{i=m+1}^{n-1} ESA_j \qquad (3\text{-}24)$$

（5）封闭环的公差：封闭环的公差 TA_0 等于所有组成环的公差 TA_i 之和，即

$$TA_0 = \sum_{i=1}^{n-1} TA_i \qquad (3\text{-}25)$$

（二）工序尺寸及其公差的计算

1. 定位基准与设计基准不重合的工序尺寸计算　图 3-18a 所示零件，镗削零件上的孔。孔的设计基准是 C 面，设计尺寸为（100 ± 0.15）mm。为装夹方便，以 A 面定位，按工序尺寸 L 调整机床。工序尺寸 $280^{+0.1}_{0}$ mm、$80^{0}_{-0.06}$ mm 在前道工序中已经得到，在本道工序的尺寸链中为组成环，而本道工序间接得到的设计尺寸（100 ± 0.15）mm 为尺寸链封闭环。尺寸链如图 3-18b 所示，其中尺寸 $80^{0}_{-0.06}$ mm 和 L 为增环，尺寸 $280^{+0.1}_{0}$ mm 为减环。

由式（3-19）得 $100 = L + 80 - 280$　即 $L = 300$ mm。

由式（3-23）得 $0.15 = ESL + 0 - 0$　即 $ESL = 0.15$ mm

由式（3-24）得 $-0.15 = EIL - 0.06 - 0.1$　即 $EIL = 0.01$ mm

因此，得工序尺寸 L 及其公差：

$$L = 300^{+0.15}_{+0.01} \text{ mm}$$

2. 数控编程原点与设计基准不重合的工序尺寸计算　零件在设计时，从保证使用性能角度考虑，尺寸多采用局部分散标注，而在数控编程中，所有点、线、面的尺寸和位置都是以编程原点为基准的。当编程原点与设计基准不重合时，为方便编程，必须将分散标注的设计尺寸换算成以编程原点为基准的工序尺寸。

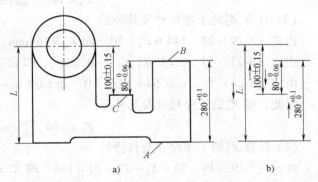

图 3-18　定位基准与设计基准不重合时的工序尺寸换算

图 3-19a 为一根阶梯轴简图。图上部的轴向尺寸 Z_1、Z_2、…、Z_6 为设计尺寸。编程原点在左端面与中心线的交点上，与尺寸 Z_2、Z_3、Z_4 及 Z_5 的设计基准不重合，编程时须按工序尺寸 Z_1'、Z_2'、…、Z_6' 编程。其中工序尺寸 Z_1' 和 Z_6' 就是设计尺寸 Z_1 和 Z_6，即

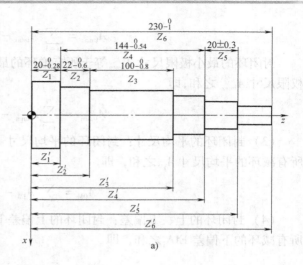

$$Z_1' = Z_1 = 20_{-0.28}^{\ 0}\,\mathrm{mm} \qquad Z_6' = Z_6 = 230_{-1}^{\ 0}\,\mathrm{mm}$$

为直接获得尺寸。其余工序尺寸 Z_2'、Z_3'、Z_4' 和 Z_5' 可分别利用图 3-19b、c、d 和 e 所示的工艺尺寸链计算。尺寸链中 Z_2、Z_3、Z_4 和 Z_5 为间接获得尺寸，是封闭环，其余尺寸为组成环。尺寸链的计算过程如下：

（1）计算 Z_2' 的工序尺寸及其公差

由式（3-19）得 $Z_2 = Z_2' - 20$ 即 $Z_2' = 42\,\mathrm{mm}$

由式（3-23）得 $0 = \mathrm{ES}Z_2' - (-0.28)$ 即 $\mathrm{ES}Z_2' = -0.28\,\mathrm{mm}$

由式（3-24）得 $-0.6 = \mathrm{EI}Z_2' - 0$ 即 $\mathrm{EI}Z_2' = -0.6\,\mathrm{mm}$

因此，得 Z_2' 的工序尺寸及其公差：

$$Z_2' = 42_{-0.6}^{-0.28}\,\mathrm{mm}$$

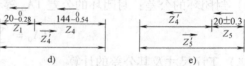

图 3-19　编程原点与设计基准不重合时的工序尺寸换算

（2）计算 Z_3' 的工序尺寸及其公差

由式（3-19）得 $100 = Z_3' - Z_2' = Z_3' - 42$ 即 $Z_3' = 142\,\mathrm{mm}$

由式（3-23）得 $0 = \mathrm{ES}Z_3' - \mathrm{EI}Z_2' = \mathrm{ES}Z_3' - (-0.6)$ 即 $\mathrm{ES}Z_3' = -0.6\,\mathrm{mm}$

由式（3-24）得 $-0.8 = \mathrm{EI}Z_3' - \mathrm{ES}Z_2' = \mathrm{EI}Z_3' - (-0.28)$ 即 $\mathrm{EI}Z_3' = -1.08\,\mathrm{mm}$

因此，得 Z_3' 的工序尺寸及其公差：

$$Z_3' = 142_{-1.08}^{-0.6}\,\mathrm{mm}$$

（3）计算 Z_4' 的工序尺寸及其公差

由式（3-19）得 $144 = Z_4' - 20$ 即 $Z_4' = 164\,\mathrm{mm}$

由式（3-23）得 $0 = \mathrm{ES}Z_4' - (-0.28)$ 即 $\mathrm{ES}Z_4' = -0.28\,\mathrm{mm}$

由式（3-24）得 $-0.54 = \mathrm{EI}Z_4' - 0$ 即 $\mathrm{EI}Z_4' = -0.54\,\mathrm{mm}$

因此，得 Z_4' 的工序尺寸及其公差：

$$Z_4' = 164_{-0.54}^{-0.28}\,\mathrm{mm}$$

（4）计算 Z_5' 的工序尺寸及其公差

由式（3-19）得 $20 = Z_5' - Z_4' = Z_5' - 164$ 即 $Z_5' = 184\,\mathrm{mm}$

由式（3-23）得 $0.3 = \mathrm{ES}Z_5' - \mathrm{EI}Z_4' = \mathrm{ES}Z_5' - (-0.54)$ 即 $\mathrm{ES}Z_5' = -0.24\,\mathrm{mm}$

由式（3-24）得　　$-0.3 = EIZ_5' - ESZ_4' = EIZ_5' - (-0.28)$　　即 $EIZ_5' = -0.58mm$

因此，得 Z_5' 的工序尺寸及其公差：

$$Z_5' = 184_{-0.58}^{-0.24} mm$$

第五节　机械加工精度及表面质量

一、加工精度和表面质量的基本概念

机械产品的工作性能和使用寿命，总是与组成产品的零件的加工质量和产品的装配精度直接有关。而零件的加工质量又是整个产品质量的基础，零件的加工质量包括加工精度和表面质量两个方面内容。

（一）加工精度

所谓加工精度是指零件加工后的几何参数（尺寸、几何形状和相互位置）与理想零件几何参数相符合的程度，它们之间的偏离程度则为加工误差。加工误差的大小反映了加工精度的高低。加工精度包括如下三方面。

1. 尺寸精度　限制加工表面与其基准间尺寸误差不超过一定的范围。

2. 几何形状精度　限制加工表面的宏观几何形状误差，如：圆度、圆柱度、平面度、直线度等。

3. 相互位置精度　限制加工表面与其基准间的相互位置误差，如：平行度、垂直度、同轴度、位置度等。

（二）表面质量

机械加工表面质量包括如下两方面的内容。

1. 表面层的几何形状偏差

（1）表面粗糙度：指零件表面的微观几何形状误差。

（2）表面波纹度：指零件表面周期性的几何形状误差。

2. 表面层的物理、力学性能

（1）冷作硬化：表面层因加工中塑性变形而引起的表面层硬度提高的现象。

（2）残余应力：表面层因机械加工产生强烈的塑性变形和金相组织的可能变化而产生的内应力。按应力性质分为拉应力和压应力。

（3）表面层金相组织变化：表面层因切削加工时切削热而引起的金相组织的变化。

二、表面质量对零件使用性能的影响

1. 对零件耐磨性的影响　零件的耐磨性不仅和材料及热处理有关，而且还与零件接触表面的粗糙度有关。当两个零件相互接触时，实质上只是两个零件接触表面上的一些凸峰相互接触，因此，实际接触面积比理论接触面积要小得多，从而使单位面积上的压力很大。当其超过材料的屈服点时，就会使凸峰部分产生塑性变形甚至被折断或因接触面的滑移而迅速磨损。以后随着接触面积的增大，单位面积上的压力减小，磨损减慢。零件表面粗糙度越大，磨损越快，但这不等于说零件表面粗糙度值越小越好。如果零件表面的粗糙度小于合理值，则由于摩擦面之间润滑油被挤出而形成干摩擦，从而使磨损加快。实验表明，最佳表面粗糙度 Ra 值大致为 $0.3 \sim 1.2\mu m$。另外，零件表面有冷作硬化层或经淬硬，也可提高零件的耐磨性。

2. 对零件疲劳强度的影响　零件表面层的残余应力性质对疲劳强度的影响很大。当残余应力为拉应力时，在拉应力作用下，会使表面的裂纹扩大，而降低零件的疲劳强度，减少了产品的使用寿命。相反，残余压应力可以延缓疲劳裂纹的扩展，可提高零件的疲劳强度。

同时表面冷作硬化层的存在以及加工纹路方向与载荷方向的一致，都可以提高零件的疲劳强度。

3. 对零件配合性质的影响　在间隙配合中，如果配合表面粗糙，磨损后会使配合间隙增大，改变了原配合性质。在过盈配合中，如果配合表面粗糙，则装配后表面的凸峰将被挤平，而使有效过盈量减小，降低了配合的可靠性。所以，对有配合要求的表面，也应标注有对应的表面粗糙度。

三、影响加工精度的因素及提高精度的主要措施

由机床、夹具、工件和刀具所组成的一个完整的系统称之为工艺系统。加工过程中，工件与刀具的相对位置就决定了零件加工的尺寸、形状和位置。因此，加工精度的问题也就涉及到整个工艺系统的精度问题。工艺系统的种种误差，在加工过程中会在不同的情况下，以不同的方式和程度反映为加工误差。根据工艺系统误差的性质可将其归纳为工艺系统的几何误差、工艺系统受力变形引起的误差、工艺系统受热变形引起的误差及工件内应力所引起的误差。

（一）工艺系统的几何误差及改善措施

工艺系统的几何误差包括加工方法的原理误差、机床的几何误差、调整误差、刀具和夹具的制造误差、工件的装夹误差以及工艺系统磨损所引起的误差。本节仅就机床几何误差中的主轴误差和导轨误差对加工精度的影响进行简略分析。

1. 主轴误差　机床主轴是装夹刀具或工件的位置基准，它的误差也将直接影响工件的加工质量。

机床主轴的回转精度是机床主要精度指标之一。其在很大程度上决定着工件加工表面的形状精度。主轴的回转误差主要包括主轴的径向圆跳动、窜动和摆动。

造成主轴径向圆跳动的主要原因有：轴径与轴孔圆度不高、轴承滚道的形状误差、轴与孔安装后不同心以及滚动体误差等。使用该主轴装夹工件将造成形状误差。

造成主轴轴向窜动的主要原因有：推力轴承端面滚道的跳动，以及轴承间隙等。以车床为例，造成的加工误差主要表现为车削端面与轴线的垂直度误差。

由于前后轴承、前后轴承孔或前后轴颈的不同心造成主轴在转动过程中出现摆动现象。摆动不仅给工件造成工件尺寸误差、而且还造成形状误差。

提高主轴旋转精度的方法主要有通过提高主轴组件的设计、制造和安装精度，采用高精度的轴承等方法，这无疑将加大制造成本。再有就是通过工件的定位基准或被加工面本身与夹具定位元件之间组成的回转副来实现工件相对于刀具的转动，如外圆磨床头架上的固定顶尖。这样机床主轴组件的误差就不会对工件的加工质量构成影响。

2. 导轨误差　导轨是机床的重要基准，它的各项误差将直接影响被加工零件的精度。以数控车床为例，当床身导轨在水平面内出现弯曲（前凸）时，工件上产生腰鼓形（图3-20a）；当床身导轨与主轴轴心在水平面内不平行时，工件上会产生锥形（图3-20b）；而当床身导轨与主轴轴心在垂直面内不平行时，工件上会产生鞍形（图3-20c）。

事实上，数控车床导轨在水平面和垂直面内的几何误差对加工精度的影响程度是不一样

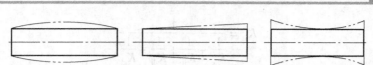

图 3-20 机床导轨误差对工件精度的影响

的。影响最大的是导轨在水平面内的弯曲或与主轴轴线的平行度，而导轨在垂直面内的弯曲或与主轴轴线的平行度对加工精度的影响则小到可以忽略的程度。如图 3-21 所示，当导轨在水平面和垂直面内都有一个误差 Δ 时，前者造成的半径方向加工误差 $\Delta R = \Delta$，而后者 ΔR

$\approx \dfrac{\Delta^2}{d}$，可以忽略不计。因此称数控车床导轨的水平

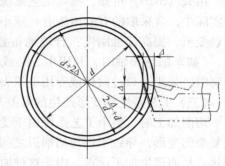

方向为误差敏感方向，而称垂直方向为误差非敏感方向。推广来看，原始误差所引起的刀具与工件间的相对位移，如果该误差产生在加工表面的法线方向，则对加工精度构成直接影响，即为误差敏感方向；若位移产生在加工表面的切线方向，则不会对加工精度构成直接影响，即为误差非敏感方向。

　　因此，减小导轨误差对加工精度的影响一方面可以通过提高导轨的制造、安装和调整精度来实现，另一方面也可以利用误差非敏感方向来设计安

图 3-21 车床导轨的几何误差对加工精度的影响

排定位加工。如转塔车床的转塔刀架设计就充分注意到了这一点，其转塔定位选在了误差非敏感方向上，既没有把制造精度定得很高，又保证了实际加工的精度。

　　（二）工艺系统受力变形引起的误差及改善措施

　　工艺系统在切削力、传动力、惯性力、夹紧力以及重力等的作用下，会产生相应的变形，从而破坏已调好的刀具与工件之间的正确位置，使工件产生几何形状误差和尺寸误差。

　　例如车削细长轴时，在切削力的作用下，工件因弹性变形而出现"让刀"现象使工件产生腰鼓形的圆柱度误差，如图 3-22a 所示。又如，在内圆磨床上用横向切入法磨孔时，由于内圆磨头主轴的弯曲变形，磨出的孔会出现带有锥度的圆柱度误差，如图 3-22b 所示。

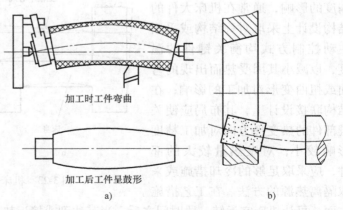

加工时工件弯曲

加工后工件呈鼓形

a) b)

图 3-22 工艺系统受力变形引起的加工误差

　　工艺系统受力变形通常是弹性变形，一般来说，工艺系统抵抗变形的能力越大，加工误差就越小。也就是说，工艺系统的刚度越好，加工精度越高。

　　工艺系统的刚度取决于机床、刀具、夹具及工件的刚度，其一般公式为

$$K_{xt} = \cfrac{1}{\cfrac{1}{K_{jc}} + \cfrac{1}{K_{jj}} + \cfrac{1}{K_{dj}} + \cfrac{1}{K_{gj}}} \qquad (3\text{-}26)$$

式中　K_{xt}——工艺系统刚度；

　　　　K_{jc}——机床刚度；

　　　　K_{jj}——夹具刚度；

　　　　K_{dj}——刀架刚度；

　　　　K_{gj}——工件刚度。

由式（3-26）可知，提高工艺系统各组成部分的刚度可以提高工艺系统的整体刚度。生产实际中，常采取的有效措施有：减小接触面间的粗糙度，增大接触面积，适当预紧，减小接触变形，提高接触刚度；合理地布置肋板，提高局部刚度；减少受力变形，提高工件刚度，（如车削细长轴时，利用中心架或跟刀架）；合理装夹工件，减少夹紧变形（如加工薄壁套时，采用开口过渡环或专用卡爪夹紧）。

（三）工艺系统热变形产生的误差及改善措施

切削加工时，整个工艺系统由于受到切削热、摩擦热及外界辐射热等因素的影响，常发生复杂的变形，导致工件与切削刃之间原先调整好的相对位置、运动及传动的准确性都发生变化，从而产生加工误差。由于这种原因而引起的工艺系统的变形现象称为工艺系统的热变形。

实践证明，影响工艺系统热变形的因素主要有机床、刀具、工件，另外环境温度的影响在某些情况下也是不容忽视的。

1. 机床的热变形　对机床的热变形构成影响的因素主要有电动机、电器和机械动力源的能量损耗转化发出的热；传动部件、运动部件在运动过程中发生的摩擦热；切屑或切削液落在机床上所传递的切削热；外界的辐射热。

这些热都将或多或少地使机床床身、工作台和主轴等部件发生变形，如图3-23所示。

为了减小机床热变形对加工精度的影响，通常在机床大件的结构设计上采取对称结构或采用主动控制方式均衡关键件的温度，以减小其因受热而出现的弯曲或扭曲变形对加工的影响；在结构联接设计上，其布局应使关键部件的热变形方向对加工精度影响较小；对发热量较大的部件，应采取足够的冷却措施或采取隔离热源的方法。在工艺措施

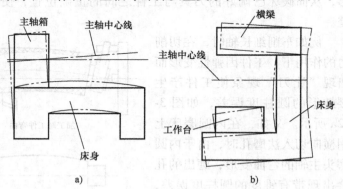

图3-23　机床热变形对加工精度的影响

方面，可让机床空运转一段时间之后，当其达到或接近热平衡时再调整机床，对零件进行加工；或将精密机床安装在恒温室中使用。

2. 工件的热变形　由于切削热的作用，工件在加工过程中产生热变形，因其热膨胀影响了尺寸精度和形状精度。

为了减小热变形对加工精度的影响，常常采用切削液冷却切削区的方法；也可通过选择合适的刀具或改变切削参数的方法来减少切削热或减少传入工件的热量；对大型或较长的工件，在夹紧状态下应使其末端能自由伸缩。

（四）工件内应力引起的误差及改善措施

所谓内应力，就是当外界载荷去掉后，仍残留在工件内部的应力。内应力是工件在加工过程中其内部宏观或微观组织因发生了不均匀的体积变化而产生的。

具有内应力的零件处于一种不稳定的相对平衡状态，可以保持形状精度的暂时稳定。但它的内部组织有强烈的倾向要恢复到一种稳定的没有内应力的状态，一旦外界条件产生变化，如环境温度的改变、继续进行切削加工、受到撞击等，内应力的暂时平衡就会被打破而进行重新分布，零件将产生相应的变形，从而破坏原有的精度。

为减小或消除内应力对零件加工精度的影响，在零件的结构设计中，应尽量简化结构，考虑壁厚均匀，以减少在铸、锻毛坯制造中产生的内应力；在毛坯制造之后，或粗加工后，精加工前，安排时效处理以消除内应力，切削加工时，应将粗、精加工分开在不同的工序进行，使粗加工后有一定的间隔时间让内应力重新分布，以减少对精加工的影响。

四、影响表面粗糙度的工艺因素及改善措施

零件在切削加工过程中，由于刀具几何形状和切削运动引起的残留面积、粘结在刀具刃口上的积屑瘤划出的沟纹、工件与刀具之间的振动引起的振动波纹以及刀具后刀面磨损造成的挤压与摩擦痕迹等原因，使零件表面上形成了粗糙度。影响表面粗糙度的工艺因素主要有工件材料、切削用量、刀具几何参数及切削液等。

1. 工件材料　一般韧性较大的塑性材料，加工后表面粗糙度值较大，而韧性较小的塑性材料加工后易得到较小的表面粗糙度值。对于同种材料，其晶粒组织越大，加工表面粗糙度值越大。因此，为了减小加工表面粗糙度值，常在切削加工前对材料进行调质或正火处理，以获得均匀细密的晶粒组织和较高的硬度。

2. 切削用量　从式（1-9）和式（1-10）可以看出进给量越大，残留面积高度越高，零件表面越粗糙。因此，减小进给量可有效地减小表面粗糙度值。

切削速度对表面粗糙度的影响也很大。在中速切削塑性材料时，由于容易产生积屑瘤，且塑性变形较大，因此加工后零件表面粗糙度值较大。通常采用低速或高速切削塑性材料，可有效地避免积屑瘤的产生，这对减小表面粗糙度值有积极作用。

3. 刀具几何参数　由式（1-9）和式（1-10）可知，主偏角 κ_r、副偏角 κ_r' 及刀尖圆弧半径 r_ε 对零件表面粗糙度有直接影响。在进给量一定的情况下，减小主偏角 κ_r 和副偏角 κ_r' 或增大刀尖圆弧半径 r_ε，可减小表面粗糙度值。另外，适当增大前角和后角，减小切削变形和前后刀面间的摩擦，抑制积屑瘤的产生，也可减小表面粗糙度值。

4. 切削液　切削液的冷却和润滑作用能减小切削过程中的界面摩擦，降低切削区温度，使切削层金属表面的塑性变形程度下降，抑制积屑瘤的产生，因此可大大减小表面粗糙度值。

第六节　轴类零件的加工

轴类零件是机器中的常见零件，也是重要的零件，其主要功用是支撑传动零部件（如

齿轮、带轮等）和传递转矩。

一、轴类零件的结构特点和技术要求

1. 轴类零件的结构特点　轴类零件是旋转体零件，其长度大于直径，加工表面通常有内外圆柱面、圆锥面，以及螺纹、花键、键槽、横向沟、沟槽等。根据轴上表面类型和结构特征的不同，轴可分为多种形式，如图 3-24 所示。

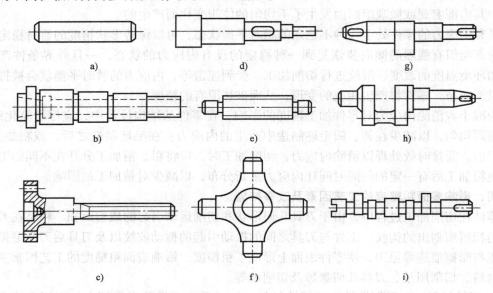

图 3-24　轴的种类

a）光轴　b）空心轴　c）半轴　d）阶梯轴　e）花键轴　f）十字轴
g）偏心轴　h）曲轴　i）凸轮轴

2. 轴类零件的技术要求　轴类零件的技术要求主要有以下几个方面：

（1）直径精度和几何形状精度：轴上支撑轴颈和配合轴颈是轴的重要表面，其直径公差等级通常为 IT5 ~ IT9，形状精度（圆度、圆柱度）控制在直径公差之内，形状精度要求较高时，应在零件图样上另行规定其允许的公差。

（2）相互位置精度：轴类零件中的配合轴颈（装配传动件的轴颈）对于支撑轴颈的同轴度是其相互位置精度的普遍要求。普通精度的轴，配合轴颈对支撑轴颈的径向圆跳动一般为 0.01 ~ 0.03mm，高精度轴为 0.001 ~ 0.005mm。

此外，相互位置精度还有内外圆柱面间的同轴度，轴向定位端面与轴线的垂直度要求等。

（3）表面粗糙度：根据机器精密程度的高低，运转速度的大小，轴类零件表面粗糙度要求也不相同。支撑轴颈的表面粗糙度 Ra 值一般为 0.16 ~ 0.63μm，配合轴颈 Ra 值为 0.63 ~ 2.5μm。

二、轴类零件的材料、毛坯和热处理

1. 轴类零件的材料和热处理　一般轴类零件的材料常用 45 钢，通过正火、调质、淬火等不同的热处理工艺，获得一定的强度、韧性和耐磨性。中等精度而转速较高的轴类零件可选用 40Cr 等合金结构钢，经调质和表面淬火处理可获得较好的综合力学性能。精度较高的轴可选用轴承钢 GCr15 和弹簧钢 65Mn 等，通过调质和表面淬火获得更好的耐磨性和耐疲劳性。高转速、重载等条件下工作的轴可选用 20CrMnTi、20Cr、38CrMoAl 等，经过淬火或渗氮处理获得高的表面硬度、耐磨性和心部强度。

2. 轴类零件的毛坯　轴类零件的毛坯有棒料、锻件和铸件三种。

光轴和直径相差不大的阶梯轴毛坯一般以棒料为主。外圆直径相差较大的轴或重要的轴（如主轴）宜选用锻件毛坯，既节省材料、减少切削加工的劳动量，又改善其力学性能。结构复杂的大型轴类零件（如曲轴）可采用铸件毛坯。

三、轴类零件的加工工艺分析

在轴类零件中，车床主轴是最具代表性的零件，其工艺路线长，精度要求高，加工难度大。以下以车床主轴为例分析轴类零件的加工工艺。

1. 主轴的技术条件分析　从图 3-25 所示的 CA6140 型车床主轴零件简图可以看出，主轴的技术要求有以下几个方面：

1）支撑轴颈是主轴部件的装配基准和运动基准，其制造精度直接影响到主轴的回转精度。当支撑轴颈不同轴时，主轴产生径向圆跳动，影响零件的加工质量，所以对支撑轴颈提出了很高要求。

2）主轴锥孔是用来安装顶尖或工具锥柄的，其中心线必须与支撑轴颈的中心线严格同轴，否则会使工件产生圆度、同轴度等误差。

3）主轴前端圆锥面和端面是安装卡盘的定位表面。为了保证卡盘的定心精度，这个圆锥表面必须与支撑轴颈同轴，而端面必须与主轴的回转中心线垂直。

4）主轴轴向定位面与主轴回转中心线不垂直，会使主轴产生周期性的轴向窜动。当加工工件的端面时，就会影响工件端面的平行度及其对中心线的垂直度。当加工螺纹时，就会造成螺距误差。

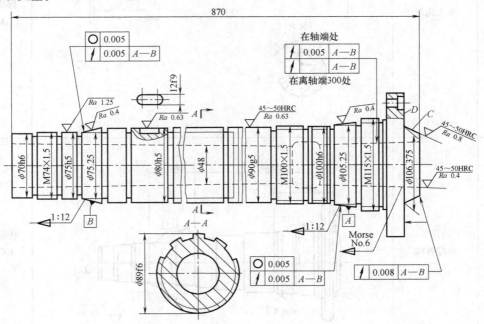

图 3-25　CA6140 型车床主轴简图

5）主轴上螺纹表面中心线与支撑轴颈中心线歪斜时，会引起主轴部件上锁紧螺母的端面跳动，导致滚动轴承内圈中心线倾斜，引起主轴径向跳动。所以加工主轴上的螺纹表面，必须控制其中心线与支撑轴颈中心线的同轴度。

2. 车床主轴加工工艺过程　经过对主轴的结构特点、技术要求进行分析后，可根据生产批量、设备条件等考虑主轴的工艺过程。表 3-11 是成批生产 CA6140 型车床主轴的工艺过程。

表 3-11　CA6140 型车床主轴加工工艺过程

序号	工序名称	工　序　简　图	加工设备
1	备料		
2	精锻		立式精锻机
3	热处理	正火	
4	锯头		
5	铣端面、钻中心孔		专用机床
6	荒车	车各外圆面	卧式车床
7	热处理	调质 220～240HBW	
8	车大端部		卧式车床 CA6140
9	仿形车小端各部		仿形车床 CE7120

（续）

序号	工序名称	工 序 简 图	加工设备
10	钻深孔		深孔钻床
11	车小端内锥孔 （配 1:20 锥堵）		卧式车床 CA6140
12	车大端锥孔 （配莫氏 6 号 锥堵）；车外 短锥及端面		卧式车床 CA6140
13	钻大端 锥面各孔		Z55 钻床
14	热处理	高频感应加热淬火 ϕ90g6、短锥及莫氏 6 号锥孔	

（续）

序号	工序名称	工 序 简 图	加工设备
15	精车各外圆并车槽		数控车床 CSK6163
16	粗磨外圆二段		万能外圆磨床 M1432B
17	粗磨莫氏锥孔		内圆磨床 M2120
18	粗精铣花键		花键铣床 YB6016

（续）

序号	工序名称	工 序 简 图	加工设备
19	铣键槽		铣床 X52
20	车大端内侧面及三段螺纹（配螺母）		卧式车床 CA6140
21	粗精磨各外圆及 E、F 两端面		万能外圆磨床
22	粗精磨圆锥面		专用组合磨床

（续）

序号	工序名称	工 序 简 图	加工设备
23	精磨莫氏6号内锥孔		主轴锥孔磨床
24	检查	按图样技术要求项目检查	

3. 主轴加工工艺过程分析

（1）预加工中的问题：车削是轴类零件机械加工的首道工序，车削之前的工艺为轴加工的预备加工。预加工的内容有：

1）对于细长的轴由于弯曲变形会造成加工余量不足，需要进行校直。

2）对于直接用棒料为毛坯的轴，需先切断。对以锻件为毛坯的轴，若锻造后两端有较多的加工余量也必须切断。

3）对于直径较大、长度较长的轴，在车削外圆之前加工好中心孔。单件小批生产的主轴可以经划线在摇臂钻床上加工中心孔。成批生产的主轴则可采用专用机床铣两端面，同时钻两端中心孔。

（2）热处理工序的安排：在主轴加工的整个工艺过程中，应安排足够的热处理工序，以保证主轴力学性能及加工精度要求，并改善切削性能。

1）毛坯锻造后，首先安排正火处理，以消除锻造应力、细化晶粒、降低硬度、改善切削性能。

2）粗加工后安排调质处理，获得均匀细致的回火索氏体组织，提高零件的综合力学性能，以便在表面淬火时，得到均匀致密的硬化层。同时消除粗加工中产生的内应力。

3）对有相对运动的轴颈表面和经常装卸工具的前锥孔安排表面淬火处理，以提高其耐磨性。表面淬火处理应安排在磨削加工之前。

（3）定位基准的选择：轴类零件的定位基准不外乎两端中心孔和外圆表面。只要可能，应尽量选两端中心孔为定位基准。因为轴类零件各外圆表面、锥孔、螺纹表面等的设计基准一般都是轴的中心线，且都有相互位置精度要求，所以用两端中心孔定位，既符合基准重合原则，又符合基准统一原则。若不能用中心孔作为定位基准，则可采用外圆表面作为定位基准。

在空心主轴加工过程中，通常采用外圆表面和中心孔互为基准进行加工。在机加工开始，先以支撑轴颈为粗基准加工两端面和中心孔，再以中心孔为精基准加工外圆表面。在内孔加工时，以加工后的支撑轴颈为精基准。在内孔加工完成后，以图 3-26a 所示的锥套心轴或图 3-26b 所示的锥堵定位精加工外圆表面，保证各表面间的相互位置精度。最后以精加工后的支撑轴颈定位精磨内孔。

（4）加工阶段的划分：由于主轴是多阶梯带通孔的零件，切除大量金属后，会引起内应力重新分布而变形。因此在安排工序时应粗、精加工分开，可划分为粗加工、半精加工和精加工三个阶段。

1）粗加工阶段完成铣端面、钻中心孔、粗车外圆等。

2）半精加工阶段完成半精车外圆、钻通孔、车两端锥孔、钻大小头端面上各孔、精车外圆等。

3）精加工阶段完成粗磨外圆、粗磨锥孔、精磨外圆、精磨锥孔等。

以上各加工阶段划分大致以热处理为界。

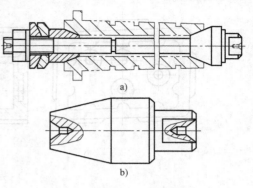

图 3-26　锥套心轴和锥堵
a) 锥套心轴　b) 锥堵

（5）加工顺序的安排：经过上述几个问题的分析，对主轴加工工序安排大体如下：准备毛坯——正火——切端面、钻中心孔——粗车——调质——半精车——精车——表面淬火——粗、精磨外圆表面——磨内锥孔。在安排工序顺序时，应注意以下几点：

1）深孔加工应安排在调质以后进行。因调质处理时工件变形大，如先加工深孔后调质处理，会使深孔弯曲变形无法修正，不仅影响以后机床使用时棒料的通过，而且会影响主轴高速回转时的动平衡。此外，深孔加工应安排在外圆粗车或半精车之后，以便有一个较精确的轴颈作其定位基准，保证深孔与外圆同轴及主轴壁厚均匀。

2）外圆表面的加工顺序，先加工大直径外圆，后加工小直径外圆，以免一开始就降低了工件的刚度。

3）次要表面加工安排。主轴上的花键、键槽等次要表面的加工，一般都应安排在外圆精车或粗磨之后进行，否则不仅在精车时造成断续切削而产生振动。影响加工质量，易损坏刀具，而且键槽的尺寸要求也难以保证。对主轴上的螺纹和不淬火部位的精密小孔等，为减小其变形，最好安排在淬火后加工。

第七节　箱体类零件的加工

箱体类零件是机器及其部件的基础零件。它将机器及其部件中的轴、轴承、套和齿轮等零件按一定的相互关系装配成一个整体，并按预定的传动关系协调其运动。因此，箱体的加工质量，直接影响着机器的性能，精度和寿命。

一、箱体类零件的结构特点和技术要求

1. 箱体类零件的结构特点　箱体的种类很多，图 3-27 是几种常见箱体零件简图。由该图可见：各种箱体零件尽管形状各异，尺寸不一，但它们均有空腔、结构复杂、壁厚不均等共同特点。在箱壁上有许多精度较高的轴承支撑孔和平面，外表面上有许多基准面和支撑面以及一些精度要求不高的紧固孔等。

因此，箱体零件的加工不仅加工部位多，而且加工难度也大。

2. 箱体类零件的主要技术要求　箱体类零件以机床主轴箱精度要求最高，现以图 3-28

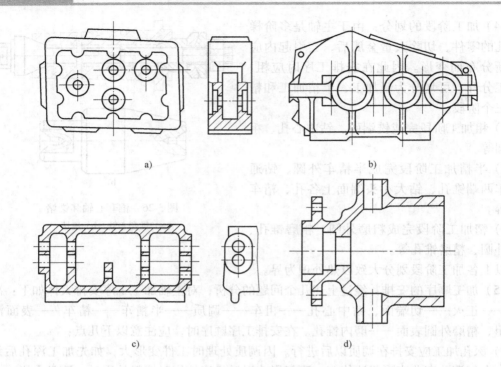

图 3-27　几种常见箱体零件简图
a）组合机床主轴箱　b）分离式减速箱　c）车床进给箱　d）泵壳

所示某车床主轴箱为例，可归纳为以下几项精度要求：

（1）孔径精度：孔径的尺寸误差和几何形状误差会使轴承与孔配合不良。孔径过大，配合过松，使主轴回转轴线不稳定，并降低了支撑刚度，易产生振动和噪声；孔径过小，使配合过紧，轴承将因外环变形而不能正常运转，缩短寿命。装轴承的孔不圆，也使轴承外环变形而引起主轴径向跳动。

从以上分析可知，对孔的精度要求较高，主轴孔的尺寸精度为 IT6 公差等级，其余孔为 IT6 ~ IT7 公差等级。孔的几何形状误差控制在尺寸公差范围之内。

（2）孔与孔及平面的位置精度：同一轴线上各孔的同轴度误差和孔端面对轴线的垂直度误差，会使轴和轴承装配到箱体上后产生歪斜，致使主轴产生径向圆跳动和轴向窜动，同时也使温升增高，加剧轴承磨损。孔系之间的平行度误差会影响齿轮的啮合质量。一般同轴上各孔的同轴度约为最小孔尺寸公差之半。主要孔和主轴箱安装基面之间应规定平行度要求，它们决定了主轴与床身导轨的相互位置关系。一般都要规定主轴轴线对安装基面的平行度公差。在垂直和水平两个方面上允许主轴前端向上向前偏。

（3）主要平面的精度：装配基面的平面度误差影响主轴箱与床身连接时的接触刚度。若在加工过程中作为定位基准时，还会影响轴孔的加工精度。因此规定底面和导向面必须平直和相互垂直。其平面度、垂直度公差等级为 5 级。顶面的平面度要求是为了保证箱盖的密封性，防止工作时润滑油泄出。当大批大量生产将其顶面用作定位基面加工孔时，对它的平面度要求还要提高。

（4）表面粗糙度：重要孔和主要表面的表面粗糙度会影响连接面的配合性质或接触刚

光，其余为表面 Ra6.3 的精加工；—夹上端面，为 Ra6.3μm，其中单件毛坯尺寸为 6mm，其内孔直面为 Ra6.3μm，各侧底面与内孔位置精面为 6μ 65～2.5μm，其他各面为 Ra6.5～1.5μm。

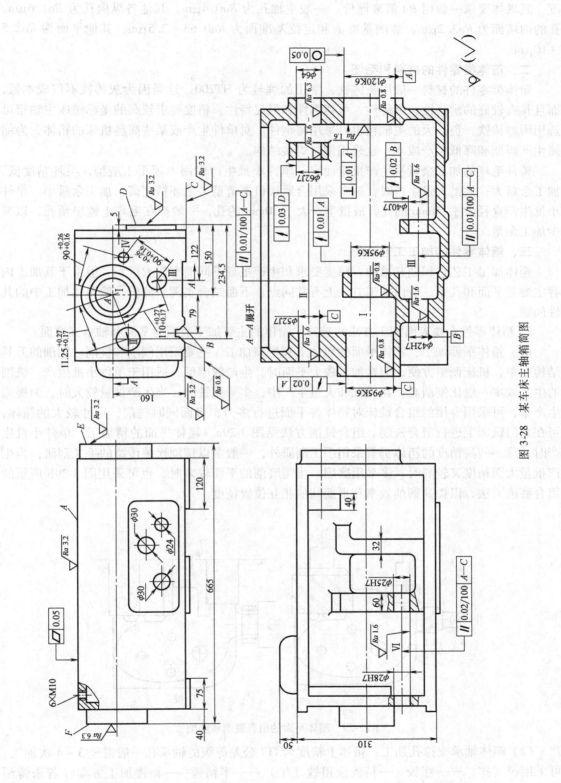

图 3-28　某车床主轴箱简图

度，其具体要求一般用 Ra 值来评价。一般主轴孔为 $Ra0.4\mu m$，其他各纵向孔为 $Ra1.6\mu m$，孔的内端面为 $Ra3.2\mu m$，装配基准面和定位基准面为 $Ra0.63 \sim 2.5\mu m$，其他平面为 $Ra2.5 \sim 10\mu m$。

二、箱体类零件的材料和毛坯

箱体类零件的材料一般用灰铸铁，常用的牌号为HT200。这是因为灰铸铁不仅成本低，而且具有较好的耐磨性、可铸性、可切削性和阻尼特性。精度要求较高的坐标镗床主轴箱可选用耐磨铸铁，负荷大的主轴箱也可采用铸钢件。对单件生产或某些简易机床的箱体，为缩短生产周期和降低生产成本，也采用钢材焊接结构。

铸件毛坯的加工余量视生产批量而定。单件小批生产多用木模手工造型，毛坯精度低，加工余量大；大批大量生产时，通常采用金属模机器造型，毛坯精度高，加工余量小。单件小批生产直径大于50mm的孔，成批生产大于30mm的孔，一般都在毛坯上铸出预孔，以减少加工余量。

三、箱体零件的加工工艺分析

箱体加工工艺过程随其结构、精度要求和生产批量不同而有较大区别，但由于其加工内容主要是平面和孔系，所以加工方法上有共同点。下面结合实例来分析一般箱体加工中的共性问题。

1. 箱体零件主要表面加工方法的选择　箱体的主要加工表面为平面和轴承支撑面。

（1）箱体平面加工：箱体平面的粗加工和半精加工，主要采用刨削和铣削。刨削的刀具结构简单，机床调整方便，但在加工较大平面时，生产效率低，适用于单件小批生产。铣削的生产效率一般比刨削高，在成批和大量生产中，多采用铣削。当生产批量较大时，为提高生产率，可采用专用的组合铣床对箱体各平面进行多刀、多面同时铣削；尺寸较大的箱体，可在龙门铣床上进行组合铣削。组合铣削方法见图3-29a。箱体平面的精加工，单件小批生产时，除一些高精度的箱体仍需采用手工刮研外，一般多以精刨代替传统的手工刮研；当生产批量大而精度又较高时，多采用磨削。当需磨削的平面较多时，也可采用图3-29b所示的组合磨削方法，以提高磨削效率和平面间的相互位置精度。

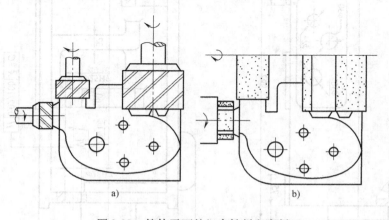

a)　　　　　　　　　　　　b)

图3-29　箱体平面的组合铣削和磨削

（2）箱体轴承支撑孔加工：箱体上精度为IT7公差等级的轴承孔一般需经3～4次加工。可采用镗（扩）——粗铰——精铰或粗镗（扩）——半精镗——精镗加工方案（若未铸预孔则应先钻孔）。以上两种方案均能使孔的加工精度达 IT7 公差等级，表面粗糙度达 $Ra0.63$ ~$2.5\mu m$。当孔的精度高于 IT6 公差等级、表面粗糙度值小于 $Ra0.63\mu m$ 时，还应增加一道超精加工（常用精细镗、珩磨等）工序作为终加工；单件小批生产时，也可采用浮动铰孔。

2. 箱体零件定位基准的选择

（1）粗基准的选择：箱体零件通常选择箱体上重要孔作粗基准，如车床主轴箱主轴孔。由于铸造毛坯时，形成主轴孔和其他支撑孔及箱体内壁的泥芯是装成一个整体放入砂箱的，各铸孔之间及孔与内壁之间的相互位置精度较高，因此，选择主轴孔作粗基准可以较好地保证主轴孔及其他支撑孔的加工余量均匀，利于各孔的加工，还有助于保证各孔轴线与箱体不加工内壁之间的相互位置，避免装入箱体内的旋转零件运转时与箱体内壁相碰撞。以主轴孔为粗基准只能限制工件的四个自由度，一般还需选一个与主轴孔相距较远的孔（如图 3-28 中 Ⅱ 轴孔）为粗基准，以限制围绕主轴孔回转的自由度。

（2）精基准的选择：箱体加工精基准的选择取决于生产批量，有两种方案。

1）单件小批生产时以装配面为精基准。加工图 3-28 所示的主轴箱，可选择箱体装配基准的导向面 B、底面 C 作精基准加工孔系和其他平面。因为 B、C 面既是主轴孔的设计基准，又与箱体的主要纵向孔系、端面、侧面有直接的相互位置关系，以它作为统一的定位基准加工上述表面时，不仅消除了基准不重合误差，有利于保证各表面的相互位置精度，而且在加工各孔时，箱口朝上，便于安装调整刀具、测量孔径尺寸、观察加工情况和加注切削液等。

这种定位方式适用于单件小批生产、所用的机床是通用机床和加工中心、刀具系统刚性好及箱体中间壁上的孔距端面较近的情况。当刀具系统的刚性较差，箱体中间壁上的孔距端面较远时，为提高孔的加工精度，需要在箱体内部设置刀杆的导向支撑。但由于箱口朝上，中间导向支撑需装在图 3-30 所示吊架装置上，这种悬挂的吊架刚性差，安装误差大，影响箱体孔系的加工精度。并且，工件与吊架的装卸也很不方便。因此，这种定位方式不适用于大批大量生产。

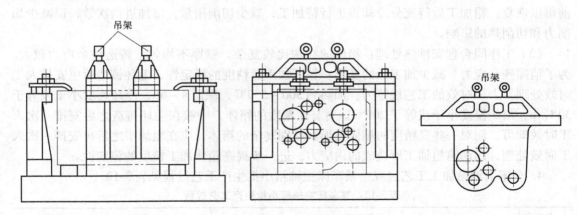

图 3-30　吊架式镗模夹具

2）大批大量生产时以一面两孔作精基准。车床主轴箱通常以顶面和两定位销孔为精基准，如图 3-31 所示。此时，箱口朝下，中间导向支架可固定在夹具体上，由于简化了夹具结构，提高了夹具的刚度，同时工件的装卸也比较方便，因而提高了孔系的加工质量和生产率。

但是，主轴箱的这一定位方式也有不足之处，例如由于定位基准与设计基准不重合，产生了基准不重合误差。为了保证箱体的加工精度，必须提高作为定位基准的箱体顶面和两个定位销孔的加工精度。因此，在主轴箱的工艺过程中安排了磨顶面 A 和在顶面 A 上钻、扩、铰两个定位工艺孔工序。所以这种定位不适合中小批及单件生产。而在大批生产中，由于广泛采用了自动循环的组合机床、定尺寸刀具以及在线检测和误差补偿装置，因此加工过程比较稳定。

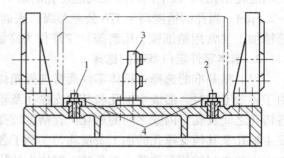

图 3-31　箱体以一面两孔定位
1、2—定位销　3—导向支架　4—定位支承板

3. 拟定箱体工艺过程的共性原则

（1）加工顺序为先面后孔：箱体类零件的加工顺序均为先加工平面，后加工孔。因为箱体的孔比平面加工要困难得多，先以孔为粗基准加工平面，再以平面为精基准加工孔，不仅为孔的加工提高了稳定的可靠精基准，同时可以使孔的加工余量较为均匀；并且，由于箱体上的孔分布在箱体各平面上，先加工好平面，钻孔时，钻头不易引偏，扩或铰孔时，可防止刀具崩刃。

（2）加工阶段粗、精分开：箱体的结构形状复杂，主要表面的精度高，粗、精加工分开进行，可以消除由粗加工所造成的内应力、切削力、夹紧力和切削热对加工精度的影响，有利于保证箱体的加工精度；同时还能合理地使用设备，有利于提高生产率。

但对于单件小批生产的箱体或大型箱体的加工，为减少机床和夹具的数量，可将粗、精加工安排在一道工序内完成。不过从工步上讲，粗、精加工还是分开的。如粗加工后将工件松开一点，然后再用较小的夹紧力夹紧工件，使工件因夹紧力而产生的弹性变形在精加工之前得以恢复；粗加工后待充分冷却再进行精加工；减少切削用量，增加进给次数，以减少切削力和切削热的影响。

（3）工序间合理安排热处理：箱体的结构比较复杂，壁厚不均匀，铸造残余应力较大。为了消除残余应力，减少加工后的变形，保证加工后精度的稳定性，毛坯铸造后应安排人工时效处理。人工时效的工艺规范为：加热到 $500 \sim 550℃$，保温 $4 \sim 6h$，冷却速度小于或等于 $30℃/h$，出炉温度小于或等于 $200℃$。对普通精度的箱体，一般在毛坯铸造之后安排一次人工时效即可，而对一些高精度的箱体或形状特别复杂的箱体，应在粗加工之后再安排一次人工时效处理，以消除粗加工所造成的内应力，进一步提高箱体加工精度的稳定性。

4. 车床主轴箱加工工艺过程　某车床主轴箱小批生产工艺过程见表3-12。

表 3-12　某车床主轴箱小批生产工艺过程

序号	工序内容	定位基准	设备
1	铸造		
2	时效		
3	喷底漆		

（续）

序号	工序内容	定位基准	设备
4	划线：保证主轴孔有均匀的加工余量，划 C、A 及 E、D 加工线		
5	粗、精加工顶面 A	安线找正	龙门刨床
6	粗、精加工 B、C 面及侧面 D	顶面 A，并校正主轴线	龙门刨床
7	粗、精加工两端面 E、F	B、C 面	龙门刨床
8	粗加工各纵、横向孔	B、C 面	卧式镗床
9	半精加工、精加工各纵、横向孔	B、C 面	卧式加工中心
10	加工顶面螺纹孔	B、C 面	钻床
11	清洗、去毛刺		
12	检验		

5. 箱体加工的主要工序分析　箱体上一系列具有相互位置精度要求的孔，称为孔系。孔系中孔的本身精度、孔距精度和相互位置精度要求都很高，因此，孔系加工是箱体加工的主要工序。根据生产规模和孔系的精度要求可采用不同的加工方法。

（1）保证平行孔系孔距精度的方法

1）找正法：单件小批生产和用通用机床加工时，孔系加工常用的定位方法为划线找正。划线找正加工精度低，孔距误差较大，一般在 ±0.3 ~ ±0.5mm。为提高加工精度，可用心轴量规、样板或定心套等进行找正。图 3-32 所示为轴量规找正，将精密心轴插入镗床主轴孔内（或直接利用镗床主轴），然后根据孔和定位基面的距离用量规、塞尺校正主轴位置，镗第一排孔。镗第二排孔时，分别在第一排孔和主轴中插入心轴，然后采

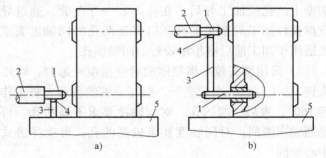

图 3-32　心轴和量规找正
1—心轴　2—镗床主轴　3—量规　4—塞尺　5—工作台

用同样方法确定镗第二排孔时的主轴位置。采用这种方法孔距精度可达 ±0.03 ~ ±0.05mm。

2）坐标法：此法在单件小批生产中有广泛的应用。将被加工孔系间的孔距尺寸换算为两个互相垂直的坐标尺寸，然后在普通卧式镗床、坐标镗床、数控镗床及加工中心等设备上，按此坐标尺寸精确地调整机床主轴与工件在水平和垂直方向的相对位置，通过控制机床的坐标位移量来间接保证孔距尺寸精度。坐标法镗孔的孔距精度主要取决于坐标的移动精度。

采用坐标法加工孔系时，要特别注意选择原始孔和镗孔顺序。否则，坐标尺寸的累积误差会影响孔距精度。把有孔距精度要求的两孔的加工顺序紧紧地连在一起，以减少坐标尺寸的累积误差对孔距精度的影响；原始孔应位于箱壁的一侧，这样，依次加工各孔时，工作台朝一个方向移动，以避免因工作台往返移动由间隙而造成的误差；原始孔应尽量选择本身尺寸精度高、表面粗糙度值小的孔，这样在加工过程中，便于校验其坐标尺寸。

3）镗模法：此法在中批以上生产中使用，可用于普通机床、专用机床和组合机床上。

如图 3-33 所示,工件装在带有镗模板的夹具内,镗杆支撑在镗模板的支架导向套里,机床主轴与镗杆之间采用浮动联接。孔系的加工精度不受主轴回转误差的影响,孔系间相互位置精度完全由镗模来保证。孔距精度一般可达 ±0.05mm,孔径的公差等级可达 IT7,孔的同轴度和平行度从一端加工可达 0.02～0.03mm,从两端加工可达 0.04～0.05mm。

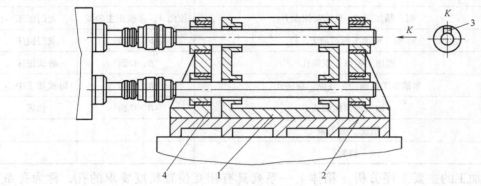

图 3-33 用镗模加工孔系

1—工件 2、4—镗模板 3—引刀槽

（2）保证同轴孔系同轴度的方法

1）利用已加工孔作支撑导向：如图 3-34 所示,当箱体前壁上的孔径加工好后,在孔内装一导向套,通过导向套支撑镗杆加工后壁上的孔,以保证两孔的同轴度要求。此法适用于加工前后壁相距较近的同轴线孔。

2）采用调头镗：当箱体前后壁相距较远时,可用"调头镗"。工件在一次装夹下,镗好一端的孔后,将工作台回转 180°,镗另一端的孔。对同轴度要求不高的孔,可选普通镗床镗削；对同轴度要求较高的孔,可选择卧式加工中心镗削。

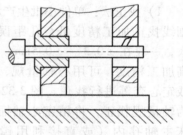

图 3-34 利用已加工孔导向

习 题

3-1 什么叫生产过程和工艺过程?

3-2 什么叫工序和工步?构成工序和工步的要素各有哪些?

3-3 什么叫生产纲领?单件生产和大量生产各有哪些主要特点?

3-4 如图 3-35 所示零件,单件小批生产时其机械加工工艺过程如下所述,试分析其工艺过程的组成（包括工序、工步、安装）。

在刨床上分别刨削六个表面,达到图样要求；粗刨导轨面 A,分两次切削；刨两越程槽；精刨导轨面 A；钻孔；扩孔；铰孔；去毛刺。

3-5 毛坯的选择与机械加工有何关系?试说明选择不同的毛坯种类以及毛坯精度,将对零件的加工工艺、加工质量及生产率有何影响?

3-6 制订工艺规程时,为什么要划分加工阶段?什么情况下可以不划分加工阶段或不严格划分加工阶段?

3-7 何谓"工序集中"和"工序分散"?什么情况下按"工序集中"原则划分工序?什么情况下按"工序分散"原则划分工序?数控加工工序如何划分?

3-8 在数控机床上按"工序集中"原则组织加工有何优点？

3-9 试述机械加工过程中安排热处理工序的目的及其安排顺序。

3-10 加工余量如何确定？影响加工余量的因素有哪些？举例说明是否在任何情况下都要考虑这些因素？

3-11 图 3-36 所示套筒零件，除缺口 C 外，其余表面均已加工。试分析当加工缺口 C 保证尺寸 $10^{+0.2}_{0}$ mm 时，有几种定位方案？计算出各种定位方案的工序尺寸，并选择其最佳方案。

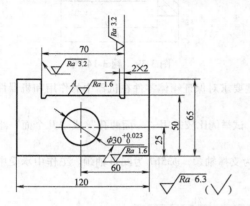

图 3-35 题 3-4 图

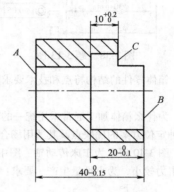

图 3-36 题 3-11 图

3-12 图 3-37a 所示为轴类零件简图，其内孔、外圆和各端面均已加工好，试分别计算图 3-37b 所示三种定位方案钻孔时的工序尺寸及其偏差。

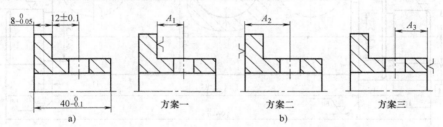

图 3-37 题 3-12 图

3-13 图 3-38 所示零件的工艺过程为：

1）车外圆至 $\phi30.5^{0}_{-0.1}$ mm。

2）铣键槽深度为 H^{ESH}_{EIH}。

3）热处理。

4）磨外圆至 $\phi30^{+0.036}_{+0.016}$ mm。

设磨后外圆与车后外圆的同轴度公差为 $\phi0.05$ mm，求保证键槽深度设计尺寸 $4^{+0.2}_{0}$ mm 的铣槽深度 H^{ESH}_{EIH}。

3-14 图 3-39 所示零件，$A_1 = 70^{-0.02}_{-0.07}$ mm，$A_2 = 60^{0}_{-0.04}$ mm，$A_3 = 20^{+0.19}_{0}$ mm。因 A_3 不便测量，试重新标出测量尺寸 A_4 及其公差。

3-15 试举例说明加工精度、加工误差、公差的概念及它们之间的区别。

3-16 表面质量包括哪些主要内容？为什么机械零件的表面质量与加工精度具有同等重要的意义？

3-17 试分析主轴加工工艺过程中如何体现了"基准统一"、"基准重合"、"互为基准"的原则？它们在保证主轴的精度要求中起什么重要作用？

3-18 安排主轴加工顺序应注意哪些问题？

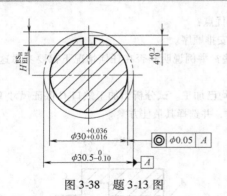

图 3-38　题 3-13 图

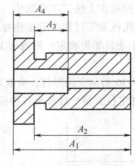

图 3-39　题 3-14 图

3-19　箱体零件的结构特点和技术要求有哪些？这些要求对保证箱体零件在机器中的作用和机器性能有何影响？

3-20　为什么箱体加工通常采用统一的精基准定位？试举例比较采用"一面两孔"或"几个面"组合定位，两种定位方案的优缺点及其适用场合？

3-21　图 3-40 所示为车床传动轴。图中 2×φ25K7 为支撑轴颈，φ35h7 为配合轴颈。工作中承受中等载荷，冲击力较小，为小批量生产。要求：

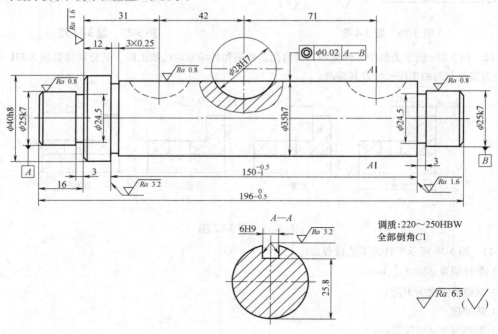

图 3-40　题 3-21 图

1）确定零件材料和毛坯。

2）选择加工方案和定位基准。

3）安排加工顺序。

参照表 3-11 的格式制订该传动轴的加工工艺过程。

3-22　零件如图 3-41 所示，单件小批生产，试完成下列工作：

1）选择材料、毛坯并绘制毛坯图。

2）制订加工工艺过程（按工序号、工序名称、工序内容、定位面及装夹方法、工序简图和加工设备等列表说明）。

要求用普通机床和数控机床共同加工。

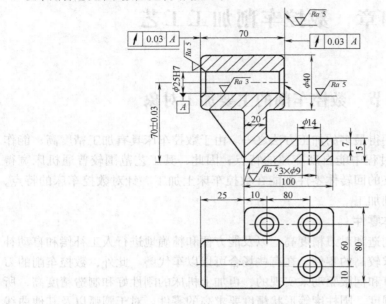

图 3-41 题 3-22 图

第四章　数控车削加工工艺

第一节　数控车削的主要加工对象

数控车削是数控加工中用得最多的加工方法之一。由于数控车床具有加工精度高、能作直线和圆弧插补以及在加工过程中能自动变速的特点，因此，其工艺范围较普通机床宽得多。凡是能在数控车床上装夹的回转体零件都能在数控车床上加工。针对数控车床的特点，下列几种零件最适合数控车削加工。

一、精度要求高的回转体零件

由于数控车床刚性好，制造和对刀精度高，以及能方便和精确地进行人工补偿和自动补偿，所以能加工尺寸精度要求较高的零件。在有些场合可以以车代磨。此外，数控车削的刀具运动是通过高精度插补运算和伺服驱动来实现的，再加上机床的刚性好和制造精度高，所以它能加工对母线直线度、圆度、圆柱度等形状精度要求高的零件。对于圆弧以及其他曲线轮廓，加工出的形状与图样上所要求的几何形状的接近程度比用仿形车床要高得多。数控车削对提高位置精度还特别有效。不少位置精度要求高的零件用普通车床车削时，因机床制造精度低、工件装夹次数多而达不到要求，只能在车削后用磨削或其他方法弥补。例如，图 4-1 所示的轴承内圈，原采用三台液压半自动车床和一台液压仿形车床加工，需多次装夹，因而造成较大的壁厚差，达不到图样要求，后改用数控车床加工，一次装夹即可完成滚道和内孔的车削，壁厚差大为减小，且加工质量稳定。

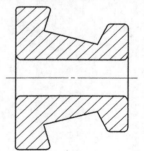

图 4-1　轴承内圈示意图

二、要求表面粗糙度值低的回转体零件

数控车床具有恒线速切削功能，能加工出表面粗糙度值小而均匀的零件。在材质、精车余量和刀具已定的情况下，表面粗糙度取决于进给量和切削速度。在普通车床上车削锥面和端面时，由于转速恒定不变，致使车削后的表面粗糙度不一致，只有某一直径处的粗糙度值最小。使用数控车床的恒线速切削功能，就可选用最佳线速度来切削锥面和端面，使车削后的表面粗糙度值既小又一致。数控车削还适合于车削各部位表面粗糙度要求不同的零件。表面粗糙度值要求大的部位选用大的进给量，要求小的部位选用小的进给量。

三、表面形状复杂的回转体零件

由于数控车床具有直线和圆弧插补功能，所以可以车削由任意直线和曲线组成的形状复杂的回转体零件。如图 4-2 所示的壳体零件封闭内腔的成形面，在普通车床上是无法加工的，而在数控车床上则很容易加工出来。

组成零件轮廓的曲线可以是数学方程式描述的曲线，也可以是列表曲线。对于由直线或圆弧组成的轮廓，直接利用机床的直线或圆弧插补功能，对于由非圆曲线组成的轮廓应先用直线或圆弧去逼近，然后再用直线或圆弧插补功能进行插补切削。

四、带特殊螺纹的回转体零件

普通车床所能车削的螺纹相当有限，它只能车等导程的直、锥面米、英制螺纹，而且一台车床只能限定加工若干种导程。数控车床不但能车削任何等导程的直、锥和端面螺纹，而且能车削增导程、减导程，以及要求等导程与变导程之间平滑过渡的螺纹。数

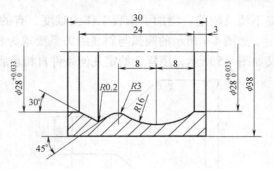

图 4-2 成形内腔零件示例

控车床车削螺纹时主轴转向不必像普通车床那样交替变换，它可以一刀又一刀不停顿地循环，直到完成，所以它车螺纹的效率很高。数控车床可以配备精密螺纹切削功能，再加上一般采用硬质合金成型刀片，以及可以使用较高的转速，所以车削出来的螺纹精度高、表面粗糙度值小。

第二节 数控车削加工工艺的制订

制订工艺是数控车削加工的前期工艺准备工作。工艺制订得合理与否，对程序编制、机床的加工效率和零件的加工精度都有重要影响。因此，应遵循一般的工艺原则并结合数控车床的特点认真而详细地制订好零件的数控车削加工工艺。其主要内容有：分析零件图样、确定工件在车床上的装夹方式、各表面的加工顺序和刀具的进给路线以及刀具、夹具和切削用量的选择等。

一、零件图工艺分析

分析零件图是工艺制订中的首要工作，它主要包括以下内容：

1. 结构工艺性分析 零件的结构工艺性是指零件对加工方法的适应性，即所设计的零件结构应便于加工成形。在数控车床上加工零件时，应根据数控车削的特点，认真审视零件结构的合理性。例如图 4-3a 所示零件，需用三把不同宽度的车槽刀车槽，如无特殊需要，显然是不合理的，若改成图 4-3b 所示结构，只需一把刀即可车出三个槽。既减少了刀具数量，少占了刀架刀位，又节省了换刀时间。

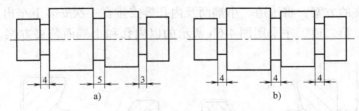

图 4-3 结构工艺性示例

在结构分析时，若发现问题应向设计人员或有关部门提出修改意见。

2. 轮廓几何要素分析 在手工编程时，要计算每个基点坐标，在自动编程时，要对构成零件轮廓的所有几何元素进行定义，因此在分析零件图时，要分析几何元素的给定条件是否充分。由于设计等多方面的原因，可能在图样上出现构成加工轮廓的条件不充分，尺寸模

糊不清及缺陷，增加了编程工作的难度，有的甚至无法编程。

如图4-4所示的圆弧与斜线的关系要求为相切，但经计算后却为相交关系，而并非相切。又如图4-5所示，图样上给定几何条件自相矛盾，其给出的各段长度之和不等于其总长。

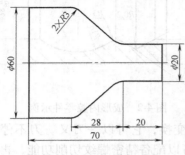

图4-4 几何要素缺陷示例一

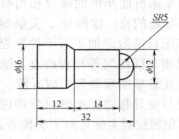

图4-5 几何要素缺陷示例二

3. 精度及技术要求分析　对被加工零件的精度及技术要求进行分析，是零件工艺性分析的重要内容，只有在分析零件尺寸精度和表面粗糙度的基础上，才能对加工方法、装夹方式、刀具及切削用量进行正确而合理的选择。

精度及技术要求分析的主要内容：一是分析精度及各项技术要求是否齐全、是否合理；二是分析本工序的数控车削加工精度能否达到图样要求，若达不到，需采取其他措施（如磨削）弥补的话，则应给后续工序留有余量；三是找出图样上有位置精度要求的表面，这些表面应在一次安装下完成；四是对要求表面粗糙度值较低的表面，应确定用恒线速切削。

二、工序和装夹方式的确定

在数控车床上加工零件，应按工序集中的原则划分工序，在一次安装下尽可能完成大部分甚至全部表面的加工。根据零件的结构形状不同，通常选择外圆、端面或内孔、端面装夹，并力求设计基准、工艺基准和编程基准的统一。在批量生产中，常用下列两种方法划分工序。

1. 按零件加工表面划分　将位置精度要求较高的表面安排在一次安装下完成，以免多次安装所产生的安装误差影响位置精度。例如，图4-1所示的轴承内圈，其内孔对小端面的垂直度、滚道和大挡边对内孔回转中心的角度差以及滚道与内孔间的壁厚差均有严格的要求，精加工时划分成两道工序，用两台数控车床完成。第一道工序采用图4-6a所示的以大端面和大外径装夹的方案，将滚道、小端面及内孔等安排在一次安装下车出，很容易保证了上述的位置精度。第二道工序采用图4-6b所示的以内孔和小端面装夹方案，车削大外圆和大端面。

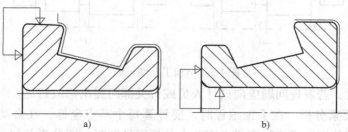

图4-6 轴承内圈加工方案

2. 按粗、精加工划分　对毛坯余量较大和加工精度要求较高的零件，应将粗车和精车分开，划分成两道或更多的工序。将粗车安排在精度较低、功率较大的数控车床上，将精车安排在精度较高的数控车床上。

下面以车削图 4-7a 所示手柄零件为例，说明工序的划分及装夹方式的选择。

该零件加工所用坯料为 φ32mm 棒料，批量生产，加工时用一台数控车床。工序的划分及装夹方式如下：

第一道工序（按图 4-7b 所示将一批工件全部车出，包括切断），夹棒料外圆柱面，工序内容有：先车出 φ12mm 和 φ20mm 两圆柱面及圆锥面（粗车掉 R42mm 圆弧的部分余量），转刀后按总长要求留下加工余量切断。

第二道工序（见图 4-7c），用 φ12mm 外圆及 φ20mm 端面装夹，工序内容有：先车削包络 SR7mm 球面的 30°圆锥面，然后对全部圆弧表面半精车（留少量的精车余量），最后换精车刀将全部圆弧表面一刀精车成形。

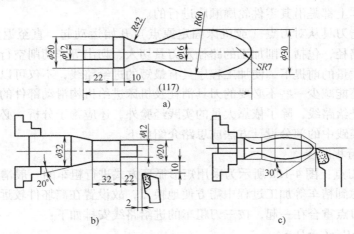

图 4-7　手柄加工示意图

三、加工顺序的确定

在分析了零件图样和确定了工序、装夹方式之后，接下来即要确定零件的加工顺序。制订零件车削加工顺序一般遵循下列原则：

1. 先粗后精　按照粗车—半精车—精车的顺序进行，逐步提高加工精度。粗车将在较短的时间内将工件表面上的大部分加工余量（如图 4-8 中的双点画线内所示部分）切掉，一方面提高金属切除率，另一方面满足精车的余量均匀性要求。若粗车后所留余量的均匀性满足不了精加工的要求时，则要安排半精车，以此为精车作准备。精车要保证加工精度，按图样尺寸，一刀切出零件轮廓。

2. 先近后远　这里所说的远与近，是按加工部位相对于对刀点的距离大小而言的。在一般情况下，离对刀点远的部位后加工，以便缩短刀具移动距离，减少空行程时间。对于车削而言，先近后远还有利于保持坯件或半成品的刚性，改善其切削条件。

例如，当加工图 4-9 所示零件时，如果按 φ38mm—φ36mm—φ34mm 的次序安排车削，不仅会增加刀具返回对刀点所需的空行程

图 4-8　先粗后精示例

时间，而且一开始就削弱了工件的刚性，还可能使台阶的外直角处产生毛刺（飞边）。对这类直径相差不大的台阶轴，当第一刀的背吃刀量（图中最大背吃刀量可为 3mm 左右）未超限时，宜按 $\phi34mm$—$\phi36mm$—$\phi38mm$ 的次序先近后远地安排车削。

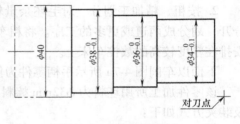

图 4-9　先近后远示例

3. 内外交叉　对既有内表面（内型、腔），又有外表面需加工的零件，安排加工顺序时，应先进行内外表面粗加工，后进行内外表面精加工。切不可将零件上一部分表面（外表面或内表面）加工完毕后，再加工其他表面（内表面或外表面）。

四、进给路线的确定

确定进给路线的工作重点，主要在于确定粗加工及空行程的进给路线，因精加工切削过程的进给路线基本上都是沿其零件轮廓顺序进行的。

进给路线泛指刀具从对刀点（或机床固定原点）开始运动起，直至返回该点并结束加工程序所经过的路径，包括切削加工的路径及刀具切入、切出等非切削空行程。

在保证加工质量的前提下，使加工程序具有最短的进给路线，不仅可以节省整个加工过程的执行时间，还能减少一些不必要的刀具消耗及机床进给机构滑动部件的磨损等。

实现最短的进给路线，除了依靠大量的实践经验外，还应善于分析，必要时可辅以一些简单计算。现将实践中的部分设计方法或思路介绍如下。

1. 最短的空行程路线

（1）巧用起刀点：图 4-10a 所示为采用矩形循环方式进行粗车的一般情况示例。其对刀点 A 的设定是考虑到精车等加工过程中需方便地换刀，故设置在离坯件较远的位置处，同时将起刀点与其对刀点重合在一起，按三刀粗车的进给路线安排如下：

第一刀为 $A \to B \to C \to D \to A$。

第二刀为 $A \to E \to F \to G \to A$。

第三刀为 $A \to H \to I \to J \to A$。

图 4-10b 所示则是巧将起刀点与对刀点分离，并设于图示 B 点位置，仍按相同的切削余量进行三刀粗车，其进给路线安排如下：

起刀点与对刀点分离的空行程为 $A \to B$。

第一刀为 $B \to C \to D \to E \to B$。

第二刀为 $B \to F \to G \to H \to B$。

第三刀为 $B \to I \to J \to K \to B$。

显然，图 4-10b 所示的进给路线短。该方法也可用在其他循环（如螺纹车削）切削的加工中。

（2）巧设换（转）刀点：为了考虑换（转）刀的方便和安全，有时将换（转）刀点也设置在离坯件较远的位置处（如图 4-10 中的 A 点），那么，当换第二把刀后，进行精车时的空行程路线必然也较长；如果将第二把刀的换刀点也设置在图 4-10b 中的 B 点位置上，则可缩短空行程距离。

（3）合理安排"回零"路线：在手工编制较为复杂轮廓的加工程序时，为使其计算过

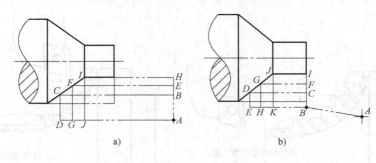

图 4-10 巧用起刀点

程尽量简化，既不出错，又便于校核，编制者（特别是初学者）有时将每一刀加工完后的刀具终点通过执行"回零"（即返回对刀点）指令，使其全都返回到对刀点位置，然后再执行后续程序。这样会增加进给路线的距离，从而大大降低生产效率。因此，在合理安排"回零"路线时，应使其前一刀终点与后一刀起点间的距离尽量减短，或者为零，即可满足进给路线为最短的要求。另外，在选择返回对刀点指令时，在不发生加工干涉现象的前提下，宜尽量采用 x、z 坐标轴双向同时"回零"指令，该指令功能的"回零"路线将是最短的。

2. 最短的切削进给路线 切削进给路线为最短，可有效地提高生产效率，降低刀具的损耗等。在安排粗加工或半精加工的切削进给路线时，应同时兼顾到被加工零件的刚性及加工的工艺性等要求，不要顾此失彼。

图 4-11 为粗车图 4-8 所示工件时几种不同切削进给路线的安排示意图。其中图 4-11a 表示利用数控系统具有的封闭式复合循环功能控制车刀沿着工件轮廓

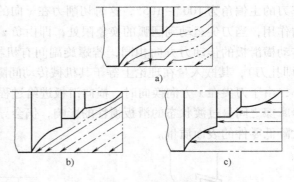

图 4-11 粗车进给路线示例

进行进给的路线；图 4-11b 为利用其程序循环功能安排的"三角形"进给路线；图 4-11c 为利用其矩形循环功能而安排的"矩形"进给路线。

对以上三种切削进给路线，经分析和判断后可知矩形循环进给路线的进给长度总和最短。因此，在同等条件下，其切削所需时间（不含空行程）最短，刀具的损耗最少。

3. 大余量毛坯的阶梯切削进给路线 图 4-12 所示为车削大余量工件两种加工路线，图 4-12a 是错误的阶梯切削路线，图 4-12b 按 1~5 的顺序切削，每次切削所留余量相等，是正确的阶梯切削路线。因为在同样背吃刀量的条件下，按图 4-12a 的方式加工所剩的余量过多。

根据数控车床加工的特点，还可以放弃常用的阶梯车削法，改用依次从轴向和径向进刀，顺工件毛坯轮廓进给的路线，如图 4-13 所示。

4. 完工轮廓的连续切削进给路线 在安排可以一刀或多刀进行的精加工工序时，其零件的完工轮廓应由最后一刀连续加工而成，这时，加工刀具的进、退刀位置要考虑妥当，尽量不要在连续的轮廓中安排切入和切出或换刀及停顿，以免因切削力突然变化而造成弹性变

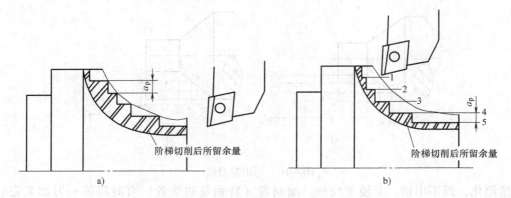

图 4-12   大余量毛坯的阶梯切削路线

形，致使光滑连接轮廓上产生表面划伤、形状突变或滞留刀痕等缺陷。

5. 特殊的进给路线   在数控车削加工中，一般情况下，z 坐标轴方向的进给运动都是沿着负方向进给的，但有时按其常规的负方向安排进给路线并不合理，甚至可能车坏工件。

例如，当采用尖形车刀加工内凸圆弧表面零件时，安排两种不同的进给方法如图 4-14 所示，其结果也不相同。对于图 4-14a 所示的第一种进给方法（负 z 方向），因切削时尖形车刀的主偏角为 $100° \sim 105°$，这时切削力在 x 向的较大分力 F_p 将沿着图 4-14 所示的正 x 方向作用，当刀尖运动到圆弧的换象限处，即由负 z、负 x 向负 z、正 x 变换时，背向力 F_p 与传动横滑板的传动力方向相同，若螺旋副间有机械传动间隙，就可能使刀尖嵌入零件表面（即扎刀），其嵌入量在理论上等于其机械传动间隙量 e（如图 4-15 所示）。即使该间隙量很小，由于刀尖在 x 方向换向时，横向滑板进给过程的位移量变化也很小，加上处于动摩擦与静摩擦之间呈过渡状态的滑板惯性的影响，仍会导致横向滑板产生严重的爬行现象，从而大大降低零件的表面质量。

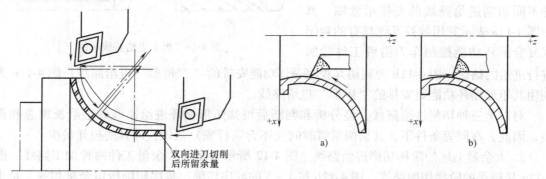

图 4-13   双向进刀的进给路线   图 4-14   两种不同的进给方法

对于图 4-14b 所示的第二种进给方法，因为尖刀运动到圆弧的换象限处，即由正 z、负 x 向正 z、正 x 方向变换时，背向力 F_p 与丝杠传动横向滑板的传动力方向相反，不会受螺旋副机械传动间隙的影响而产生嵌刀现象，所以图 4-16 所示进给方案是较合理的。

此外，在车削余量较大的毛坯和车削螺纹时，都有一些多次重复进给的动作，且每次进给的轨迹相差不大，这时进给路线的确定可采用系统固定循环功能，详见数控编程教材。

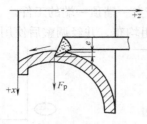

图 4-15 嵌刀现象

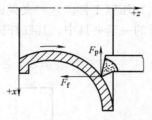

图 4-16 合理的进给方案

五、夹具的选择

为了充分发挥数控机床的高速度、高精度和自动化的效能，还应有相应的夹具进行配合。在数控车床加工中，大多数情况是使用工件的外圆或内孔定位。常用的夹具主要有以下几种。

1. 三爪自定心卡盘 三爪自定心卡盘是数控车床最常用的夹具，如图 4-17 所示。它的特点是 3 个卡爪是同步运动的，可以自动定心，夹持工件时一般不需要找正，装夹速度快。但夹紧力较小，定心精度不高，适用于装夹圆柱形、正三边形、六边形等形状规则的工件。如工件伸出卡盘较长，则仍需找正。

2. 四爪单动卡盘 四爪单动卡盘如图 4-18 所示，其 4 个卡爪是各自独立运动的，因此必须通过找正，才能使工件的旋转中心与车床主轴的旋转中心重合。四爪单动卡盘夹紧力较大，装夹精度较高，不受卡爪磨损的影响，适合装夹形状不规则及直径较大的工件。

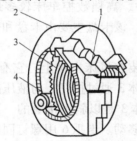

图 4-17 三爪自定心卡盘

1—卡爪 2—卡盘体 3—锥卡端面螺

纹圆盘 4—小锥齿轮

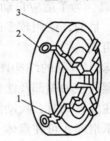

图 4-18 四爪单动卡盘

1—卡爪 2—螺杆 3—卡盘体

3. 软三爪卡盘 由于三爪自定心卡盘定心精度不高，因此在加工同轴度要求较高，且需二次装夹的工件时，常选用软三爪卡盘。通常三爪自定心卡盘为保证刚度和耐磨性要进行热处理，处理后的卡爪硬度高，用常用刀具切削很难。软三爪卡盘是根据被加工工件定位面专门制造的，加工软爪时可以在每个卡爪上焊接一块黄铜或低碳钢，然后车削加工成与定位面相同或相近的外圆或内孔。在加工软爪内定位表面时，要在软爪尾部夹紧一适当的棒料，以消除卡盘端面螺纹的间隙，如图 4-19 所示。

4. 自动夹紧拨动卡盘 自动夹紧拨动卡盘的结构如图 4-20 所示。工件 1 装夹在顶尖 2 和车床的尾座顶尖上。当旋转车床尾座螺杆并向主轴方向顶紧工件时，顶尖 2 也同时顶压起作自动复位作用的弹簧 6。顶尖在向左移动的同时，套筒 3（即杠杆机构的支承架）也将与顶尖同步移动。在套筒的槽中装有杠杆 4 和支承销 5，当套筒随着顶尖运动时，杠杆的左端触头则沿锥环 7 的斜面绕着支承销轴线作逆时针方向摆动，从而使杠杆右端的触头（图中示意为半球面）压紧工件。这种夹具适用于较重或较长，需夹一端顶一端的工件。

在这样的一套夹具中，其杠杆机构通常设计为 3~4 组均布，并经调整后使用。

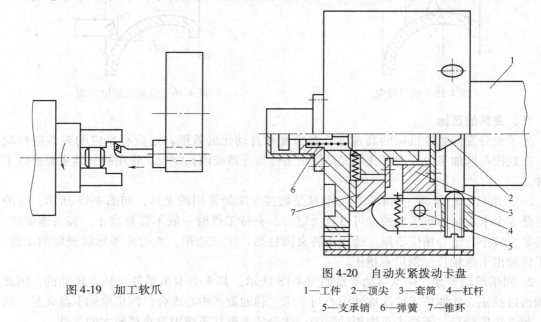

图 4-19　加工软爪

图 4-20　自动夹紧拨动卡盘
1—工件　2—顶尖　3—套筒　4—杠杆
5—支承销　6—弹簧　7—锥环

5. 动力卡盘　为了适应自动和半自动加工的需要，中、高档数控车床较多地采用动力卡盘装夹工件。目前，使用较多的是自定心液压动力卡盘，该卡盘主要由卡盘和带引油导套液压缸两部分组成。

图 4-21 是动力卡盘的结构图。卡盘通过过渡法兰安装在机床主轴上，它有两组螺孔，分别适用于带螺纹主轴端部及法兰式主轴端部的机床。滑体 3 通过拉杆 2 与液压缸活塞杆相连，当液压缸往复移动时，拉动滑体 3。卡爪滑座 4 和滑体 3 是以斜楔接触的，当滑体 3 轴向移动时，卡爪滑座 4 可在盘体 1 的 3 个 T 形槽内作径向移动。卡爪 6 用螺钉固定在 T 形滑块 5 的端面上，与卡爪滑座构成一个整体。当卡爪滑座径向移动时，卡爪 6 将工件夹紧或松开。调整卡爪 6 在端面上的位置，可以适应不同的工件直径。这种液压动力卡盘夹紧力较大，性能稳定，适用于强力切削和较高速度切削，其夹紧力可以通过液压系统进行调整。因此，能够适应包括薄壁零件在内的各零件加工。这种卡盘还具有结构紧凑、动作灵敏等特点，适用于带动力夹紧装置的数控车床。

6. 高速卡盘　在高速车削加工中，由于高速旋转时，卡盘产生的巨大离心力和应力使传统的三爪自定心卡盘不能再胜任工件的夹紧工作。动力卡盘的夹紧液压缸也限制了旋转速度的提高。因此，要选择用于高速车床的专用卡盘。

图 4-22 所示是由弹性胀套组成的多层高速卡盘。这种卡盘缺乏普通三爪卡盘的灵活性，但适于高速切削。当转速上升，离心力增大，离心块 4 受力向外滑动，通过夹紧外环 3 带动右端夹紧螺母 7 向左移动，并以端面将工件夹紧块 1 向左压缩，从而把工件夹得更紧。

7. 弹性自定心夹具　这类夹具的共同特点是：利用弹性体零件在外加夹紧力的作用下，产生均匀弹性变形，依靠该变形实现零件定心夹紧。常用的有：弹簧夹头、弹簧心轴和膜片卡盘等（见第二章）。其中弹簧夹头（图 2-41a）用于以外圆柱面定位的轴类零件，弹簧心轴（图 2-41b）用于以内孔定位的套类零件，膜片卡盘（图 2-42）主要用于以端面和外圆定位的盘类零件。

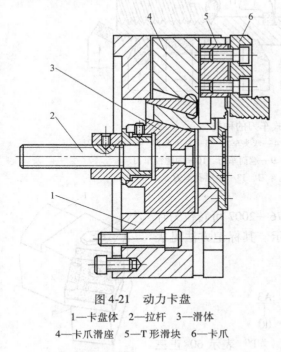

图 4-21 动力卡盘
1—卡盘体 2—拉杆 3—滑体
4—卡爪滑座 5—T 形滑块 6—卡爪

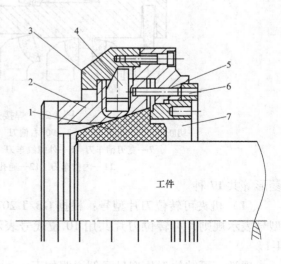

图 4-22 高速卡盘
1—工件夹紧块 2—夹紧内环 3—夹紧外环
4—离心块 5—定位销 6—防松螺母 7—夹紧螺母

六、刀具的选择

刀具的选择是数控加工工艺设计中的重要内容之一。刀具选择合理与否不仅影响机床的加工效率，而且还直接影响加工质量。选择刀具通常要考虑机床的加工能力、工序内容、工件材料等因素。

与传统的车削方法相比，数控车削对刀具的要求更高。不仅要求精度高、刚度好、寿命长，而且要求尺寸稳定、安装调整方便。这就要求采用新型优质材料制造数控加工刀具，并优选刀具参数。

由于工件材料、生产批量、加工精度以及机床类型、工艺方案的不同，车刀的种类也异常繁多。根据与刀体联接固定方式的不同，车刀主要可分为焊接式与机械夹固式两大类。

1. 焊接式车刀 将硬质合金刀片用焊接的方法固定在刀体上称为焊接式车刀。这种车刀的优点是结构简单，制造方便，刚性较好。缺点是由于存在焊接应力，使刀具材料的使用性能受到影响，甚至出现裂纹。另外，刀杆不能重复使用，硬质合金刀片不能充分回收利用，造成刀具材料的浪费。

根据工件加工表面以及用途不同，焊接式车刀又可分为切断刀、外圆车刀、端面车刀、内孔车刀、螺纹车刀以及成形车刀等，如图 4-23 所示。

2. 机夹可转位车刀 如图 4-24 所示，机械夹固式可转位车刀由刀杆 1、刀片 2、刀垫 3 以及夹紧元件 4 组成。刀片每边都有切削刃，当某切削刃磨损钝化后，只需松开夹紧元件，将刀片转一个位置便可继续使用。

刀片是机夹可转位车刀的一个最重要组成元件。按照国标 GB/T 2076—2007，大致可分为带圆孔、带沉孔以及无孔三大类。形状有：三角形、正方形、五边形、六边形、圆形以及

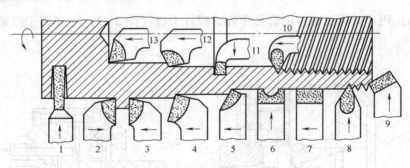

图 4-23 焊接式车刀的种类

一切断刀 2—90°左偏刀 3—90°右偏刀 4—弯头车刀 5—直头车刀 6—成形车刀

7—宽刃精车刀 8—外螺纹车刀 9—端面车刀 10—内螺纹车刀

11—内槽车刀 12—通孔车刀 13—不通孔车刀

菱形等共 17 种。

（1）机夹可转位刀片型号：根据 GB/T 2076—2007 可转位刀片型号表示规则，可转位刀片共用 10 位代号表示。其标记方法见表 4-1。

现举一可转位刀片型号示例说明如下：

$$
\underset{①}{\text{T}}\ \underset{②}{\text{A}}\ \underset{③}{\text{G}}\ \underset{④}{\text{M}}\ \underset{⑤}{\text{16}}\ \underset{⑥}{\text{06}}\ \underset{⑦}{\text{12}}\ \underset{⑧}{\text{E}}\ \underset{⑨}{\text{L}}\text{-}\underset{⑩}{\text{A3}}
$$

① 表示刀片形状，用一个英文字母表示。"T"表示 60°正三边形。

② 表示刀片主切削刃后角（法向后角）大小，用一个英文字母表示。"A"表示法向后角为 3°。

③ 表示刀片尺寸精度，用一个英文字母表示。"G"表示刀片刀尖位置尺寸 m 允许偏差为 ±0.025mm，刀片厚度 S 允许偏差为 ±0.13mm，刀片内切圆公称直径允许偏差为 ±0.025mm。

④ 表示刀片固定方式及有无断屑槽，用一个英文字母表示。"M"表示一面有断屑槽，有中心固定孔。

⑤ 表示刀片主切削刃长度，用二位数字表示。该位选取舍去小数值部分的刀片切削刃长度或理论边长值作代号，若舍去小数部分后只剩一位数字，则必须在数字前加"0"。

⑥ 表示刀片厚度，主切削刃到刀片定位底面的距离，用二位数字表示。该位选取舍去小数值部分的刀片厚度值作代号，若舍去小数部分后只剩一位数字，则必须在数字前加"0"。

⑦ 表示刀尖圆角半径或刀尖转角形状，用两位数或一个英文字母表示。刀片转角为圆角，则用舍去小数点的圆角半径毫米数来表示。这里的"12"表示刀尖圆角半径为 1.2mm，若刀片转角为尖角，则代号为"00"。若刀片为圆形刀片，则代号为"M0"

⑧ 表示刀片切削刃截面形状，用一个英文字母表示。"E"表示切削刃为倒圆的切削刃。

⑨ 表示刀片切削方向，用一个英文字母表示。"L"表示左手刀。

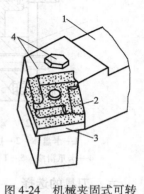

图 4-24 机械夹固式可转位车刀的组成

1—刀杆 2—刀片

3—刀垫 4—夹紧元件

表 4-1 可转位车刀刀片标记方法示例

（单位：mm）

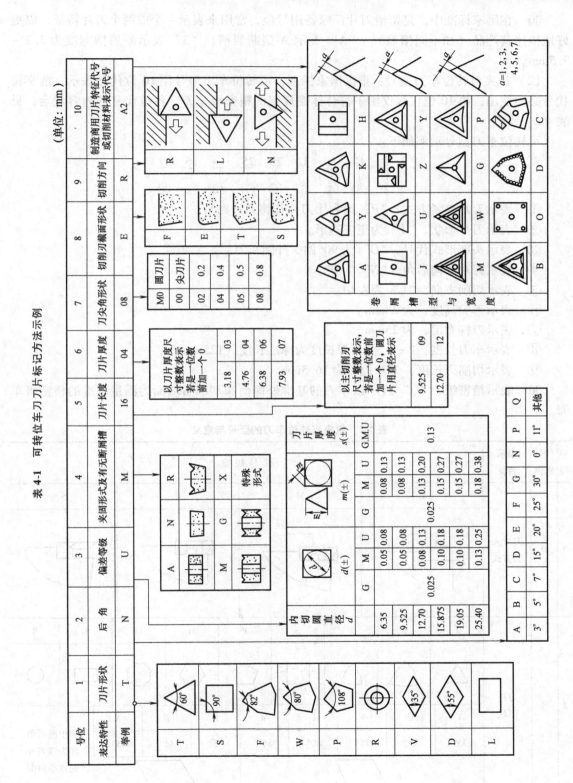

⑩ 在国家标准中，是留给刀片厂家备用号位，常用来表示一个或两个刀片特征，以更好地描述其产品（如不同槽型）。"A"表示A型断屑槽，"3"表示断屑槽宽度为3.2～3.5mm。

（2）机夹可转位车刀型号：根据国家标准，可转位车刀型号用10位代号表示，前9位代号必须使用，第10位代号仅用于符合标准规定的精密级车刀，各位代号的内容规定，见表4-2。

可转位车刀型号示例如下：

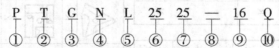

$$P \quad T \quad G \quad N \quad L \quad 25 \quad 25 \quad - \quad 16 \quad Q$$
$$① \quad ② \quad ③ \quad ④ \quad ⑤ \quad ⑥ \quad ⑦ \quad ⑧ \quad ⑨ \quad ⑩$$

① 表示刀片夹紧方式，"P"为利用刀片孔将刀片夹紧。

② 表示刀片形状，"T"为正三边形。

③ 表示头部形式代号，"G"为90°偏头外圆车刀。

④ 表示刀片法向后角，"N"为0°。

⑤ 表示切削方向，"L"为左切。

⑥ 表示刀尖高度，为25mm。

⑦ 表示刀杆宽度，为25mm。

⑧ 表示车刀长度，"—"为车刀长度为标准长度（125mm）。

⑨ 表示切削刃长度，刀片边长为16.5mm。

⑩ 表示精密级，"Q"表示以车刀的基准外侧面和基准后端面为测量基准的精密级车刀。

表4-2 机夹可转位车刀的型号与意义

号位	代号示例	表示特征	代 号 规 定			
1	P	刀片夹紧方式	C	M	P	S
2	S	刀片形状	T	W	F	S	P	H	O	L	R
			△		◁	□	⬠	⬡	⯃	▭	○
			V	D	E	C	M	K	B	A	表中所示角度为该刀片的较小角度
			35°	55°	75°	80°	86°	55°	82°	85°	

（续）

号位	代号示例	表示特征	代号规定						
3	B	头部形式代号及示意	A 90°	B 75°	C 90°	D 45°	E 60°	F 90°	G 90°
			H 107.5°	J 93°	K 75°	L 95°/95°	M 50°	N 63°	R 75°
			S 45°	T 60°	U 93°	V 72.5°	W 60°	Y 85°	

号位	代号示例	表示特征	代号规定								
4	N	刀片法向后角 α_n	A	B	C	D	E	F	G	N	P
			3°	6°	7°	15°	20°	25°	30°	0°	11°

号位	代号示例	表示特征	代号规定		
5	R	切削方向	R	L	N

号位	代号示例	表示特征	代号规定
6	25	刀尖高度	刀尖高度 h_1 等于柄部高度 h。如刀尖高为个位数时，应在其前加 "0"；如 $h_1 = 8\text{mm}$，则代号为 08，$h_1 = h = 25\text{mm}$
7	20	刀杆宽度	刀杆宽度表示方法与刀尖高度相同 $b = 20\text{mm}$

（续）

号位	代号示例	表示特征	代号规定							
8	—	车刀长度 l_1 符合标准长度用"—"表示	代号	A	B	C	D	E	F	G	H
			l_1	32	40	50	60	70	80	90	100
			代号	J	K	L	M	N	P	Q	R
			l_1	110	125	140	150	160	170	180	200
			代号	S	T	U	V	W	Y	X	
			l_1	250	300	350	400	450	500	特殊长度	
9	15	切削刃长	C、D、V		R		S		T	
10	Q	精密级（不同测量基准）	Q		F		B			

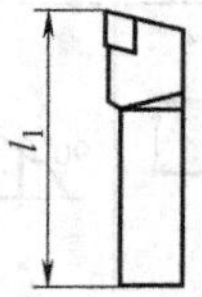

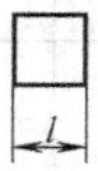

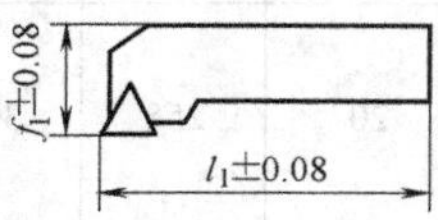

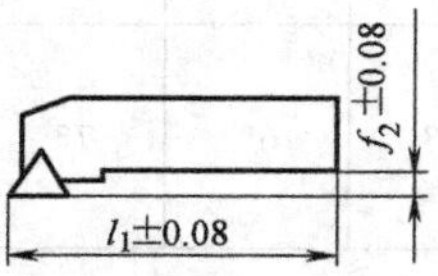

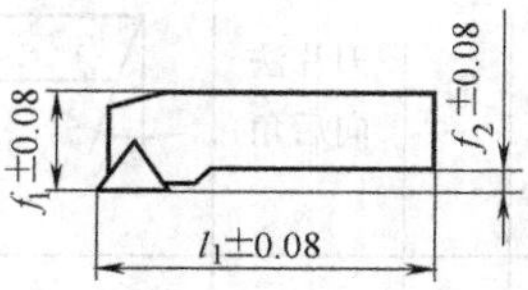

注：图中 l_1、h、h_1、f、b 可查阅相关手册；l 是刀片边长；f_2 是刀尖位置尺寸

3. 机夹可转位车刀的选用　为了减少换刀时间和方便对刀，便于实现机械加工的标准化，数控车削加工时应尽量采用机夹可转位车刀。

（1）刀片材料的选择：车刀刀片的材料主要有高速钢、硬质合金、涂层硬质合金、陶瓷、立方氮化硼和金刚石等。其中应用最多的是硬质合金和涂层硬质合金刀片。选择刀片材料，主要依据被加工工件的材料、被加工表面的精度、表面质量要求、切削载荷的大小以及切削过程中有无冲击和振动等。

（2）刀片形状的选择：刀片形状主要与被加工工件的表面形状、切削方法、刀具寿命和有效刃数等有关。一般外圆车削常用 60°凸三边形（T 型）、四方形（S 型）和 80°棱形（C 型）刀片。仿形加工常用 55°（D 型）、35°（V 型）菱形和圆形（R 型）刀片。不同的刀片形状有不同的刀尖强度，一般刀尖角越大，刀尖强度越大。圆形刀片（R 型）刀尖角最大，35°菱形刀片（V 型）刀尖角最小。在选用时，在机床刚性和功率允许的条件下，大余量、粗加工应选用刀尖角较大的刀片；反之，在机床刚性和功率较小时，小余量、精加工时宜选用刀尖角较小的刀片。

被加工表面形状及适用的刀片形状见表 4-3。

表4-3 被加工表面形状及适用的刀片形状

	主偏角	45°	45°	60°	75°	95°
车削外圆表面	刀片形状及加工示意图	45°	45°	60°	75°	95°
	推荐选用刀片	SCMA SPMR SCMM SNMM SPUN SNMM	SCMA SPMR SCMM SNMG SPUN SPGR	TCMA TNMM TCMM TPUN	SCMM SPUM SCMA SPMR SNMA	CCMA CCMM CNMM
	主偏角	75°	90°	90°	95°	
车削端面	刀片形状及加工示意图	75°	90°	90°	95°	
	推荐选用刀片	SCMA SPMR SCMM SPUR SPUN CNMG	TNUN TNMA TCMA TPUM TCMM TPMR	CCMA	TPUN TPMR	
	主偏角	15°	45°	60°	90°	93°
车削成形面	刀片形状及加工示意图	15°	45°	60°	90°	93°
	推荐选用刀片	RCMM	RNNG	TNMM	TNMG	TNMA

（3）刀片尺寸的选择：刀片尺寸的大小取决于必要的有效切削刃长度 L，有效切削刃长度与背吃刀量 a_p 和车刀的主偏角 κ_r 有关（见图4-25），使用时可查阅有关刀具手册选取。

（4）刀片后角的选择：常用的刀片后角有 N（0°）、C（7°）、P（11°）、E（20°）等。一般粗加工、半精加工可用 N 型；半精加工、精加工可用 C 型、P 型，也可用带断屑槽的 N 型刀片；加工铸铁、硬钢可用 N 型，加工不锈钢可用 C 型、P 型，加工铝合金可用 P 型、E 型等。加工韧性好的材料可选用较大一些的后角，一般孔加工刀片可选用 C 型、P 型，大尺寸孔可选用 N 型。

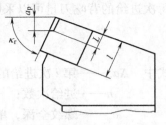

图4-25 切削刃长度、背吃刀量与主偏角关系

l—切削刃长度
L—有效切削刃长度

（5）刀尖圆弧半径的选择：刀尖圆弧半径不仅影响切削效率，而且影响被加工表面的表面粗糙度及加工精度。从刀尖圆弧半径与最大进给量关系来看，最大进给量不应超过刀尖圆弧半径尺寸的80%，否则将恶化切削条件，甚至出现螺纹状表面和打刀等问题。刀尖圆

弧半径还与断屑的可靠性有关，从断屑可靠性出发，通常小余量、小进给车削加工应采用小的刀尖圆弧半径；反之，应采用较大的刀尖圆弧半径。

粗车时，进给量不能超过表4-4给出的最大进给量。作为经验法则，一般进给量可取为刀尖圆弧半径的1/2。

表 4-4　不同刀尖半径时最大进给量

刀尖半径/mm	0.4	0.8	1.2	1.6	2.4
最大推荐进给量/（mm/r）	0.25 ~ 0.35	0.4 ~ 0.7	0.5 ~ 1.0	0.7 ~ 1.3	1.0 ~ 1.8

（6）刀杆头部形式选择：刀杆头部形式按主偏角和直、弯头分有15 ~ 18种，各形式规定了相应的代码。国家标准和刀具样本中都一一列出，可以根据实际情况选择。有直角台阶的工件，可选主偏角大于或等于90°的刀杆；一般粗车可选主偏角为45° ~ 90°的刀杆；精车可选主偏角为45° ~ 75°的刀杆；中间切入、仿形车则可选主偏角为45° ~ 107.5°的刀杆；工艺系统刚性好时可选较小值，工艺系统刚性差时，主偏角可选较大值。当刀杆为弯头结构时，则既可加工外圆，又可加工端面。

（7）左、右手柄的选择：左、右手柄有3种选择：R（右手）、L（左手）和N（左、右手）。要注意区分左、右手的方向。选择时，要考虑机床刀架是前置式还是后置式，前刀面是向上还是向下，主轴的旋转方向以及需要的进给方向等。

七、切削用量的选择

数控车床加工中的切削用量包括：背吃刀量、主轴转速或切削速度（用于恒线速切削）、进给速度或进给量。上述切削用量应在机床说明书给定的允许范围内选取。

1. 背吃刀量的确定　在工艺系统刚性和机床功率允许的条件下，尽可能选取较大的背吃刀量，以减少进给次数。当零件的精度要求较高时，则应考虑适当留出精车余量，其所留精车余量一般比普通车削时所留余量少，常取 0.1 ~ 0.5mm。

车削螺纹时，每次进给的背吃刀量与进给次数是两个重要的参数，通常可以采用下列两种进给方式提高螺纹的车削质量。

（1）递减进给方式：递减进给方式车削螺纹时，每一次进给的背吃刀量是逐步减小的。每次进给的背吃刀量可以采用下列公式进行计算，即

$$\Delta a_{pi} = \frac{a_p}{\sqrt{n-1}}\sqrt{k} \tag{4-1}$$

式中　Δa_{pi}——第 i 次进给的背吃刀量（$i = 1, 2, \cdots, n$），单位为 mm；

　　　n——进给次数；

　　　a_p——螺纹全深，单位为 mm；

　　　k——系数，第 1 次进给 $k = 0.3$，第 2 次进给 $k = 1$，第 3 次进给 $k = 2\cdots$，第 n 次进给 $k = n - 1$。

（2）恒深进给方式：恒深进给方式车削螺纹时，每一次进给的背吃刀量相等。采用这种进给方式车削螺纹时，可以得到良好的切屑控制和较高的刀具寿命。每次进给的背吃刀量应不小于 0.08mm，一般为 0.12 ~ 0.18mm。

2. 主轴转速的确定

（1）光车时主轴转速：光车时主轴转速应根据零件上被加工部位的直径，并按零件和

刀具的材料及加工性质等条件所允许的切削速度来确定。切削速度除了计算和查表选取外，还可根据实践经验确定。需要注意的是交流变频调速数控车床低速输出力矩小，因而切削速度不能太低。切削速度确定之后，用式（1-1）计算主轴转速。表 4-5 所列为硬质合金外圆车刀切削速度的参考值，选用时，可参考选择。

表 4-5　硬质合金外圆车刀切削速度的参考数值

工件材料	热处理状态	$a_p = 0.3 \sim 2mm$ $f = 0.08 \sim 0.3mm/r$ $v_c /$ （m/min）	$a_p = 2 \sim 6mm$ $f = 0.3 \sim 0.6mm/r$ $v_c /$ （m/min）	$a_p = 6 \sim 10mm$ $f = 0.6 \sim 1mm/r$ $v_c /$ （m/min）
低碳钢 易切钢	热 轧	140 ~ 180	100 ~ 120	70 ~ 90
中碳钢	热 轧	130 ~ 160	90 ~ 110	60 ~ 80
	调 质	100 ~ 130	70 ~ 90	50 ~ 70
合金结构钢	热 轧	100 ~ 130	70 ~ 90	50 ~ 70
	调 质	80 ~ 110	50 ~ 70	40 ~ 60
工具钢	退 火	90 ~ 120	60 ~ 80	50 ~ 70
灰铸铁	<190HBW	90 ~ 120	60 ~ 80	50 ~ 70
	190 ~ 225HBW	80 ~ 110	50 ~ 70	40 ~ 60
高锰钢 $w_{Mn}13\%$			10 ~ 20	
铜及铜合金		200 ~ 250	120 ~ 180	90 ~ 120
铝及铝合金		300 ~ 600	200 ~ 400	150 ~ 200
铸铝合金 $w_{Si}13\%$		100 ~ 180	80 ~ 150	60 ~ 100

注：切削钢及灰铸铁时刀具寿命约为 60min。

（2）车螺纹时主轴转速：在切削螺纹时，车床的主轴转速将受到螺纹的螺距（或导程）大小、驱动电动机的频率特性及螺纹插补运算速度等多种因素影响，故对于不同的数控系统，推荐不同的主轴转速选择范围。如大多数经济型车床数控系统推荐车螺纹时的主轴转速为

$$n \leqslant \frac{1200}{P} - k \qquad (4\text{-}2)$$

式中　P——工件螺纹的螺距或导程，单位为 mm；

k——保险系数，一般取为 80。

3. 进给速度的确定　进给速度是指在单位时间内，刀具沿进给方向移动的距离（单位为 mm/min）。有些数控车床规定可以选用进给量（单位为 mm/r）表示进给速度。

（1）确定进给速度的原则

1）当工件的质量要求能够得到保证时，为提高生产率，可选择较高（2000mm/min 以下）的进给速度。

2）切断、车削深孔或精车时，宜选择较低的进给速度。

3）刀具空行程，特别是远距离"回零"时，可以设定尽量高的进给速度。

4）进给速度应与主轴转速和背吃刀量相适应。

（2）进给速度的计算

1）单向进给速度的计算：单向进给速度包括纵向进给速度和横向进给速度，其值按式（1-2）计算。式中的进给量，粗车时一般取为 $0.3 \sim 0.8 \text{mm/r}$，精车时常取 $0.1 \sim 0.3 \text{mm/r}$，切断时常取 $0.05 \sim 0.2 \text{mm/r}$。表4-6 和表4-7 所列分别为硬质合金车刀粗车外圆、端面的进给量参考值和半精车、精车的进给量参考值，供参考选用。

表4-6　硬质合金车刀粗车外圆及端面的进给量

工件材料	车刀刀杆尺寸 $\dfrac{B}{\text{mm}} \times \dfrac{H}{\text{mm}}$	工件直径 d_w/mm	背吃刀量 a_p/mm				
			≤3	>3~5	>5~8	>8~12	>12
			进给量 $f/$（mm/r）				
碳素结构钢、合金结构钢及耐热钢	16×25	20	0.3~0.4	—	—	—	—
		40	0.4~0.5	0.3~0.4	—	—	—
		60	0.5~0.7	0.4~0.6	0.3~0.5	—	—
		100	0.6~0.9	0.5~0.7	0.5~0.6	0.4~0.5	—
		400	0.8~1.2	0.7~1.0	0.6~0.8	0.5~0.6	—
	20×30 25×25	20	0.3~0.4	—	—	—	—
		40	0.4~0.5	0.3~0.4	—	—	—
		60	0.5~0.7	0.5~0.7	0.4~0.6	—	—
		100	0.8~1.0	0.7~0.9	0.5~0.7	0.4~0.7	—
		400	1.2~1.4	1.0~1.2	0.8~1.0	0.6~0.9	0.4~0.6
铸铁及铜合金	16×25	40	0.4~0.5	—	—	—	—
		60	0.5~0.8	0.5~0.8	0.4~0.6	—	—
		100	0.8~1.2	0.7~1.0	0.6~0.8	0.5~0.7	—
		400	1.0~1.4	1.0~1.2	0.8~1.0	0.6~0.8	—
	20×30 25×25	40	0.4~0.5	—	—	—	—
		60	0.5~0.9	0.5~0.8	0.4~0.7	—	—
		100	0.9~1.3	0.8~1.2	0.7~1.0	0.5~0.8	—
		400	1.2~1.8	1.2~1.6	1.0~1.3	0.9~1.1	0.7~0.9

注：1. 加工断续表面及有冲击的工件时，表内进给量应乘系数 $k = 0.75 \sim 0.85$。

2. 在无外皮加工时，表内进给量应乘系数 $k = 1.1$。

3. 加工耐热钢及其合金时，进给量不大于 1mm/r。

4. 加工淬硬钢时，进给量应减小。当钢的硬度为 $44 \sim 56 \text{HRC}$ 时，乘系数 $k = 0.8$；当钢的硬度为 $57 \sim 62 \text{HRC}$ 时，乘系数 $k = 0.5$。

表 4-7　按表面粗糙度选择进给量的参考值

工件材料	表面粗糙度 $Ra/\mu m$	切削速度范围 $v_c/$（m/min）	刀尖圆弧半径 r_e/mm		
			0.5	1.0	2.0
			进给量 $f/$（mm/r）		
铸铁、青铜、铝合金	$>Ra5 \sim Ra10$	不限	$0.25 \sim 0.40$	$0.40 \sim 0.50$	$0.50 \sim 0.60$
	$>Ra2.5 \sim Ra5$		$0.15 \sim 0.25$	$0.25 \sim 0.40$	$0.40 \sim 0.60$
	$>Ra1.25 \sim Ra2.5$		$0.10 \sim 0.15$	$0.15 \sim 0.20$	$0.20 \sim 0.35$
碳钢及合金钢	$>Ra5 \sim Ra10$	<50	$0.30 \sim 0.50$	$0.45 \sim 0.60$	$0.55 \sim 0.70$
		>50	$0.40 \sim 0.55$	$0.55 \sim 0.65$	$0.65 \sim 0.70$
	$>Ra2.5 \sim Ra5$	<50	$0.18 \sim 0.25$	$0.25 \sim 0.30$	$0.30 \sim 0.40$
		>50	$0.25 \sim 0.35$	$0.30 \sim 0.50$	$0.30 \sim 0.50$
	$>Ra1.25 \sim Ra2.5$	<50	0.10	$0.11 \sim 0.15$	$0.15 \sim 0.22$
		$50 \sim 100$	$0.11 \sim 0.16$	$0.16 \sim 0.25$	$0.25 \sim 0.35$
		>100	$0.16 \sim 0.20$	$0.20 \sim 0.25$	$0.25 \sim 0.35$

注：$r_e = 0.5mm$，用于 $12mm \times 12mm$ 以下刀杆，$r_e = 1mm$，用于 $30mm \times 30mm$ 以下刀杆，$r_e = 2mm$，用于 $30mm \times 45mm$ 及以上刀杆。

2）合成进给速度的计算：合成进给度是指刀具作合成（斜线及圆弧插补等）运动时的进给速度，如加工斜线及圆弧等轮廓零件时，这时刀具的进给速度由纵、横两个坐标轴同时运动的速度决定，即

$$v_{fH} = \sqrt{v_{fX}^2 + v_{fZ}^2} \tag{4-3}$$

由于计算合成进给速度的过程比较繁琐，所以，除特别需要外，在编制加工程序时，大多凭实践经验或通过试切确定速度值。

第三节　典型零件的数控车削加工工艺分析

一、轴类零件数控车削加工工艺

下面以图 4-26 所示零件为例，介绍其数控车削加工工艺。所用机床为 TND360 数控车床。

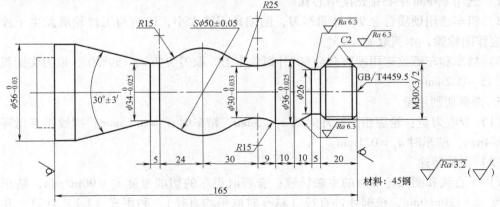

图 4-26　典型轴类零件

1. 零件图工艺分析　该零件表面由圆柱、圆锥、顺圆弧、逆圆弧及双线螺纹等表面组成。其中多个直径尺寸有较严格的尺寸精度和表面粗糙度等要求；球面 $S\phi50mm$ 的尺寸公差还兼有控制该球面形状（线轮廓）误差的作用。尺寸标注完整，轮廓描述清楚。零件材料为 45 钢，无热处理和硬度要求。

通过上述分析，采取以下几点工艺措施。

1）对图样上给定的几个公差等级（IT7 ~ IT8）要求较高的尺寸，因其公差数值较小，故编程时不必取平均值，而全部取其基本尺寸即可。

2）在轮廓曲线上，有三处为过象限圆弧，其中两处为既过象限又改变进给方向的轮廓曲线，因此在加工时应进行机械间隙补偿，以保证轮廓曲线的准确性。

3）为便于装夹，坯件左端应预先车出夹持部分（双点画线部分），右端面也应先车出并钻好中心孔。毛坯选 $\phi60mm$ 棒料。

2. 确定装夹方案　确定坯件轴线和左端大端面（设计基准）为定位基准。左端采用三爪自定心卡盘定心夹紧、右端采用回转顶尖支承的装夹方式。

3. 确定加工顺序及进给路线　加工顺序按由粗到精、由近到远（由右到左）的原则确定。即先从右到左进行粗车（留 0.25mm 精车余量），然后从右到左进行精车，最后车削螺纹。

TND360 数控车床具有粗车循环和车螺纹循环功能，只要正确使用编程指令，机床数控系统就会自行确定其进给路线，因此，该零件的粗车循环和车螺纹循环不需要人为确定其进给路线。但精车的进给路线需要人为确定，该零件是从右到左沿零件表面轮廓进给，如图 4-27 所示。

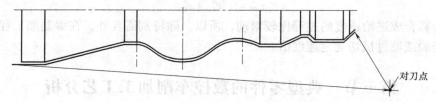

对刀点

图 4-27　精车轮廓进给路线

4. 选择刀具

1）选用 $\phi5mm$ 中心钻钻削中心孔。

2）粗车选用硬质合金 90° 外圆车刀，副偏角不能太小，以防与工件轮廓发生干涉，必要时应作图检验，本例取 $\kappa_r' = 35°$。

3）精车和车螺纹选用硬质合金 60° 外螺纹车刀，取刀尖角 $\varepsilon_r = 59°30'$，取刀尖圆弧半径 $r_\varepsilon = 0.15 ~ 0.2mm$。

5. 选择切削用量

（1）背吃刀量：轮廓粗车循环时选 $a_p = 3mm$，精车时 $a_p = 0.25mm$；螺纹粗车循环时选 $a_p = 0.4mm$，精车时 $a_p = 0.1mm$。

（2）主轴转速

1）车直线和圆弧轮廓时的主轴转速：查表取粗车的切削速度 $v_c = 90m/min$，精车的切削速度 $v_c = 120m/min$，根据坯件直径（精车时取平均直径），利用式（1-1）计算，并结合机床说明书选取：粗车时，主轴转速 $n = 500r/min$；精车时，主轴转速 $n = 1200r/min$。

2）车螺纹时的主轴转速：用式（4-2）计算，取主轴转速 $n=320r/min$。

（3）进给速度：先选取进给量，然后用式（1-2）计算。粗车时，选取进给量 $f=0.4mm/r$，精车时，选取 $f=0.15mm/r$，计算得：粗车进给速度 $v_f=200mm/min$；精车进给速度 $v_f=180mm/min$。车螺纹的进给量等于螺纹导程，即 $f=3mm/r$。短距离空行程的进给速度取 $v_f=300mm/min$。

表 4-8、表 4-9 分别为该零件的数控加工工序卡和数控加工刀具卡。

表 4-8 数控加工工序卡

单位名称		产品名称或代号		零件名称		零件图号
				轴		
工序号	程序编号	夹具名称		使用设备		车间
		三爪自定心卡盘和回转顶尖		TND360		数控中心
工步号	工步内容	刀具号	刀具规格 /mm	主轴转速 / (r/min)	进给速度 / (mm/min)	背吃刀量 /mm	备注
1	车端面	T02	25×25	500			
2	钻中心孔	T01	$\phi5$	950			
3	粗车轮廓	T02	25×25	500	200	3	
4	精车轮廓	T03	25×25	1200	180	0.25	
5	粗车螺纹	T03	25×25	320	960	0.4	
6	精车螺纹	T03	25×25	320	960	0.1	
编制		审核		批准		年 月 日	共 页 第 页

表 4-9 数控加工刀具卡片

产品名称或代号				零件名称	轴	零件图号	
序号	刀具号	刀具规格名称	数量	加工表面		刀尖半径/mm	备注
1	T01	$\phi5mm$ 中心钻	1	钻 $\phi5mm$ 中心孔			
2	T02	硬质合金 90° 外圆车刀	1	车端面及粗车轮廓			右偏刀
3	T03	硬质合金 60° 外螺纹车刀	1	精车轮廓及螺纹		0.15	
编制		审核		批准		共 页	第 页

二、轴套类零件数控车削加工工艺

以图 4-28 所示轴承套零件为例，单件小批量生产，分析其数控车削加工工艺，选用机床为 CJK6240。

1. 零件图工艺分析 该零件表面由内外圆柱面、内圆锥面、顺圆弧、逆圆弧及外螺纹等表面组成，其中多个直径尺寸与轴向尺寸有较高的尺寸精度和表面粗糙度要求。零件图尺寸标注完整，符合数控加工尺寸标注要求；轮廓描述清楚完整；零件材料为 45 钢，切削加工性较好，无热处理和硬度要求。

通过以上分析，采取以下几点工艺措施：

1）零件图样上带公差的尺寸，因公差值较小，故编程时不必取其平均值，而取基本尺寸即可。

2）左右端面均为多个尺寸的工序基准，相应工序加工前，应先将左右端面车出来。

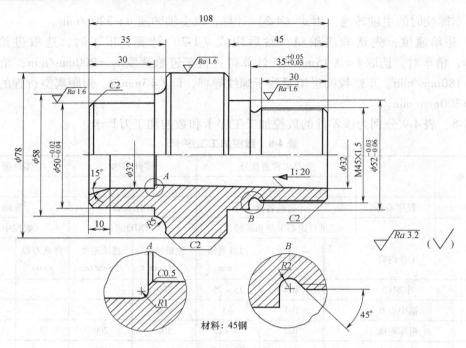

材料：45钢

图 4-28　轴承套零件图

3）内孔尺寸较小，镗 1∶20 锥孔与镗 φ32mm 孔及 15°锥面时需调头装夹。

2. 定位基准和装夹方案的确定　加工内孔时以外圆定位，用三爪自定心卡盘装夹。加工外轮廓时用内孔定位。为保证一次装夹加工出全部外轮廓，需设计一专用圆锥定位心轴（见图 4-29 双点画线部分），用三爪自定心卡盘夹持心轴左端，心轴右端用尾座顶尖顶紧以提高工艺系统刚性。

3. 确定加工顺序及进给路线　加工顺序的确定按由内到外、由粗到精、由近到远的原则确定，在一次装夹中尽可能加工出较多的工件表面。结合本零件的结构特征，可先加工内孔各表面，然后加工外轮廓表面。由于该零件为单件小批量生产，进给路线设计不必考虑最短进给路线或最短空行程路线，外轮廓表面车削进给路线可沿零件轮廓顺序进行，如图 4-30所示。

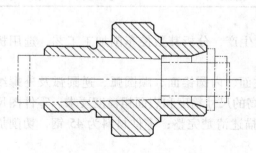

图 4-29　外轮廓车削装夹方案

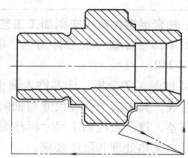

图 4-30　外轮廓加工进给路线

4. 刀具选择

1）车削端面选用 45°硬质合金端面车刀。

2）选用 $\phi5$mm 中心钻，钻一中心孔，以便于钻削底孔时引正钻头。

3）钻底孔时，选用 $\phi26$mm 高速钢钻头。

4）镗内孔选用镗刀。

5）自右到左及自左到右车削外圆表面，分别选用93°硬质合金右偏刀和左偏刀。为防止副后刀面与工件表面发生干涉，应选择较大的副偏角，本例选 $\kappa_r' = 55°$。

6）车削外螺纹选用60°外螺纹车刀。

将选定的刀具参数填入表4-10刀具卡片中，以便于编程和操作管理。

表 4-10　轴承套数控加工刀具卡片

产品名称或代号			零件名称	轴承套	零件图号	
序号	刀具号	刀具规格名称	数量	加工表面	刀尖半径/mm	备注
1	T01	45°硬质合金端面车刀	1	车端面	0.5	25mm×25mm
2	T02	$\phi5$mm 中心钻	1	钻 $\phi5$mm 中心孔		
3	T03	$\phi26$mm 钻头	1	钻底孔		
4	T04	镗刀	1	镗内孔各表面	0.4	20mm×20mm
5	T05	93°右偏刀	1	自右至左车外表面	0.2	25mm×25mm
6	T06	93°左偏刀	1	自左至右车外表面	0.2	25mm×25mm
7	T07	60°外螺纹车刀	1	车 M45 螺纹	0.1	25mm×25mm
编制		审核		批准		年　月　日　　　共　页　　　第　页

5. 切削用量选择　根据被加工表面质量要求、刀具材料和工件材料，参考切削用量手册或有关资料选取切削速度与每转进给量，然后根据式（1-1）和式（1-2）计算主轴转速与进给速度，计算结果填入表4-11工序卡中。

表 4-11　轴承套数控加工工序卡

单位名称		产品名称或代号		零件名称		零件图号
				轴承套		
工序号	程序编号	夹具名称		使用设备		车间
001		三爪自定心卡盘和自制心轴		CJK6240		数控中心
工步号	工步内容	刀具号	刀具规格/mm	主轴转速/（r/min）	进给速度/（mm/min）	背吃刀量/mm	备注
1	车端面	T01	25×25	320		1	
2	钻 $\phi5$ 中心孔	T02	$\phi5$	950		2.5	
3	钻底孔	T03	$\phi26$	200		13	
4	粗镗 $\phi32$ 内孔、15°斜面及 0.5×45°倒角	T04	20×20	320	40	0.8	
5	精镗 $\phi32$ 内孔、15°斜面及 0.5×45°倒角	T04	20×20	400	25	0.2	
6	调头装夹粗镗1:20锥孔	T04	20×20	320	40	0.8	
7	精镗1:20锥孔	T04	20×20	400	20	0.2	

（续）

单位名称			产品名称或代号		零件名称	零件图号
					轴承套	
工序号	程序编号		夹具名称		使用设备	车间
			三爪自定心卡盘和自制心轴		CJK6240	数控中心
工步号	工步内容	刀具号	刀具规格/mm	主轴转速/(r/min)	进给速度/(mm/min)	背吃刀量/mm	备注
---	---	---	---	---	---	---	---
8	心轴装夹自右至左粗车外轮廓	T05	25×25	320	40	1	
9	自左至右粗车外轮廓	T06	25×25	320	40	1	
10	自右至左精车外轮廓	T05	25×25	400	20	0.1	
11	自左至右精车外轮廓	T06	25×25	400	20	0.1	
12	卸心轴改为三爪装夹粗车 M45 螺纹	T07	25×25	320	480	0.4	
13	精车 M45 螺纹	T07	25×25	320	480	0.1	
编制		审核		批准		年 月 日	共 页 第 页

　　背吃刀量的选择因粗、精加工有所不同。粗加工时，在工艺系统刚性和机床功率允许的情况下，尽可能取较大的背吃刀量，以减少进给次数；精加工时，为保证零件的加工精度要求，背吃刀量一般取 0.1～0.4mm 较为合适。

　　6. 填写数控加工工序卡　将前面分析的各项内容填入表 4-11 所示的数控加工工艺卡中。表 4-11 主要内容包括工步顺序、工步内容、各工步所用刀具及切削用量等。

*三、薄壁套类零件数控车削加工工艺

　　下面以在 MT—50 数控车床上加工一典型薄壁套类零件的一道工序为例说明其数控车削加工工艺设计过程。图 4-31 为本工序的工序图，图 4-32 为该零件进行本工序数控加工前的工序图。

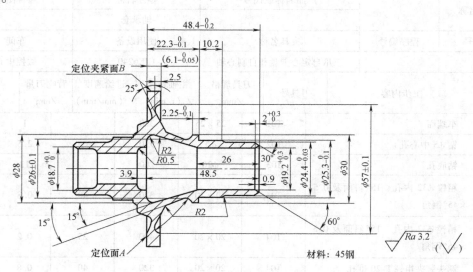

图 4-31　工序简图

1. 零件工艺分析　由图4-31可知，本工序加工的部位较多，精度要求较高，且工件壁薄易变形。

从结构上看，该零件由内、外圆柱面、内、外圆锥面、平面及圆弧等所组成，结构形状较复杂，很适合数控车削加工。

从尺寸精度上看，$\phi 24.4^{\ 0}_{-0.03}$mm 和 $6.1^{\ 0}_{-0.05}$mm 两处加工精度要求较高，需仔细对刀和认真调整机床。此外，工件外圆锥面上有几处 $R2$mm 圆弧面，由于圆弧半径较小，

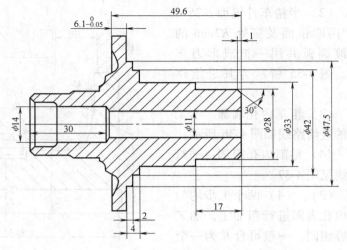

图4-32　前工序简图

可直接用成形刀车削而不用圆弧插补程序切削，这样既可减小编程工作量，又可提高切削效率。

此外，该零件的轮廓要素描述、尺寸标注均完整，且尺寸标注有利于定位基准与编程原点的统一，便于编程加工。

2. 确定装夹方案　为了使工序基准与定位基准重合，减小本工序的定位误差，并敞开所有的加工部位，选择 A 面和 B 面分别为轴向和径向定位基础，以 B 面为夹紧表面。由于该工件属薄壁易变形件，为减少夹紧变形，采用如图4-33所示包容式软爪。这种软爪其底部的端齿在卡盘（液压或气动卡盘）上定位，能保持较高的重复安装精度。为了加工中

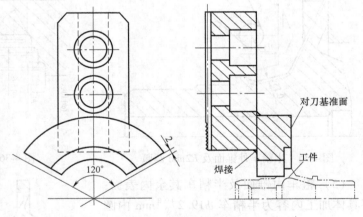

图4-33　包容式软爪

对刀和测量的方便，可以在软爪上设定一个基准面，这个基准面是在数控车床上加工软爪的径向夹持表面和轴向支承表面时一同加工出来的。基准面至轴向支承面的距离可以控制很准确。

3. 确定加工顺序及进给路线　由于该零件比较复杂，加工部位比较多，因而需采用多把刀具才能完成切削加工。根据加工顺序和切削加工进给路线的确定原则，本零件具体的加工顺序和进给路线确定如下：

（1）粗车外表面：由于是粗车，可选用一把刀具将整个外表面车削成形，其进给路线如图4-34所示。图中双点画线是对刀时的进给路线（用10mm 的量规检查停在对刀点的刀尖至基准面的距离，下同）。

（2）半精车外锥面：25°、15°两圆锥面及三处 $R2mm$ 的过渡圆弧共用一把成形刀车削，图 4-35 所示为其进给路线。

（3）粗车内孔端部：本工步的进给路线如图 4-36 所示。

（4）钻削内孔深部：进给路线见图 4-37。

（3）、（4）两个工步均为对内孔表面进行粗加工，加工内容相同，一般可合并为一个工步，或用车削，或用钻削，此处将其划分成两个工步的原

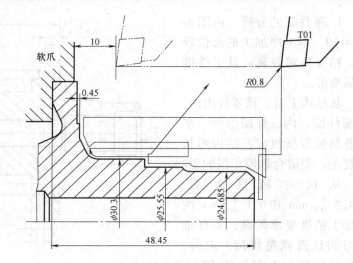

图 4-34　粗车外表面进给路线

因是：在离夹持部位较远的孔端部安排一个车削工步可减小切削变形，因为车削力比钻削力小；在孔深处安排一钻削工步可提高加工效率，因为钻削效率比车削高，且切屑易于排出。

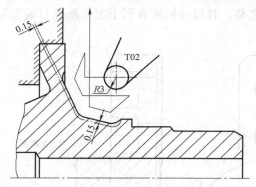

图 4-35　半精车外锥面及 $R2mm$ 圆弧

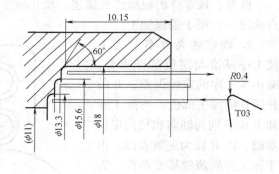

图 4-36　内孔端部粗车进给路线

（5）粗车内锥面及半精车其余内表面：其具体加工内容为半精车 $\phi19.2^{+0.3}_{0}mm$ 内圆柱面、$R2mm$ 圆弧面及左侧内表面，粗车 15° 内圆锥面。由于内锥面需切余量较多，故一共进给四次，进给路线如图 4-38 所示，每两次进给之间都安排一次退刀停车，以便操作者及时钩除孔内切屑。

（6）精车外圆柱面及端面：依次加工右端面，$\phi24.385mm$、$\phi25.25mm$、$\phi30mm$ 外圆及 $R2mm$ 圆弧，倒角和台阶面，其加工路线如图 4-39 所示。

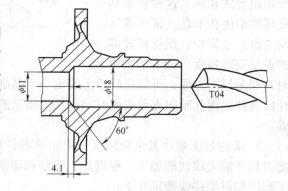

图 4-37　内孔深部钻削进给路线

（7）精车 25° 外圆锥面及 $R2mm$ 圆弧面：用带 $R2mm$ 的圆弧车刀，精车外圆锥面，其进

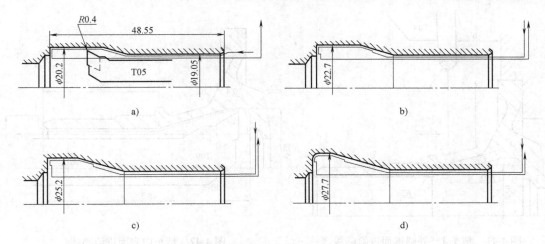

图 4-38　内表面半精车进给路线

a) 第一次进给　b) 第二次进给　c) 第三次进给　d) 第四次进给

给路线如图 4-40 所示。

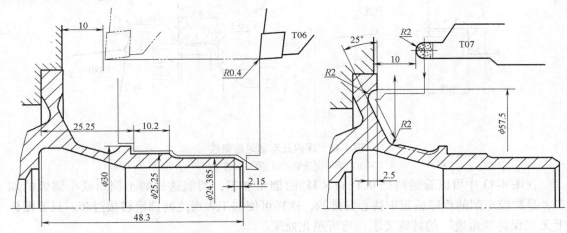

图 4-39　精车外圆及端面进给路线　　图 4-40　精车 25°外圆锥及 $R2\,\mathrm{mm}$ 圆弧进给路线

（8）精车 15°外圆锥面及 $R2\,\mathrm{mm}$ 圆弧面：其进给路线如图 4-41 所示。程序中同样在软爪基准面进行选择性对刀，但应注意的是受刀具圆弧 $R2\,\mathrm{mm}$ 制造误差的影响，对刀后不一定能满足图 4-31 中的尺寸 $2.25_{-0.1}^{\ 0}\,\mathrm{mm}$ 的公差要求。对于该刀具的轴向刀补量，还应根据刀具圆弧半径的实际值进行处理，不能完全由对刀决定。

（9）精车内表面：其具体车削内容为 $\phi19.2_{\ 0}^{+0.3}\,\mathrm{mm}$ 内孔、15°内锥面、$R2\,\mathrm{mm}$ 圆弧及锥孔端面。其进给路线如图 4-42 所示。该刀具在工件外端面上进行对刀，此时外端面上已无加工余量。

（10）加工最深处 $\phi18.7_{\ 0}^{+0.1}\,\mathrm{mm}$ 内孔及端面：加工需安排二次进给，中间退刀一次以便钩除切屑，其进给路线如图 4-43 所示。

在安排本工步进给路线时，要特别注意妥善安排内孔根部端面车削时的进给方向。因为刀具伸入较长，刀具刚性欠佳，如采用与图示反方向进给车削端面，则切削时容易产生振动。

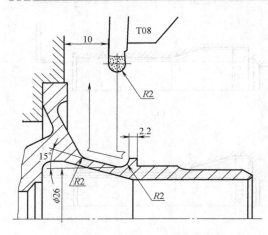

图 4-41　精车 15°外圆锥面进给路线

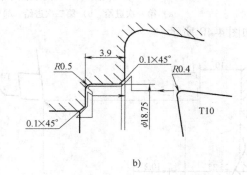

图 4-42　精车内表面进给路线

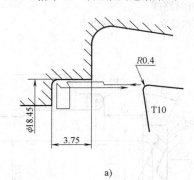

a)　　　　　　　　　　　　　　　　b)

图 4-43　深内孔车削进给路线
a）第一次进给　b）第二次进给

在图 4-43 中可以看到两处 0.1mm × 45°的倒角加工，类似这样的小倒角或小圆弧的加工，是数控车削的程序编制中精心安排的，这样可使加工表面之间圆滑转接过渡。只要图样上无"保持锐角边"的特殊要求，均可照此处理。

4. 选择刀具和切削用量　根据加工要求和各工步加工表面形状选择刀具和切削用量。所选刀具除成形车刀外，都是机夹可转位车刀。各工步所用刀片、成形车刀及切削用量（转速计算过程略）具体选择如下：

（1）粗车外表面：刀片：80°的菱形车刀片，型号为 CCMT090308。切削用量：车削端面时主轴转速 $n = 1400r/min$，其余部位 $n = 1000r/min$，端部倒角进给量 $f = 0.15mm/r$，其余部位 $f = 0.2 \sim 0.25mm/r$。

（2）半精车外锥面：刀片：$\phi 6mm$ 的圆形刀片，型号为 RCMT0602MO。切削用量：主轴转速 $n = 1000r/mm$，切入时的进给量 $f = 0.1mm/r$，进给时 $f = 0.2mm/r$。

（3）粗车内孔端部：刀片：60°且带 $R0.4mm$ 圆弧刃的三角形刀片，型号为 TCMT090204。切削用量：主轴转速 $n = 1000r/min$，进给量 $f = 0.1mm/r$。

（4）钻削内孔：刀具：$\phi 18mm$ 的钻头，切削用量：主轴转速 $n = 550r/mm$，进给量 $f = 0.15mm/r$。

（5）粗车内锥面及半精车其余内表面：刀片：55°，且带 $R0.4mm$ 圆弧刃的棱形刀片，型号为DNMA110404。切削用量：主轴转速$n=700$r/min，车削$\phi 19.05$mm内孔时进给量$f=0.2$mm/r，车削其余部位时$f=0.1$mm/r。

（6）精车外端面及外圆柱面：刀片：80°，带$R0.4$mm圆弧刃的棱形刀片，型号为CCMW080304。切削用量：主轴转速$n=1400$r/min，进给量$f=0.15$mm/r。

（7）精车25°圆锥面及$R2$mm圆弧面：刀具：$R2$mm的圆弧成形车刀。切削用量：主轴转速$n=700$r/min，进给量$f=0.1$mm/r。

（8）精车15°外圆锥面及$R2$mm圆弧面：刀具为$R2$mm的圆弧成形车刀。切削用量与精车25°外圆锥面相同。

（9）精车内表面：刀片：55°，带$R0.4$mm圆弧刃的棱形刀片，刀片型号为DNMA110404。切削用量：主轴转速$n=1000$r/min，进给量$f=0.1$mm/r。

（10）车削深处$\phi 18.7^{+0.1}_{0}$mm内孔及端面：刀片：80°，带$R0.4$mm圆弧刃的棱形刀片，刀片型号为CCMW060204。切削用量：主轴转速$n=1000$r/min，进给量$f=0.1$mm/r。

在确定了零件的进给路线，选择了切削刀具之后，视所用刀具多少，若使用刀具较多，为直观起见，可结合零件定位和编程加工的具体情况，绘制一份刀具调整图。图4-44所示为本例的刀具调整图。

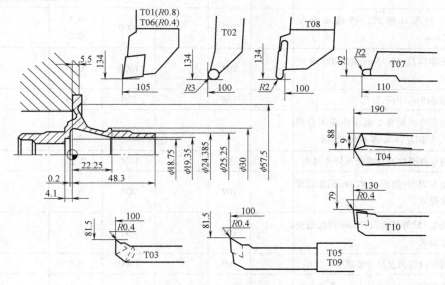

图4-44　刀具调整图

在刀具调整图中，要反映如下内容：

1）本工序所需刀具的种类、形状、安装位置、预调尺寸和刀尖圆弧半径值等，有时还包括刀补组号。

2）刀位点。若以刀具端点为刀位点时，则刀具调整图中x向和z向的预调尺寸终止线交点即为该刀具的刀位点。

3）工件的安装方式及待加工部位。

4）工件的坐标原点。

5）主要尺寸的程序设定值（一般取为工件尺寸的中值）。

5. 填写工艺文件

1）按加工顺序将各工步的加工内容、所用刀具及切削用量等填入表 4-12 数控加工工序卡片中。

2）将选定的各工步所用刀具的刀具型号、刀片型号、刀片牌号及刀尖圆弧半径等填入表 4-13 数控加工刀具卡片中。

表 4-12 数控加工工序卡片

（工厂）		数控加工工序卡片		产品名称或代号		零件名称	材料	零件图号
						轴套	45 钢	
工序号	程序编号		夹具名称	夹具编号		使用设备		车间
			包容式软三爪			MT-50		
工步号	工步内容		加工面	刀具号	刀具规格 mm	主轴转速 r·min⁻¹	进给量 mm·r⁻¹	背吃刀量 mm	备注

工步号	工步内容	加工面	刀具号	刀具规格 mm	主轴转速 r·min⁻¹	进给量 mm·r⁻¹	背吃刀量 mm	备注
1	a. 粗车外表面分别至尺寸 $\phi24.68$mm、$\phi25.55$mm、$\phi30.3$mm b. 粗车端面		T01		1000 1400	0.2 ~ 0.25 0.15		
2	半精车外锥面，留精车余量 0.15mm		T02		1000	0.1 0.2		
3	粗车深度 10.15mm 的 $\phi18$mm 内孔		T03		1000	0.1		
4	钻 $\phi18$mm 内孔深部		T04		550	0.15		
5	粗车内锥面及半精车内表面分别至尺寸 $\phi27.7$mm 和 $\phi19.05$mm		T05		700	0.1 0.2		
6	精车外圆柱面及端面至尺寸要求		T06		1400	0.15		
7	精车 25° 外锥面及 $R2$mm 圆弧面至尺寸要求		T07		700	0.1		
8	精车 15° 外锥面及 $R2$mm 圆弧面至尺寸要求		T08		700	0.1		
9	精车内表面至尺寸要求		T09		1000	0.1		
10	车削深处 $\phi18.7^{+0.1}_{0}$mm 及端面至尺寸要求		T10		1000	0.1		

编制		审核		批准		共 1 页	第 1 页

表 4-13 数控加工刀具卡片

产品名称或代号			零件名称		零件图号		程序编号	
工步号	刀具号	刀具名称	刀具型号	刀 片		刀尖半径 mm	备注
				型号	牌号		
1	T01	机夹可转位车刀	PCGCL2525-09Q	CCMT090308	GC435	0.8	
2	T02	机夹可转位车刀	PRJCL2525-06Q	RCMT0602MO	GC435	3	
3	T03	机夹可转位车刀	PTJCL1010-09Q	TCMT090204	GC435	0.4	

（续）

产品名称或代号				零件名称		零件图号		程序编号		
工步号	刀具号	刀具名称		刀具型号	刀　片			刀尖半径 mm	备注	
					型号	牌号				
4	T04	φ18mm 钻头								
5	T05	机夹可转位车刀		PDJNL1515-11Q	DNMA110404	GC435		0.4		
6	T06	机夹可转位车刀		PCGCL2525-08Q	CCMW080304	GC435		0.4		
7	T07	成形车刀						2		
8	T08	成形车刀						2		
9	T09	机夹可转位车刀		PDJNL1515-11Q	DNMA110404	GC435		0.4		
10	T10	机夹可转位车刀		PCJCL1515-06Q	CCMW060204	GC435		0.4		
编制		审核			批准			共 1 页	第 1 页	

注：刀具型号组成见国家标准 GB/T 5343.1—2007《可转位车刀型号表示规则》和 GB/T 5343.2—2007《可转位车刀型式尺寸和技术要求》；刀片型号和尺寸见有关刀具手册；GC435 为山特维克（SandVik）公司涂层硬质合金刀片牌号。

3）将各工步的进给路线（图 4-34～图 4-43）绘成文件形式的进给路线图。本例因篇幅所限，故略去。

上述两卡一图是编制该轴套零件本工序数控车削加工程序的主要依据。

习　题

4-1　在编制数控车削加工工艺时，应首先考虑哪些方面的问题？

4-2　数控加工对刀具有何要求？常用数控车床车刀有哪些类型？

4-3　制订数控车削加工工艺方案时应遵循哪些基本原则？

4-4　确定图 4-45 所示套筒零件的加工顺序及进给路线，并选择相应的加工刀具。毛坯为棒料。

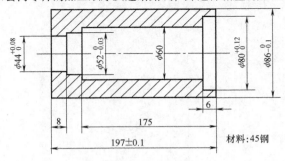

图 4-45　题 4-4 图

4-5　数控加工对夹具有哪些要求？如何选择数控车床夹具？

4-6　数控车削加工中的切削用量如何确定？试选择习题 4-4 所加工零件的切削用量。

4-7　对于各加工表面要求光滑连接或光滑过渡时，进给路线应如何确定，为什么？

4-8　数控车削时，工序应如何划分？工序设计的内容有哪些？

4-9　编制图 4-46 所示轴类零件的数控车削加工工艺。毛坯为棒料。

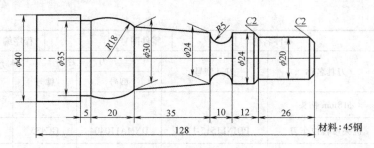

图 4-46　题 4-9 图

4-10　编制图 4-47 所示盘类零件的数控车削加工工艺。毛坯为铸件。

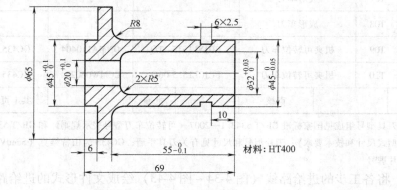

图 4-47　题 4-10 图

第五章　数控铣削加工工艺

第一节　数控铣削的主要加工对象

数控铣削是机械加工中最常用和最主要的数控加工方法之一，它除了能铣削普通铣床所能铣削的各种零件表面外，还能铣削普通铣床不能铣削的需 2~5 坐标联动的各种平面轮廓和立体轮廓。根据数控铣床的特点，从铣削加工角度来考虑，适合数控铣削的主要加工对象有以下几类：

一、平面类零件

加工面平行或垂直于水平面，或加工面与水平面的夹角为定角的零件为平面类零件（见图 5-1）。目前在数控铣床上加工的绝大多数零件属于平面类零件。平面类零件的特点是各个加工面是平面，或可以展开成平面。例如图 5-1 中的曲线轮廓面 M 和正圆台面 N，展开后均为平面。

平面类零件是数控铣削加工对象中最简单的一类零件，一般只需用三坐标数控铣床的两坐标联动（即两轴半坐标联动）就可以把它们加工出来。

二、变斜角类零件

加工面与水平面的夹角呈连续变化的零件称为变斜角类零件。这类零件多为飞机零件，如飞机上的整体梁、框、缘条与肋等；此外还有检验夹具与装配型架等也属于变斜角类零件。图

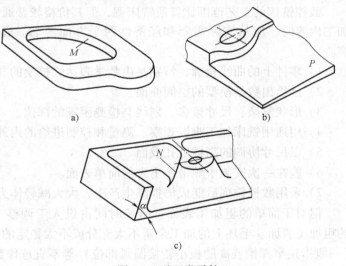

图 5-1　平面类零件
a）带平面轮廓的平面零件　b）带斜平面的平面零件
c）带正圆台和斜肋的平面零件

5-2 所示是飞机上的一种变斜角梁缘条，该零件的上表面在第 2 肋至第 5 肋的斜角 α 从 3°10′均匀变化为 2°32′，从第 5 肋至第 9 肋再均匀变化为 1°20′，从第 9 肋到第 12 肋又均匀变化为 0°。

变斜角类零件的变斜角加工面不能展开为平面，但在加工中，加工面与铣刀圆周接触的瞬间为一条线。最好采用四坐标或五坐标数控铣床摆角加工，在没有上述机床时，可采用三坐标数控铣

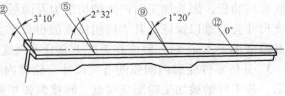

图 5-2　变斜角零件

床，进行两轴半坐标近似加工。

三、曲面类零件

加工面为空间曲面的零件称为曲面类零件，如模具、叶片、螺旋桨等。曲面类零件的加工面不能展开为平面，加工时，加工面与铣刀始终为点接触。加工曲面类零件一般采用三坐标数控铣床。当曲面较复杂、通道较狭窄、会伤及毗邻表面及需刀具摆动时，要采用四坐标或五坐标铣床。

第二节　数控铣削加工工艺的制订

制订零件的数控铣削加工工艺是数控铣削加工的一项首要工作。数控铣削加工工艺制订的合理与否，直接影响到零件的加工质量、生产率和加工成本。根据数控加工实践，制订数控铣削加工工艺要解决的主要问题有以下几个方面：

一、零件图的工艺性分析

制订零件的数控铣削加工工艺时，首先要对零件图进行工艺分析，其主要内容包括：

（一）数控铣削加工内容的选择

数控铣床的工艺范围比普通铣床宽，但其价格较普通铣床高得多，因此，选择数控铣削加工内容时，应从实际需要和经济性两个方面考虑。通常选择下列加工部位为其加工内容。

1）零件上的曲线轮廓，特别是由数学表达式描绘的非圆曲线和列表曲线等曲线轮廓。

2）已给出数学模型的空间曲面。

3）形状复杂、尺寸繁多、划线与检测困难的部位。

4）用通用铣床加工难以观察、测量和控制进给的内外凹槽。

5）以尺寸协调的高精度孔或面。

6）能在一次安装中顺带铣出来的简单表面。

7）采用数控铣削后能成倍提高生产率，大大减轻体力劳动强度的一般加工内容。

但对于简单的粗加工表面、需长时间占机人工调整（如以毛坯粗基准定位划线找正）的粗加工表面、毛坯上的加工余量不太充分或不太稳定的部位及必须用细长铣刀加工的部位（一般指狭窄深槽或高肋板小转接圆弧部位）等不宜选作数控铣削加工内容。

（二）零件结构工艺性分析

1. 零件图样尺寸的正确标注　由于加工程序是以准确的坐标点来编制的，因此，各图形几何要素间的相互关系（如相切、相交、垂直和平行等）应明确；各种几何要素的条件要充分，应无引起矛盾的多余尺寸或影响工序安排的封闭尺寸等。

2. 保证获得要求的加工精度　虽然数控机床精度很高，但对一些特殊情况，例如过薄的底板与肋板，因为加工时产生的切削力及薄板的弹性退让极易产生切削面的振动，使薄板厚度尺寸公差难以保证，其表面粗糙度值也将增大。根据实践经验，对于面积较大的薄板，当其厚度小于 3mm 时，就应在工艺上充分重视这一问题。

3. 分析零件轮廓内圆弧的有关尺寸　轮廓内圆弧半径 R 常常限制刀具的直径。如图 5-3 所示，若工件的被加工轮廓高度低，转接圆弧半径也大，可以采用较大直径的铣刀来加工，且加工其底板面时，进给次数也相应减少，表面加工质量也会好一些，因此工艺性较好。反之，数控铣削工艺性较差。一般来说，当 $R < 0.2H$（H 为被加工轮廓面的最大高度）时，可以判定零件上该部位的工艺性不好。

铣削面的槽底面圆角或底板与肋板相交处的圆角半径 r（见图5-4）越大，铣刀端刃铣削平面的能力越差，效率也较低。当 r 大到一定程度时甚至必须用球头铣刀加工，这是应当避免的。因为铣刀与铣削平面接触的最大直径 $d = D - 2r$（D 为铣刀直径），当 D 越大而 r 越小时，铣刀端刃铣削平面的面积越大，加工平面的能力越强，铣削工艺性当然也越好。有时，当铣削的底面面积较大，底部圆弧 r 也较大时，我们只能用两把 r 不同的铣刀（一把刀的 r 小些，另一把刀的 r 符合零件图样的要求）分两次进行切削。

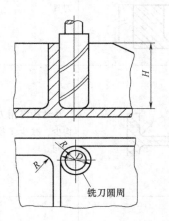

图5-3　肋板的高度与内转接圆弧
对零件铣削工艺性的影响

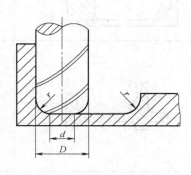

图5-4　底板与肋板的转接圆弧
对零件铣削工艺性的影响

在一个零件上的这种凹圆弧半径在数值上的一致性问题对数控铣削的工艺性显得相当重要。一般来说，即使不能寻求完全统一，也要力求将数值相近的圆弧半径分组靠拢，达到局部统一，以尽量减少铣刀规格与换刀次数，并避免因频繁换刀而增加了零件加工面上的接刀阶差，降低了表面质量。

4. 保证基准统一原则　有些零件需要在铣完一面后再重新安装铣削另一面，由于数控铣削时不能使用通用铣床加工时常用的试切方法来接刀，往往会因为零件的重新安装而接不好刀。这时，最好采用统一基准定位，因此零件上应有合适的孔作为定位基准孔。如果零件上没有基准孔，也可以专门设置工艺孔作为定位基准（如在毛坯上增加工艺凸台或在后继工序要铣去的余量上设基准孔）。

5. 分析零件的变形情况　零件在数控铣削加工时的变形，不仅影响加工质量，而且当变形较大时，将使加工不能继续进行下去。这时就应当考虑采取一些必要的工艺措施进行预防，如对钢件进行调质处理，对铸铝件进行退火处理，对不能用热处理方法解决的，也可考虑粗、精加工及对称去余量等常规方法。

有关铣削件的结构工艺性实例，见表5-1。

（三）零件毛坯的工艺性分析

零件在进行数控铣削加工时，由于加工过程的自动化，选择多大的余量、如何装夹等问题在设计毛坯时就要仔细考虑好。否则，如果毛坯不适合数控铣削，加工将很难进行下去。

根据经验，下列几方面应作为毛坯工艺性分析的要点。

1. 毛坯应有充分、稳定的加工余量　毛坯主要指锻件、铸件。因模锻时的欠压量与允许的错模量会造成余量的多少不等；铸造时也会因砂型误差、收缩量及金属液体的流动性差

表 5-1　零件的数控铣削加工工艺性实例

序号	（A）工艺性差的结构	（B）工艺性好的结构	说　明
1	$R_2 < (\frac{1}{5} \sim \frac{1}{6})H$	$R_2 > (\frac{1}{5} \sim \frac{1}{6})H$	B 结构可选用较高刚性刀具
2			B 结构需用刀具比 A 结构少，减少了换刀的辅助时间
3			B 结构 R 大，r 小，铣刀端刃铣削面积大，生产效率高
4	$a < 2R$	$a > 2R$	B 结构 a > 2R，便于半径为 R 的铣刀进入，所需刀具少，加工效率高
5	$\frac{H}{b} > 10$	$\frac{H}{b} \leq 10$	B 结构刚性好，可用大直径铣刀加工，加工效率高

（续）

序号	（A）工艺性差的结构	（B）工艺性好的结构	说　明
6		0.5～1.5　　0.5～1.5	B 结构在加工面和不加工面之间加入过渡表面，减少了切削量
7			B 结构用斜面肋代替阶梯肋，节约材料，简化编程
8			B 结构采用对称结构，简化编程

不能充满型腔等造成余量的不等。此外，锻造、铸造后，毛坯的挠曲与扭曲变形量的不同也会造成加工余量不充分、不稳定。因此，除板料外，不论是锻件、铸件还是型材，只要准备采用数控铣削加工，其加工面均应有较充分的余量。经验表明，数控铣削中最难保证的是加工面与非加工面之间的尺寸，这一点应该引起特别重视，在这种情况下，如果已确定或准备采用数控铣削加工，就应事先对毛坯的设计进行必要更改或在设计时就加以充分考虑，即在零件图样注明的非加工面处也增加适当的余量。

2. 分析毛坯的装夹适应性　主要考虑毛坯在加工时定位和夹紧的可靠性与方便性，以便在一次安装中加工出较多表面。对不便于装夹的毛坯，可考虑在毛坯上另外增加装夹余量或工艺凸台、工艺凸耳等辅助基准。如图 5-5 所示，该工件缺少合适的定位基准，在毛坯上铸出两个工艺凸耳，在凸耳上制出定位基准孔。

3. 分析毛坯的余量大小及均匀性　主要是考虑在加工时要不要分层切削，分几层切削。也要分析加工中与加工后的变形程度，考虑是否应采取预防性措施与补救措施。如对于热轧中、厚铝板，经淬火时效后很容易在加工中与加工后变形，最好采用经预拉伸处理的淬火板坯。

（四）加工方案分析

1. 平面轮廓加工　平面轮廓多由直线和圆弧或各种曲线构成，通常采用三坐标数控铣床进行两轴半坐标加工。图 5-6 所示为由直线和圆弧构成的零件平面轮廓 ABCDEA，采用半径为 R 的立铣刀沿周向加工，双点线 A'B'C'D'E'A' 为刀具中心的运动轨迹。为保证加工面光滑，刀具沿 PA' 切入，沿 A'K 切出。

2. 固定斜角平面加工　固定斜角平面是

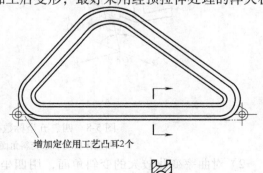

增加定位用工艺凸耳2个

图 5-5　增加辅助基准示例

与水平面成一固定夹角的斜面，常用如下的加工方法：

1）当零件尺寸不大时，可用斜垫板垫平后加工；如果机床主轴可以摆角，则可以摆成适当的定角，用不同的刀具来加工（见图5-7）。当零件尺寸很大，斜面斜度又较小时，常用行切法加工，但加工后，会在加工面上留下残留面积，需要用钳修方法加以清除，用三坐标数控立铣加工飞机整体壁板零件时常用此法。当然，加工斜面的最佳方法是采用五坐标数控铣床，主轴摆角后加工，可以不留残留面积。

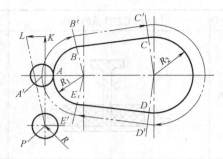

图 5-6　平面轮廓铣削

2）对于图5-1c所示的正圆台和斜肋表面，一般可用专用的角度成型铣刀加工。其效果比采用五坐标数控铣床摆角加工好。

3. 变斜角面加工　常用的加工方案有下列三种：

1）对曲率变化较小的变斜角面，选用 x、y、z 和 A 四坐标联动的数控铣床，采用立铣刀（但当零件斜角过大，超过机床主轴摆角范围时，可用角度成形铣刀加以弥补）以插补方式摆角加工，如图 5-8a 所示。加工时，为保证刀具与零件型面在全长上始终贴合，刀具绕 A 轴摆动角度 α。

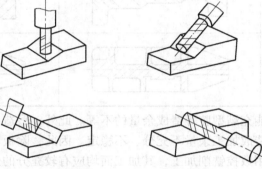

图 5-7　主轴摆角加工固定斜角面

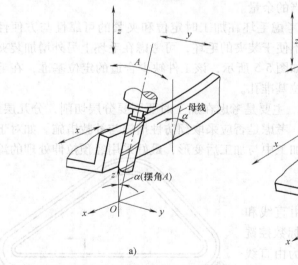

a)

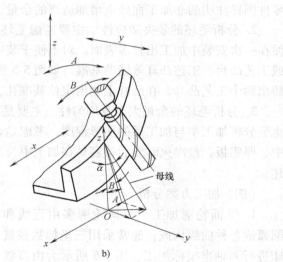

b)

图 5-8　四、五坐标数控铣床加工零件变斜角面

a) 四坐标联动加工变斜角面　b) 五坐标联动加工变斜角面

2）对曲率变化较大的变斜角面，用四坐标联动加工难以满足加工要求，最好用 x、y、z、A 和 B（或 C 转轴）的五坐标联动数控铣床，以圆弧插补方式摆角加工，如图5-8b所示。图中夹角 A 和 B 分别是零件斜面母线与 z 坐标轴夹角 α 在 zOy 平面上和 xOz 平面上的分夹

角。

3）采用三坐标数控铣床两坐标联动，利用球头铣刀和鼓形铣刀，以直线或圆弧插补方式进行分层铣削加工，加工后的残留面积用钳修方法清除，图5-9所示是用鼓形铣刀铣削变斜角面的情形。由于鼓形铣刀的鼓径可以做得比球头铣刀的球径大，所以加工后的残留面积高度小，加工效果比球头铣刀好。

4. 曲面轮廓加工　立体曲面的加工应根据曲面形状、刀具形状以及精度要求采用不同的铣削加工方法，如两轴半、三轴、四轴及五轴等联动加工。

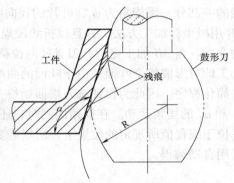

图5-9　用鼓形铣刀分层铣削变斜角面

1）对曲率变化不大和精度要求不高的曲面的粗加工，常用两轴半坐标的行切法加工，即x、y、z三轴中任意两轴作联动插补，第三轴作单独的周期进给。如图5-10所示，将x向分成若干段，球头铣刀沿yz面所截的曲线进行铣削，每一段加工完后进给Δx，再加工另一相邻曲线，如此依次切削即可加工出整个曲面。在行切法中，要根据轮廓表面粗糙度要求及刀头不干涉相邻表面的原则选取Δx。球头铣刀的刀头半径应选得大一些，有利于散热，但刀头半径应小于内凹曲面的最小曲率半径。

两轴半坐标加工曲面的刀心轨迹O_1O_2和切削点轨迹ab如图5-11所示。图中$ABCD$为被加工曲面，P_{yz}平面为平行于yz坐标平面的一个行切面，刀心轨迹O_1O_2为曲面$ABCD$的等距面$IJKL$与行切面P_{yz}的交线，显然O_1O_2是一条平面曲线。由于曲面的曲率变化，改变了球头刀与曲面切削点的位置，使切削点的连线成为一条空间曲线，从而在曲面上形成扭曲的残留沟纹。

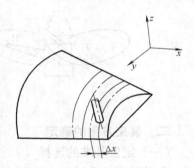

图5-10　两轴半坐标
行切法加工曲面

2）对曲率变化较大和精度要求较高的曲面的精加工，常用x、y、z三坐标联动插补的行切法加工。如图5-12所示，P_{yz}平面为平行于坐标平面的

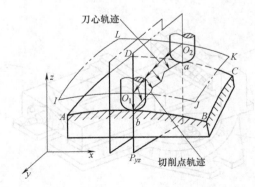

图5-11　两轴半坐标行切法加工
曲面的切削点轨迹

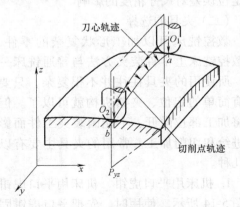

图5-12　三轴联动行切法加工
曲面的切削点轨迹

一个行切面，它与曲面的交线为 ab。由于是三坐标联动，球头刀与曲面的切削点始终处在平面曲线 ab 上，可获得较规则的残留沟纹。但这时的刀心轨迹 O_1O_2 不在 P_{yz} 平面上，而是一条空间曲线。

3）对像叶轮、螺旋桨这样的零件，因其叶片形状复杂，刀具易与相邻表面干涉，常用五坐标联动加工。其加工原理如图 5-13 所示。半径为 R_i 的圆柱面与叶面的交线 AB 为螺旋线的一部分，螺旋角为 ψ_i，叶片的径向叶型线（轴向割线）EF 的倾角 α 为后倾角，螺旋线 AB 用极坐标加工方法，并且以折线段逼近。逼近段 mn 是由 C 坐标旋转 $\Delta\theta$ 与 z 坐标位移 Δz 的合成。当 AB 加工完后，刀具径向位移 Δx（改变 R_i），再加工相邻的另一条叶型线，依次加工即可形成整个叶面。由于叶面的曲率半径较大，所以常采用立铣刀加工，以提高生产率并简化程序。因此为保证铣刀端面始终与曲面贴合，铣刀还应作由坐标 A 和坐标 B 形成的 θ_1 和 α_1 的摆角运动。在摆角的同时，还应作直角坐标的附加运动，以保证铣刀端面中心始终位于编程值所规定的位置上，所以需要五坐标加工。这种加工的编程计算相当复杂，一般采用自动编程。

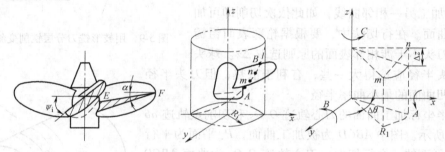

图 5-13　曲面的五坐标联动加工

二、装夹方案的确定

（一）定位基准的选择

选择定位基准时，应注意减少装夹次数，尽量做到在一次安装中能把零件上所有要加工表面都加工出来。多选择工件上不需数控铣削的平面和孔作定位基准。对薄板件，选择的定位基准应有利于提高工件的刚性，以减小切削变形。定位基准应尽量与设计基准重合，以减少定位误差对尺寸精度的影响。

（二）夹具的选择

数控铣床可以加工形状复杂的零件，但数控铣床上工件装夹方法与普通铣床一样，所使用的夹具往往并不很复杂，只要求有简单的定位、夹紧机构就可以了。但要将加工部位敞开，不能因装夹工件而影响进给和切削加工。常用的夹具主要有以下几种。

1. 机床用平口虎钳　机床用平口虎钳如图 5-14 所示。使用时，先把平口虎钳固定在工作台上，找正钳口，使其与工作台

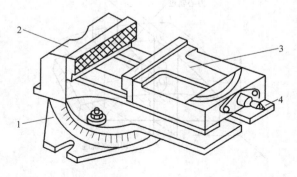

图 5-14　平口钳
1—底座　2—固定钳口　3—活动钳口　4—螺杆

运动方向平行或垂直。装夹工件时，在工件底面垫上垫铁，使工件高出钳口，但高出钳口或伸出钳口两端距离不能太多，以防铣削时产生振动。这种夹具装夹简单，使用广泛，加工外形规则的小型工件时应优先选用。

2. 万能分度头　分度头是数控铣床常用的通用夹具之一，如图5-15所示。其最大优点是可以对工件进行圆周等分或不等分分度。此外，还可以把工件轴线装夹成水平、垂直或倾斜的位置，以用两坐标加工斜面和沟槽。因此，当工件需分度加工（如花键轴、齿轮等）和加工斜面、沟槽等，可选用万能分度头。

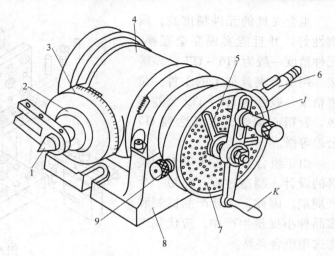

图 5-15　万能分度头

1—顶尖　2—分度头主轴　3—刻度盘　4—壳体
5—分度叉　6—分度头外伸轴　7—分度盘
8—底座　9—锁紧螺钉　J—插销　K—分度手柄

3. 压板　压板可以看作是一种最简单的夹具，主要有压板、垫铁、T形螺栓及螺母组成。适用于中型、大型和形状复杂的工件的装夹（如机床床身、主轴箱等）。其装夹方式如图5-16所示。

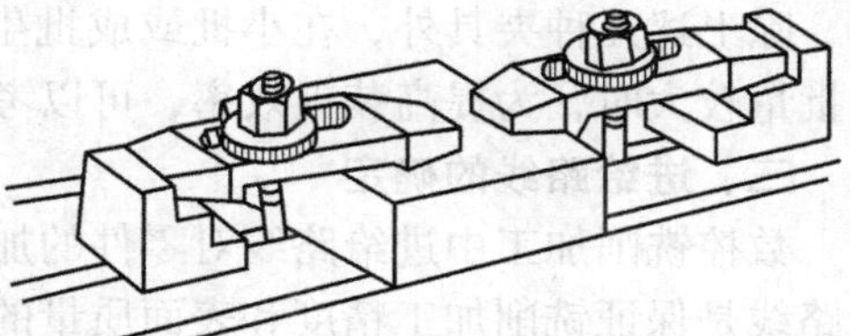

图 5-16　用压板装夹工件

4. 组合夹具　组合夹具由一套预先制造好的不同形状、不同规格、不同尺寸的标准元件及部件组装而成。组合夹具分为槽系和孔系两大类。

槽系组合夹具就是在元件上制作多个标准间距的相互平行及垂直的T形槽或键槽，通过调整T形螺栓或键在槽中的位置，确定其他元件（如定位元件、夹紧元件）的准确位置，元件间通过螺栓联接和紧固。图5-17所示为槽系组合夹具。

孔系组合夹具的连接基面以孔为主，元件之间的相互位置由孔和定位销确定，而元件之间的连接仍由螺栓联接紧固。图5-18所示为孔系组合夹具。

孔系组合夹具刚性好，结构紧凑，但元件之间的位置不便于无级调节。槽系组合夹具灵活性好，元件之间的位置可无级调节，但刚性不如孔系组合夹具好。

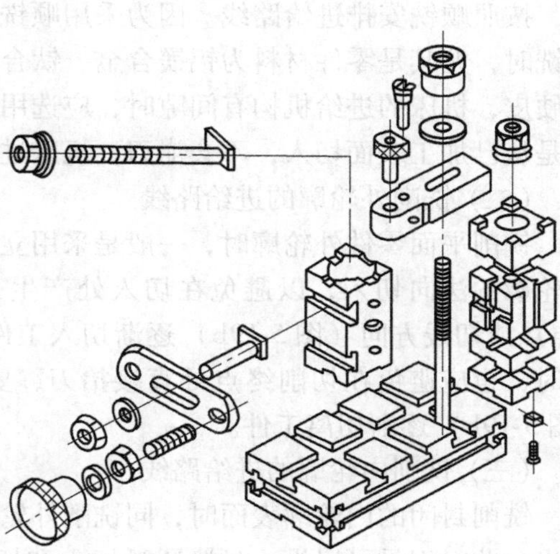

图 5-17　槽系组合夹具

组合夹具的元件精度高，耐磨性好，并且能实现完全互换，元件精度一般为 IT6 ~ IT7 公差等级。用组合夹具加工的工件，位置精度一般可达 IT8 ~ IT9 公差等级，若精心调整，可以达到 IT7 公差等级。

由于组合夹具省去了专用夹具的设计、制造过程，缩短了生产周期，因此，在新产品试制和多品种小批量生产中，应优先考虑选用组合夹具。

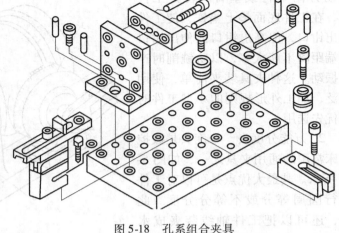

图 5-18　孔系组合夹具

5. 真空夹具　真空夹具适用于有较大定位平面或具有较大可密封面积的工件，尤其是易夹紧变形的薄壁工件。在真空夹具上装夹工件时，先将特制的橡胶条（有一定尺寸要求的空心或实心圆形截面）嵌入夹具的密封槽内，再将工件放上，开动真空泵，就可以将工件夹紧。

除上述几种夹具外，在小批或成批生产时还可以考虑选用专用夹具（见图 2-1）；在生产批量较大时，为提高装夹效率，可以考虑选用多工位夹具和气动、液动夹具。

三、进给路线的确定

数控铣削加工中进给路线对零件的加工精度和表面质量有直接的影响，因此，确定好进给路线是保证铣削加工精度和表面质量的工艺措施之一。进给路线的确定与工件表面状况、要求的零件表面质量、机床进给机构的间隙、刀具寿命以及零件轮廓形状等有关。下面针对铣削方式和常见的几种轮廓形状来讨论进给路线的确定问题。

（一）顺铣和逆铣的选择

铣削有顺铣和逆铣两种方式。当工件表面无硬皮，机床进给机构无间隙时，应选用顺铣，按照顺铣安排进给路线。因为采用顺铣加工后，零件已加工表面质量好，刀齿磨损小。精铣时，尤其是零件材料为铝镁合金、钛合金或耐热合金时，应尽量采用顺铣。当工件表面有硬皮，机床的进给机构有间隙时，应选用逆铣，按照逆铣安排进给路线。因为逆铣时，刀齿是从已加工表面切入，不会崩刃；机床进给机构的间隙不会引起振动和爬行。

（二）铣削外轮廓的进给路线

铣削平面零件外轮廓时，一般是采用立铣刀侧刃切削。刀具切入零件时，应避免沿零件外轮廓的法向切入，以避免在切入处产生刀具的刻痕，而应沿切削起始点延伸线（图 5-19a）或切线方向（图 5-19b）逐渐切入工件，保证零件曲线的平滑过渡。同样，在切离工件时，也应避免在切削终点处直接抬刀，要沿着切削终点延伸线（图 5-19a）或切线方向（图 5-19b）逐渐切离工件。

（三）铣削内轮廓的进给路线

铣削封闭的内轮廓表面时，同铣削外轮廓一样，刀具同样不能沿轮廓曲线的法向切入和切出。此时刀具可以沿一过渡圆弧切入和切出工件轮廓。图 5-20 所示为铣切内圆的进给路线。图中 R_1 为零件圆弧轮廓半径，R_2 为过渡圆弧半径。

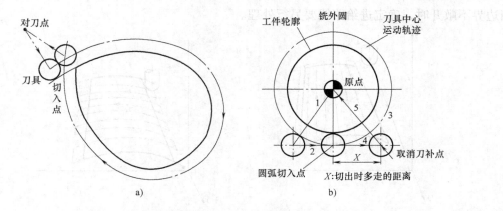

图 5-19 刀具切入和切出外轮廓的进给路线

（四）铣削内槽的进给路线

所谓内槽是指以封闭曲线为边界的平底凹槽。这种内槽在飞机零件上常见，一律用平底立铣刀加工，刀具圆角半径应符合内槽的图样要求。图 5-21 所示为加工内槽的三种进给路线。图 5-21a 和图 5-21b 分别为用行切法和环切法加工内槽。两种进给路线的共同点是都能切净内腔中全部面积，不留死角，不伤轮廓，同时尽量减少重复进给的搭接量。不同点是行切法的进给路线比环切法短，但行切法将在每两次进给的起点与终点间留下了残留面积，而达不到所要求的表面粗糙度；用环切法获得的表面粗糙度要好于行切法，但环切法需要逐次向外扩展轮廓线，刀位点计

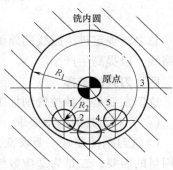

图 5-20 刀具切入和切出
内轮廓的进给路线

算稍为复杂一些。综合行、环切法的优点，采用图 5-21c 所示的进给路线，即先用行切法切去中间部分余量，最后用环切法切一刀，既能使总的进给路线较短，又能获得较好的表面粗糙度。

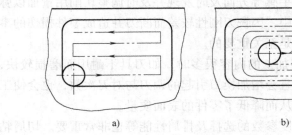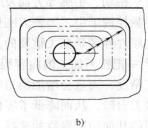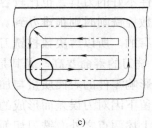

图 5-21 铣内槽的三种进给路线

（五）铣削曲面的进给路线

对于边界敞开的曲面加工，可采用如图 5-22 所示的两种进给路线。对于发动机大叶片，当采用图 5-22a 所示的加工方案时，每次沿直线加工，刀位点计算简单，程序少，加工过程符合直纹面的形成，可以准确保证母线的直线度。当采用图 5-22b 所示的加工方案时，符合这类零件数据给出情况，便于加工后检验，叶形的准确度高，但程序较多。由于曲面零件的边界是敞开的，没有其他表面限制，所以曲面边界可以延伸，球头刀应由边界外开始加工。

当边界不敞开时，确定进给路线要另行处理。

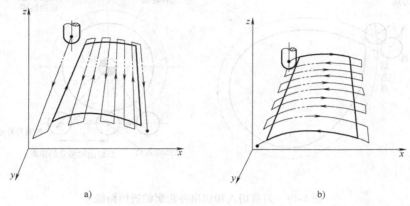

图 5-22　铣曲面的两种进给路线

总之，确定进给路线的原则是在保证零件加工精度和表面粗糙度的条件下，尽量缩短进给路线，以提高生产率。

四、刀具的选择

这里主要是指数控铣削加工刀具。

（一）对刀具的基本要求

1. 铣刀刚性要好　要求铣刀刚性要好的目的有两个：一是为提高生产效率而采用大切削用量的需要；二是为适应数控铣床加工过程中难以调整切削用量的特点。例如，当工件各处的加工余量相差悬殊时，通用铣床很容易采取分层铣削方法加以处理，而数控铣削必须按程序规定的进给路线前进，遇到余量大时，就无法像通用铣床那样"随机应变"，除非在编程时能够预先考虑到余量相差悬殊的问题，否则铣刀必须返回原点，用改变切削面高度或加大刀具半径补偿值的方法从头开始加工，多进给几次。但这样势必造成余量少的地方经常空进给，降低了生产效率，如刀具刚性较好就不必这样处理。再者，在通用铣床上加工时，若遇到刚性不好的刀具，也比较容易从振动、手感等方面及时发现并及时调整切削用量加以弥补，而数控铣削时则很难办到。在数控铣削中，因铣刀刚性较差而断刀并造成零件损伤的事例是常有的。所以解决数控铣刀的刚性问题是至关重要的。

2. 铣刀的寿命要高　尤其是当一把铣刀加工的内容很多时，如刀具不耐用而磨损较快，不仅会影响零件的表面质量与加工精度，而且会增加换刀引起的调刀与对刀次数，也会使工作表面留下因对刀误差而形成的接刀台阶，从而降低了零件的表面质量。

除上述两点之外，铣刀切削刃的几何角度参数的选择及排屑性能等也非常重要。切屑粘刀形成积屑瘤在数控铣削中是十分忌讳的。总之，根据被加工工件材料的热处理状态、切削性能及加工余量，选择刚性好，寿命高的铣刀，是充分发挥数控铣床的生产效率和获得满意加工质量的前提。

（二）铣刀的种类

铣刀种类很多，这里只介绍几种在数控机床上常用的铣刀。

1. 面铣刀　如图 5-23 所示，面铣刀的圆周表面和端面上都有切削刃，端部切削刃为副切削刃。面铣刀多制成套式镶齿结构，刀齿为高速钢或硬质合金，刀体为 40Cr。

高速钢面铣刀按国家标准规定，直径 $d_0 = 80 \sim 250mm$，螺旋角 $\beta = 10°$，刀齿数 $Z = 10 \sim 26$。

硬质合金面铣刀与高速钢铣刀相比，铣削速度较高、加工效率高、加工表面质量也较好，并可加工带有硬皮和淬硬层的工件，故得到广泛应用。硬质合金面铣刀按刀片和刀齿的安装方式不同，可分为整体焊接式、机夹—焊接式和可转位式三种（见图5-24）。

由于整体焊接式和机夹—焊接式面铣刀难于保证焊接质量，刀具寿命低，重磨较费时，目前已逐渐被可转位式面铣刀所取代。

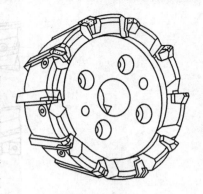

图5-23 面铣刀

可转位式面铣刀是将可转位刀片通过夹紧元件夹固在刀体上，当刀片的一个切削刃用钝后，直接在机床上将刀片转位或更换新刀片。因此，这种铣刀在提高产品质量、加工效率，降低成本，操作使用方便等方面都具有明显的优越性，目前已得到广泛应用。

可转位式铣刀要求刀片定位精度高、夹紧可靠、排屑容易、更换刀片迅速等，同时各定位、夹紧元件通用性要好，制造要方便，并且应经久耐用。

2. 立铣刀 立铣刀是数控机床上用得最多的一种铣刀，其结构如图5-25所示。立铣刀的圆柱表面和端面上都有切削刃，它们可同时进行切削，也可单独进行切削。

立铣刀圆柱表面的切削刃为主切削刃，端面上的切削刃为副切削刃。主切削刃一般为螺旋齿，这样可以增加切削平稳性，提高加工精度。由于普通立铣刀端面中心处无切削刃，所以立铣刀不能作轴向进给，端面刃主要用来加工与侧面相垂直的底平面。

为了能加工较深的沟槽，并保证有足够的备磨量，立铣刀的轴向长度一般较长。

为了改善切屑卷曲情况，增大容屑空间，防止切屑堵塞，刀齿数比较少，容屑槽圆弧半径则较大。一般粗齿立铣

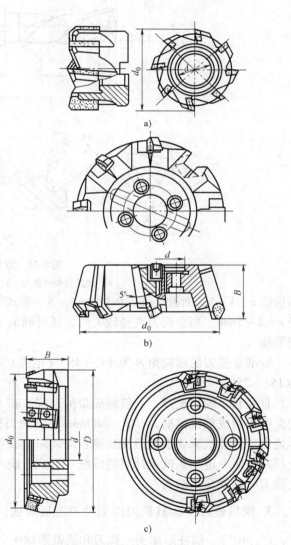

图5-24 硬质合金面铣刀
a）整体焊接式 b）机夹—焊接式 c）可转位式

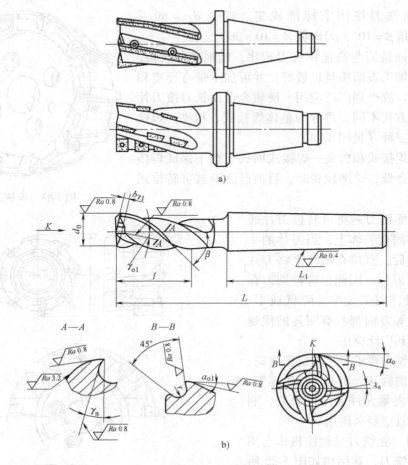

图 5-25　立铣刀

a）硬质合金立铣刀　b）高速钢立铣刀

刀齿数 $z = 3 \sim 4$，细齿立铣刀齿数 $z = 5 \sim 8$，套式结构立铣刀齿数 $z = 10 \sim 20$，容屑槽圆弧半径 $r = 2 \sim 5mm$。当立铣刀直径较大时，还可制成不等齿距结构，以增强抗振作用，使切削过程平稳。

标准立铣刀的螺旋角 β 为 $40° \sim 45°$（粗齿）和 $30° \sim 35°$（细齿），套式结构立铣刀的 β 为 $15° \sim 25°$。

直径较小的立铣刀，一般制成带柄形式。$\phi 2 \sim \phi 71mm$ 的立铣刀制成直柄；$\phi 6 \sim \phi 63mm$ 的立铣刀制成莫氏锥柄；$\phi 25 \sim \phi 80mm$ 的立铣刀做成 7:24 锥柄，内有螺孔用来拉紧刀具。但是由于数控机床要求铣刀能快速自动装卸，故立铣刀柄部形式也有很大不同，一般是由专业厂家按照一定的规范设计制造成统一形式，统一尺寸的刀柄。直径大于 $\phi 40 \sim \phi 160mm$ 的立铣刀可做成套式结构。

3. 模具铣刀　模具铣刀由立铣刀发展而成，可分为圆锥形立铣刀（圆锥半角 $\frac{\alpha}{2} = 3°$、$5°$、$7°$、$10°$）、圆柱形球头立铣刀和圆锥形球头立铣刀三种，其柄部有直柄、削平型直柄和莫氏锥柄。它的结构特点是球头或端面上布满了切削刃，圆周刃与球头刃圆弧连接，可以作径向和轴向进给。铣刀工作部分用高速钢或硬质合金制造。国家标准规定直径 $d = 4 \sim$

63mm。图 5-26 所示为高速钢制造的模具铣刀，图 5-27 所示为用硬质合金制造的模具铣刀。小规格的硬质合金模具铣刀多制成整体结构，φ16mm 以上直径的，制成焊接或机夹可转位刀片结构。

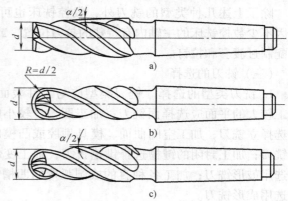

4. 键槽铣刀　键槽铣刀如图 5-28 所示，它有两个刀齿，圆柱面和端面都有切削刃，端面刃延至中心，既像立铣刀，又像钻头。加工时先轴向进给达到槽深，然后沿键槽方向铣出键槽全长。

按国家标准规定，直柄键槽铣刀直径 $d = 2 \sim 22mm$，锥柄键槽铣刀直径 $d = 14 \sim 50mm$。键槽铣刀直径的偏差有 e8 和 d8 两种。键槽铣刀的圆周切削刃仅在靠近端面的一小段长度内发生磨损，重磨时，只需刃磨端面切削刃，因此重磨后铣刀直径不变。

图 5-26　高速钢模具铣刀
a）圆锥形立铣刀　b）圆柱形球头立铣刀
c）圆锥形球头立铣刀

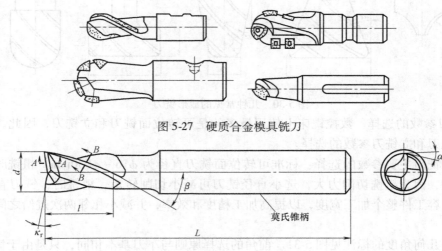

图 5-27　硬质合金模具铣刀

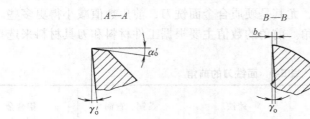

图 5-28　键槽铣刀

5. 鼓形铣刀　图 5-29 所示是一种典型的鼓形铣刀，它的切削刃分布在半径为 R 的圆弧面上，端面无切削刃。加工时控制刀具上下位置，相应改变切削刃的切削部位，可以在工件上切出从负到正的不同斜角。R 越小，鼓形铣刀所能加工的斜角范围越广，但所获得的表面质量也越差。这种刀具的缺点是刃磨困难，切削条件差，而且不适于加工有底的轮廓表面。

6. 成形铣刀 图5-30是常见的几种成形铣刀，一般都是为特定的工件或加工内容专门设计制造的，如角度面、凹槽、成形孔或台等。

除了上述几种类型的铣刀外，数控铣床也可使用各种通用铣刀。但因不少数控铣床的主轴内有特殊的拉刀位置，或因主轴内锥孔有别，须配制过渡套和拉钉。

（三）铣刀的选择

1. 铣刀类型的选择 铣刀类型应与工件表面形状与尺寸相适应。加工较大的平面应选择面铣刀；加工凹槽、较小的台阶面及平面轮廓应选择立铣刀；加工空间曲面、模具型腔或凸模成形表面等多选用模具铣刀；加工封闭的键槽选择键槽铣刀；加工变斜角零件的变斜角面应选用鼓形铣刀；加工各种直的或圆弧形的凹槽、斜角面、特形孔等应选用成形铣刀。

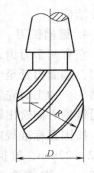

图5-29　鼓形铣刀

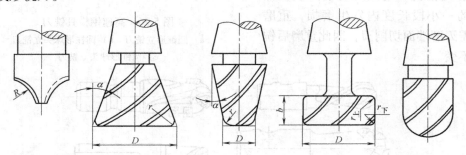

图5-30　几种常见的成形铣刀

2. 铣刀参数的选择 数控铣床上使用最多的是可转位面铣刀和立铣刀，因此，这里重点介绍面铣刀和立铣刀参数的选择。

（1）面铣刀主要参数的选择： 标准可转位面铣刀直径为$\phi16 \sim \phi630$mm。粗铣时，铣刀直径要小些，因为粗铣切削力大，选小直径铣刀可减小切削转矩。精铣时，铣刀直径要大些，尽量包容工件整个加工宽度，以提高加工精度和效率，并减小相邻两次进给之间的接刀痕迹。

面铣刀几何角度的标注见图5-31。前角的选择原则与车刀基本相同，只是由于铣削时有冲击，故前角数值一般比车刀略小，尤其是硬质合金面铣刀，前角数值减小得更多些。铣削强度和硬度都高的材料可选用负前角。前角的数值主要根据工件材料和刀具材料来选择，其具体数值可参考表5-2。

表5-2　面铣刀的前角

工件材料 刀具材料	钢	铸铁	黄铜、青铜	铝合金
高速钢	$10° \sim 20°$	$5° \sim 15°$	$10°$	$25° \sim 30°$
硬质合金	$-15° \sim 15°$	$-5° \sim 5°$	$4° \sim 6°$	$15°$

铣刀的磨损主要发生在后刀面上，因此适当加大后角，可减少铣刀磨损。常取$\alpha_o = 5°$ $\sim 12°$，工件材料软取大值，工件材料硬取小值；粗齿铣刀取小值，细齿铣刀取大值。

铣削时冲击力大，为了保护刀尖，硬质合金面铣刀的刃倾角常取$\lambda_s = -5° \sim -15°$。只

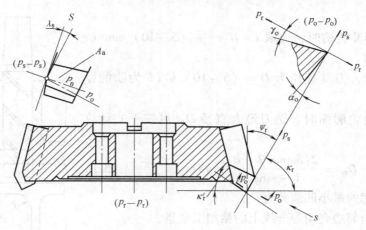

图 5-31　面铣刀的标注角度

有在铣削低强度材料时，取 $\lambda_s = 5°$。

主偏角 κ_r 在 45° ~ 90° 范围内选取，铣削铸铁常用 45°，铣削一般钢材常用 75°，铣削带凸肩的平面或薄壁零件时要用 90°。

（2）立铣刀主要参数的选择：立铣刀主切削刃的前角在法剖面内测量，后角在端剖面内测量，前、后角的标注如图 5-25b 所示。前、后角都为正值，分别根据工件材料和铣刀直径选取，其具体数值可分别参考表 5-3 和表 5-4。

表 5-3　立铣刀前角

工 件 材 料		前 角
钢	$\sigma_b < 0.589\text{GPa}$	20°
	$\sigma_b = 0.589 \sim 0.981\text{GPa}$	15°
	$\sigma_b > 0.981\text{GPa}$	10°
铸铁	≤150HBW	15°
	>150HBW	10°

表 5-4　立铣刀后角

铣刀直径 d_0/mm	后 角
≤10	25°
10 ~ 20	20°
>20	16°

为了使端面切削刃有足够的强度，在端面切削刃前刀面上一般磨有棱边，其宽度 br_1 为 0.4 ~ 1.2mm，前角为 6°。

立铣刀的有关尺寸参数（图 5-32），推荐按下述经验数据选取。

1）刀具半径 R 应小于零件内轮廓面的最小曲率半径 $R_{\min}$，一般取 $R = (0.8 \sim 0.9) R_{\min}$。

2）零件的加工高度 $H \leqslant \left(\dfrac{1}{4} \sim \dfrac{1}{6} \right) R$，以保证刀具有足够的刚度。

3）对不通孔（深槽），选取 $l = H + (5 \sim 10)$ mm（l 为刀具切削部分长度，H 为零件高度）。

4）加工外形及通槽时，选取 $l = H + r + (5 \sim 10)$ mm（r 为端刃圆角半径）。

5）加工肋时，刀具直径为 $D = (5 \sim 10) b$（b 为肋的厚度）。

6）粗加工内轮廓面时，铣刀最大直径 $D_{粗}$ 可按下式计算（图 5-33）

$$D_{粗} = \frac{2(\delta \sin \varphi/2 - \delta_1)}{1 - \sin \varphi/2} + D \qquad (5-1)$$

式中　D——轮廓的最小凹圆角直径；

　　　δ——圆角邻边夹角等分线上的精加工余量；

　　　δ_1——精加工余量；

　　　φ——圆角两邻边的最小夹角。

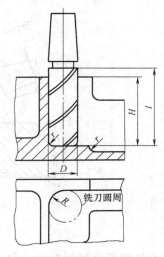

图 5-32　立铣刀尺寸选择

五、切削用量的选择

切削用量包括：切削速度、进给速度、背吃刀量和侧吃刀量，如图 5-34 所示。

从刀具寿命出发，切削用量的选择方法是：先选取背吃刀量或侧吃刀量，其次确定进给速度，最后确定切削速度。

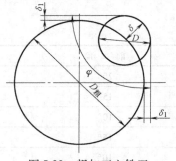

图 5-33　粗加工立铣刀
　　　　直径估算

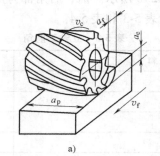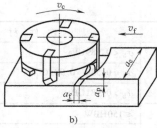

图 5-34　铣削切削用量
a）圆周铣　b）端铣

（一）背吃刀量（端铣）或侧吃刀量（圆周铣）

背吃刀量 a_p 为平行于铣刀轴线测量的切削层尺寸，单位为 mm。端铣时，a_p 为切削层深度；而圆周铣削时，a_p 为被加工表面的宽度。

侧吃刀量 a_e 为垂直于铣刀轴线测量的切削层尺寸，单位为 mm。端铣时，a_e 为被加工表面宽度；而圆周铣削时，a_e 为切削层深度。

背吃刀量或侧吃刀量的选取主要由加工余量和对表面质量的要求决定。

1）在工件表面粗糙度值要求为 $Ra12.5 \sim 25 \mu m$ 时，如果圆周铣削的加工余量小于 5mm，端铣的加工余量小于 6mm，粗铣一次进给就可以达到要求。但在余量较大，工艺系统刚性较差或机床动力不足时，可分两次进给完成。

2）在工件表面粗糙度值要求为 $Ra3.2 \sim 12.5 \mu m$ 时，可分粗铣和半精铣两步进行。粗铣时背吃刀量或侧吃刀量选取同前。粗铣后留 $0.5 \sim 1.0mm$ 余量，在半精铣时切除。

3）在工件表面粗糙度值要求为 $Ra0.8 \sim 3.2 \mu m$ 时，可分粗铣、半精铣、精铣三步进行。

半精铣时背吃刀量或侧吃刀量取 1.5~2mm；精铣时圆周铣侧吃刀量取 0.3~0.5mm，面铣刀背吃刀量取 0.5~1mm。

（二）进给速度

进给速度 v_f 是单位时间内工件与铣刀沿进给方向的相对位移，单位为 mm/min。它与铣刀转速 n、铣刀齿数 z 及每齿进给量 f_z（单位为 mm/z）的关系为

$$v_f = f_z z n \tag{5-2}$$

每齿进给量 f_z 的选取主要取决于工件材料的力学性能、刀具材料、工件表面粗糙度等因素。工件材料的强度和硬度越高，f_z 越小；反之则越大。硬质合金铣刀的每齿进给量高于同类高速钢铣刀。工件表面粗糙度要求越高，f_z 就越小。每齿进给量的确定可参考表 5-5 选取。工件刚性差或刀具强度低时，应取小值。

表 5-5　铣刀每齿进给量 f_z

工件材料	每齿进给量 f_z/（mm/z）			
	粗　铣		精　铣	
	高速钢铣刀	硬质合金铣刀	高速钢铣刀	硬质合金铣刀
钢	0.10~0.15	0.10~0.25	0.02~0.05	0.10~0.15
铸铁	0.12~0.20	0.15~0.30		

（三）切削速度

铣削的切削速度计算公式为

$$v_c = \frac{C_v d^q}{T^m f_z^{y_v} a_p^{x_v} a_e^{p_v} z^{x_v} 60^{1-m}} K_v \tag{5-3}$$

由式（5-3）可知铣削的切削速度与刀具寿命 T、每齿进给量 f_z、背吃刀量 a_p、侧吃刀量 a_e 以及铣刀齿数 z 成反比，而与铣刀直径 d 成正比。其原因为 f_z、a_p、a_e 和 z 增大时，切削刃负荷增加，而且同时工作齿数也增多，使切削热增加，刀具磨损加快，从而限制了切削速度的提高。刀具寿命的提高使允许使用的切削速度降低。但是加大铣刀直径 d 则可改善散热条件，因而可提高切削速度。

式（5-3）中的系数及指数是经过试验求出的，可参考有关切削用量手册选用。

此外，铣削的切削速度也可简单地参考表 5-6 选取。

表 5-6　铣削时的切削速度

工件材料	硬度（HBW）	切削速度 v_c/（m/min）	
		高速钢铣刀	硬质合金铣刀
钢	<225	18~42	66~150
	225~325	12~36	54~120
	325~425	6~21	36~75
铸铁	<190	21~36	66~150
	190~260	9~18	45~90
	260~320	4.5~10	21~30

第三节 典型零件的数控铣削加工工艺分析

一、平面凸轮零件的数控铣削加工工艺

平面凸轮零件是数控铣削加工中常见的零件之一，其轮廓曲线组成不外乎直线—圆弧、圆弧—圆弧、圆弧—非圆曲线及非圆曲线等几种。所用数控机床多为两轴以上联动的数控铣床。加工工艺过程也大同小异。下面以图 5-35 所示的平面槽形凸轮为例分析其数控铣削加工工艺。

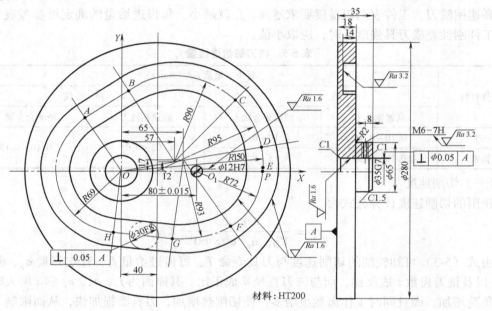

图 5-35 平面槽形凸轮简图

1. 零件图样工艺分析   图样分析主要分析凸轮轮廓形状、尺寸和技术要求、定位基准及毛坯等。

本例零件（图 5-35）所示是一种平面槽形凸轮，其轮廓由圆弧$\overset{\frown}{HA}$、$\overset{\frown}{BC}$、$\overset{\frown}{DE}$、$\overset{\frown}{FG}$和直线 AB、HG 以及过渡圆弧$\overset{\frown}{CD}$、$\overset{\frown}{EF}$ 所组成，需用两轴联动的数控铣床。

材料为铸铁，切削加工性较好。

该零件在数控铣削加工前，工件是一个经过加工、含有两个基准孔、直径为 $\phi280mm$、厚度为 18mm 的圆盘。圆盘底面 A 及 $\phi35G7$ 和 $\phi12H7$ 两孔可用作定位基准，无需另作工艺孔定位。

凸轮槽组成几何元素之间关系清楚，条件充分，编程时，所需基点坐标很容易求得。

凸轮槽内外轮廓面对 A 面有垂直度要求，只要提高装夹精度，使 A 面与铣刀轴线垂直，即可保证；$\phi35G7$ 对 A 面的垂直度要求已由前工序保证。

2. 确定装夹方案   一般大型凸轮可用等高垫块垫在工作台上，然后用压板螺栓在凸轮的孔上压紧。外轮廓平面盘形凸轮的垫块要小于凸轮的轮廓尺寸，不与铣刀发生干涉。对小型凸轮，一般用心轴定位、压紧即可。

根据图 5-35 所示凸轮的结构特点，采用"一面两孔"定位，设计一"一面两销"专用夹具。用一块 320mm × 320mm × 40mm 的垫块，在垫块上分别精镗 $\phi35mm$ 及 $\phi12mm$ 两个定位销安装孔，孔距为 80mm ± 0.015mm，垫块平面度为 0.05mm，加工前先固定垫块，使两定位销孔的中心连线与机床的 x 轴平行，垫块的平面要保证与工作台面平行，并用指示表检查。

图 5-36 为本例凸轮零件的装夹方案示意图。采用双螺母夹紧，提高装夹刚性，防止铣削时振动。

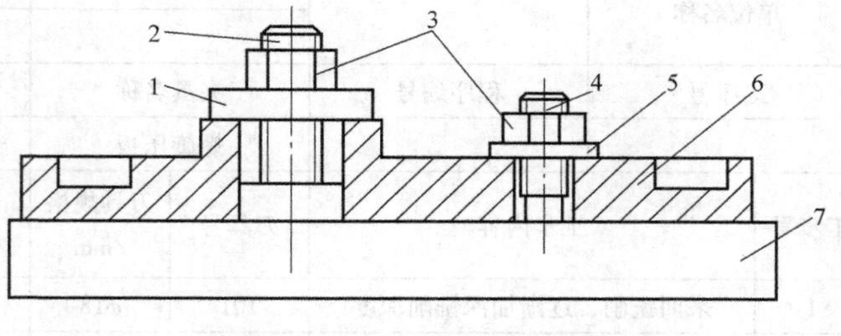

3. 确定进给路线 进给路线包括平面内进给和深度进给两部分路线。对平面内进给，对外凸轮廓从切线方向切入，对内凹轮廓从过渡圆弧切入。在两轴联动的数控铣床上，对铣削平面槽形凸轮，深度进给有两种方法：一种方法是在 xz（或 yz）平面内来回铣削逐渐进刀到既定深度；另一种方法是先打一个工艺孔，然后从工艺孔进刀到既定深度。

本例进刀点选在 P（150，0），刀具在 $y-15$ 及 $y+15$ 之间来回运动，逐渐加深铣削深度，当达到既定深度后，刀具在 xy 平面内运动，铣削凸轮轮廓。为保证凸轮的工作表面有较好的表面质量，采用顺铣方式，即从 P（150，0）开始，对外凸轮廓，按顺时针方向铣削，对内凹轮廓按逆时针方向铣削，图 5-37 所示即为铣刀在水平面内的切入进给路线。

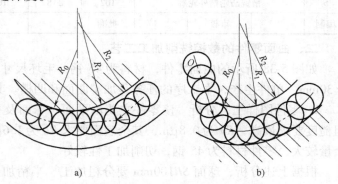

图 5-36 凸轮装夹示意图
1—开口垫圈 2—带螺纹圆柱销 3—压紧螺母
4—带螺纹削边销 5—垫圈 6—工件 7—垫块

图 5-37 平面槽形凸轮的切入进给路线
a) 直线切入外凸轮廓 b) 过渡圆弧切入内凹轮廓

4. 选择刀具 根据零件的结构特点，铣削凸轮槽两侧面时，铣刀直径受槽宽限制，同时考虑本例零件材料（铸铁）属于一般材料，切削加工性较好，故选用 $\phi18mm$ 硬质合金立铣刀。表 5-7 为该零件的数控加工刀具卡片。

表 5-7 数控加工刀具卡片

产品名称或代号			零件名称	槽形凸轮	零件图号	
序号	刀具号	刀具规格名称/mm	数量	加工表面		备注
1	T01	$\phi18$ 硬质合金立铣刀	1	粗铣凸轮槽内外轮廓		
2	T02	$\phi18$ 硬质合金立铣刀	1	精铣凸轮槽内外轮廓		
编制		审核		批准	共 页	第 页

5. 选择切削用量 切削用量是依据零件材料特点、刀具性能及加工精度要求确定。本例切削速度取 40～60m/min，粗铣时取低一些，精铣时取高一些，进给速度取 60mm/min。槽深 14mm，铣削余量分三次完成，第一次背吃刀量取 8mm，第二次背吃刀量取 5mm，剩下的 1mm 随同轮廓精铣一起完成。凸轮槽两侧面各留 0.5mm 精铣余量。

6. 填写数控加工工序卡 槽形凸轮的数控加工工序卡片见表 5-8。

表 5-8 槽形凸轮的数控加工工艺卡片

单位名称		产品名称或代号		零件名称		零件图号	
				槽形凸轮			
工序号	程序编号	夹具名称		使用设备		车间	
		螺旋压板		XK5025		数控中心	
工步号	工步内容	刀具号	刀具规格 /mm	主轴转速 /r·min⁻¹	进给速度 /mm·min⁻¹	背吃刀量 /mm	备注
1	来回铣削，逐渐加深铣削深度	T01	ϕ18	800	60		分两层铣削
2	粗铣凸轮槽内轮廓	T01	ϕ18	700	60		
3	粗铣凸轮槽外轮廓	T01	ϕ18	700	60		
4	精铣凸轮槽内轮廓	T02	ϕ18	1000	100		
5	精铣凸轮槽外轮廓	T02	ϕ18	1000	100		
编制	审核	批准		年 月 日		共 页	第 页

二、曲面零件的数控铣削加工工艺

如图 5-38 所示的曲面零件，材料为 45 钢，毛坯尺寸（长×宽×高）为 120mm×120mm×30mm，单件生产，本工序的任务是加工曲面和凹槽。其数控铣削加工工艺分析如下。

1. 零件图样工艺分析 该零件主要由平面、球面及平面凹槽等组成，其中球面的表面粗糙度要求最高，Ra 为 0.8μm，其余表面要求 Ra 为 1.6μm。整体尺寸精度要求不高，毛坯余量较大，零件材料为 45 钢，切削加工性较好。

根据上述分析，球面 SR100mm 要分粗加工、半精加工和精加工三个阶段进行，以保证表面粗糙度要求，其余凹槽表面也要粗、精分开加工。

2. 确定装夹方案 该零件外形规则，又是单件生产，因此选用平口虎钳夹紧，以底面和侧面定位，用等高块垫起，注意工件高出虎钳钳口的高度要足够。

3. 确定加工顺序及进给路线 按照先粗后精的原则确定加工顺序。先加工出上台阶面，即在毛坯上半部分先加工出一个高 10mm、直径 ϕ102mm 的圆柱台阶，再以圆柱台阶为毛坯加工球面 SR100mm、2×R10mm 环槽及凸球面 SR14mm，最后加工 4×R10mm、4×R20mm 凹槽轮廓。为了保证表面质量，球面 SR100mm 加工采用粗加工—半精加工—精加工—抛光的方案，其他表面采用粗加工—精加工方案。在铣削球面 SR100mm 和 2×R10mm 环槽时，粗加工采用螺旋下刀，精加工采用垂直下刀，进给采用顺铣环行切削。在铣削圆柱台阶和凸球面 SR14mm 时，加入切入、切出过渡圆弧，刀具从毛坯外沿轮廓切线方向切入、切出，采用垂直下刀。在铣削 4×R10mm、4×R20mm 凹槽轮廓时，刀具从轮廓延长线切入、切出，采用垂直下刀。圆柱台阶和凹槽轮廓在平面进给和深度进给方向均采用顺铣方式分层铣削。

4. 刀具的选择 根据零件的材料和结构特点，在铣削圆柱台阶、凹槽轮廓和粗加工球面

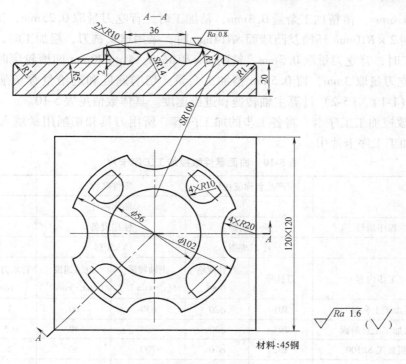

图 5-38　曲面零件

$SR100$mm 时，采用硬质合金立铣刀，半精铣、精铣球面 $SR100$mm 以及粗、精铣 $2 \times R10$mm 环槽、凸球面 $SR14$mm 时，采用硬质合金球头铣刀。所选刀具及其加工表面见表5-9。

表 5-9　曲面零件数控加工刀具卡片

产品名称或代号		零件名称		曲面零件		零件图号	
序号	刀具号	刀　具				加工表面	备注
		规格名称	数量	刀长/mm			
1	T01	$\phi 20$mm 硬质合金立铣刀	1			粗、精加工上台阶面	
2	T02	$\phi 10$mm 硬质合金立铣刀	1			粗加工球面 $SR100$mm	
3	T03	$\phi 10$mm 硬质合金球头铣刀	1			半精加工、精加工球面 $SR100$mm，粗、精加工 $2 \times R10$mm 环槽、凸球面 $SR14$mm	
4	T04	$\phi 16$mm 硬质合金立铣刀	1			粗、精加工 $4 \times R20$mm 凹槽	
5	T05	$\phi 12$mm 硬质合金立铣刀	1			粗、精加工 $4 \times R10$mm 凹槽	
编制		审核		批准		年　月　日　　共　页	第　页

5. 切削用量的选择　铣削圆柱台阶时，粗加工每层的侧吃刀量取 5mm，背吃刀量取 3mm，留 0.5mm 精加工余量。铣削球面 $SR100$mm 时，粗加工采用等高加工，侧吃刀量取 3mm，背吃刀量取 2mm，留 1.5mm 半精加工、精加工余量；半精加工时，选用球头铣刀，

背吃刀量取 0.6mm，留精加工余量 0.3mm；精加工时，背吃刀量取 0.25mm，留 0.05mm 抛光余量。铣削 $2 \times R10$mm 环槽及凸球面 $SR14$mm 时，采用球头铣刀，粗加工时，背吃刀量取 3mm，精加工时，背吃刀量取 0.5mm。铣削 $4 \times R10$mm、$4 \times R20$mm 凹槽轮廓时，侧吃刀量取 5mm，背吃刀量取 3mm，留 0.5mm 精加工余量。切削速度和进给量查切削用量手册选取，再按式（1-1）、（5-2）计算主轴转速和进给速度。具体数值见表 5-10。

6. 填写数控加工工序卡　将各工步的加工内容、所用刀具和切削用量填入表 5-10 的曲面零件数控加工工序卡片中。

表 5-10　曲面零件数控加工工序卡片

单位名称		产品名称或代号		零件名称		零件图号	
				曲面零件			
工序号	程序编号	夹具名称		使用设备		车　间	
		平口虎钳		XK5034		数控中心	
工步号	工步内容	刀具号	刀具规格/mm	主轴转速/(r·min⁻¹)	进给速度/(mm·min⁻¹)	背吃刀量/mm	备注
1	粗加工上台阶面	T01	φ20	630	60	3	
2	精加工上台阶面	T01	φ20	800	40	0.5	
3	粗加工 $SR100$	T02	φ10	700	50	2	
4	半精加工 $SR100$	T03	φ10	800	40	0.6	
5	精加工 $SR100$	T03	φ10	1000	30	0.25	
6	粗加工 $2 \times R10$、$SR14$	T03	φ10	700	50	3	
7	精加工 $2 \times R10$、$SR14$	T03	φ10	1000	30	0.5	
8	粗加工 $4 \times R20$ 凹槽	T04	φ16	600	50	3	
9	精加工 $4 \times R20$ 凹槽	T04	φ16	800	30	0.5	
10	粗加工 $4 \times R10$ 凹槽	T05	φ12	700	40	3	
11	精加工 $4 \times R10$ 凹槽	T05	φ12	900	30	0.5	
编制		审核		批准		年 月 日	共 页　第 页

＊三、支架零件的数控铣削加工工艺

图 5-39 所示为薄板状的支架，结构形状较复杂，是适合数控铣削加工的一种典型零件。下面简要介绍该零件的工艺分析过程。

1. 零件图样工艺分析　由图 5-39 可知，该零件的加工轮廓由列表曲线、圆弧及直线构成，形状复杂，加工、检验都较困难，除底平面宜在普通铣床上铣削外，其余各加工部位均需采用数控机床铣削加工。

该零件的尺寸公差为 IT14，表面粗糙度均为 $Ra6.3\mu m$，一般不难保证。但其腹板厚度只有 2mm，且面积较大，加工时极易产生振动，可能会导致其壁厚公差及表面粗糙度要求难以达到。

支架的毛坯与零件相似，各处均有单边加工余量 5mm（毛坯图略）。零件在加工后各处厚薄尺寸相差悬殊，除扇形框外，其他各处刚性较差，尤其是腹板两面切削余量相对值较大，故该零件在铣削过程中及铣削后都将产生较大变形。

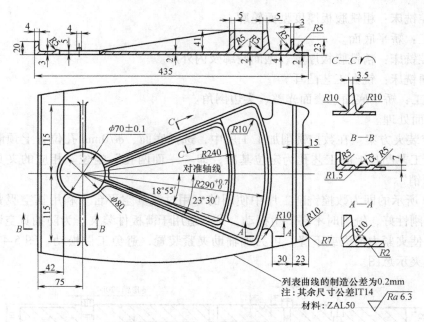

图 5-39　支架零件简图

该零件被加工轮廓表面的最大高度 $H = 41\text{mm} - 2\text{mm} = 39\text{mm}$，转接圆弧为 $R10\text{mm}$，R 略小于 $0.2H$，故该处的铣削工艺性尚可。全部圆角为 $R10\text{mm}$，$R5\text{mm}$，$R2\text{mm}$ 及 $R1.5\text{mm}$，不统一，故需多把不同刀尖圆角半径的铣刀。

零件尺寸的标注基准（对称轴线、底平面、$\phi70\text{mm}$ 孔中心线）较统一，且无封闭尺寸；构成该零件轮廓形状的各几何元素条件充分，无相互矛盾之处，有利于编程。

分析其定位基准，只有底面及 $\phi70\text{mm}$ 孔（可先制成 $\phi20H7$ 的工艺孔）可作定位基准，尚缺一孔，需要在毛坯上制作一辅助工艺基准。

根据上述分析，针对提出的主要问题，采取如下工艺措施：

1）安排粗、精加工及钳工矫形。

2）先铣加强肋，后铣腹板，有利于提高刚性，防止振动。

3）采用小直径铣刀加工，减小切削力。

4）在毛坯右侧对称轴线处增加一工艺凸耳，并在该凸耳上加工一工艺孔，解决缺少的定位基准；设计真空夹具，提高薄板件的装夹刚性。

5）腹板与扇形框周缘相接处的底圆角半径 $R10\text{mm}$，采用底圆为 $R10\text{mm}$ 的球头成形铣刀（带 $7°$ 斜角）补加工完成；将半径为 $R2\text{mm}$ 和 $R1.5\text{mm}$ 的圆角利用圆角制造公差统一为 $R1.5^{+0.5}_{0}\text{mm}$，省去一把铣刀。

2.制订工艺过程　根据前述的工艺措施，制订的支架加工工艺过程为：

1）钳工：划两侧宽度线。

2）普通铣床：铣两侧宽度。

3）钳工：划底面铣切线。

4）普通铣床：铣底平面。

5）钳工：矫平底平面、划对称轴线、制定位孔。

6）数控铣床：粗铣腹板厚度型面轮廓。

7）钳工：矫平底面。

8）数控铣床：精铣腹板厚度、型面轮廓及内外形。

9）普通铣床：铣去工艺凸耳。

10）钳工：矫平底面、表面光整、尖边倒角。

11）表面处理。

3. 确定装夹方案　在数控铣削加工工序中，选择底面、ϕ70mm孔位置上预制的ϕ20H7工艺孔以及工艺凸耳上的工艺孔为定位基准，即"一面两孔"定位。相应的夹具定位元件为"一面两销"。

图 5-40 所示的即为数控铣削工序中使用的专用过渡真空平台。利用真空吸紧工件，夹紧面积大，刚性好，铣削时不易产生振动，尤其适用于薄板件装夹。为防抽真空装置发生故障或漏气，使夹紧力消失或下降，可另加辅助夹紧装置，避免工件松动。图 5-41 即为数控铣削加工装夹示意图。

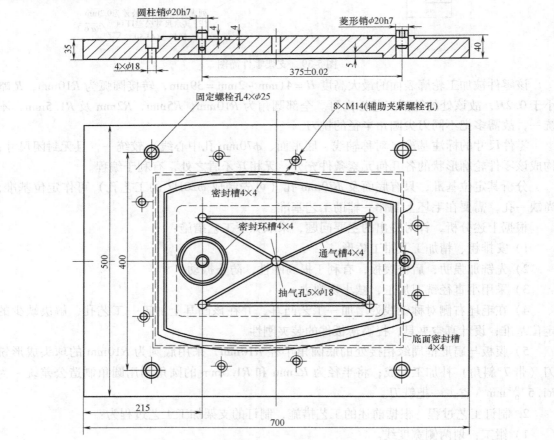

图 5-40　支架零件专用过渡真空平台简图

4. 划分数控铣削加工工步和安排加工顺序　支架在数控机床上进行铣削加工的工序共两道，按同一把铣刀的加工内容来划分工步，其中数控精铣工序可划分为三个工步，具体的工步内容及工步顺序见表 5-11 数控加工工序卡片（粗铣工序这里从略）。

5. 确定进给路线 为直观起见和方便编程，将进给路线绘成文件形式的进给路线图。图 5-42、5-43 和 5-44 是数控精铣工序中三个工步的进给路线。图中 z 值是铣刀在 z 方向的移动坐标。在第三工步进给路线中，铣削 $\phi70mm$ 孔的进给路线未绘出。粗铣进给路线从略。

6. 选择刀具及切削用量 铣刀种类及几何尺寸根据被加工表面的形状和尺寸选择。本例数控精铣工序选用铣刀为立铣刀和成形铣刀，刀具材料为高速钢，所选铣刀及其几何尺寸见表 5-12 数控加工刀具卡片。

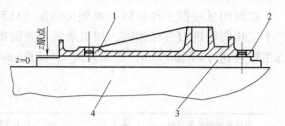

图 5-41 支架零件数控铣削加工装夹示意图
1—支架 2—工艺凸耳及定位孔
3—真空夹具平台 4—机床真空平台

数控机床进给路线图		零件图号		工序号		工步号	1	程序编号	
机床型号		程序段号		加工内容		铣型面轮廓周边 $R5mm$		共3页	第1页

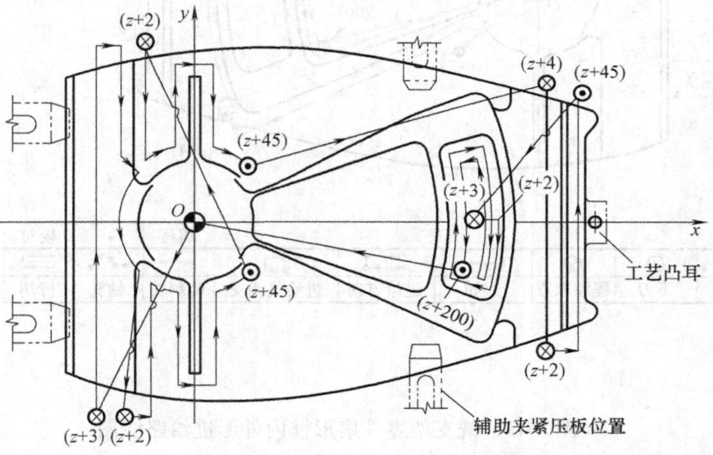

图 5-42 铣支架零件型面轮廓周边 $R5mm$ 进给路线图

符号	⊙	⊗	✹	•→	⇉	⇌	编程 ---	校对 ⇝	审批 ⇥
							爬斜坡	钻孔	行切	轨迹重选	回切
含义	抬刀	下刀	程编原点	起始	进给方向	进给线相交	爬斜坡	钻孔	行切	轨迹重选	回切

表 5-11 数控加工工序卡片

（工厂）	数控加工工序卡片		产品名称或代号		零件名称		材 料		零件图号	
					支架		ZAL50			
工序号	程序编号	夹具名称	夹具编号		使用设备				车间	
		真空夹具								
工步号	工步内容		加工面	刀具号	刀具规格 mm	主轴转速 r · min⁻¹	进给速度 mm · min⁻¹	背吃刀量 mm	备注
1	铣型面轮廓周边圆角 $R5mm$			T01	$\phi20$	800	400		
2	铣扇形框内外形			T02	$\phi20$	800	400		
3	铣外形及 $\phi70mm$ 孔			T03	$\phi20$	800	400		
编制		审核		批准				共1页	第1页

切削用量根据工件材料（本例为锻铝 ZAL50）、刀具材料及图样要求选取。数控精铣的三个工步所用铣刀直径相同，加工余量和表面粗糙度也相同，故可选择相同的切削用量。所选主轴转速 $n=800\text{r/min}$，进给速度 $v_f=400\text{mm/min}$。

数控机床进给路线图		零件图号		工序号		工步号	2	程序编号	
机床型号		程序段号	加工内容		铣扇形框内外形			共3页	第2页

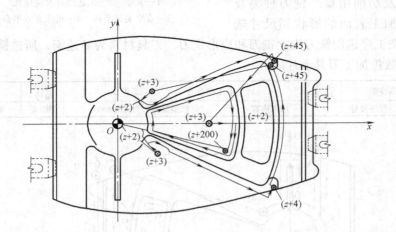

符号	⊙	⊗	✵	•→	•—•	⤙	•--•	⤳	⇔	⤒
							编程		校对	审批
含义	抬刀	下刀	程编原点	起始	进给方向	进给线相交	爬斜坡 钻孔	行切	轨迹重选	回切

图 5-43　铣支架零件扇形框内外形进给路线图

表 5-12　数控加工刀具卡片

产品名称或代号				零件名称	支　架	零件图号		程序号	
工步号	刀具号	刀具名称	刀柄型号	刀　具			补偿量/mm	备注	
				直径/mm	刀长/mm				
1	T01	立铣刀		$\phi20$	45			底圆角 $R5\text{mm}$	
2	T02	成形铣刀		小头 $\phi20$	45			底圆角 $R10\text{mm}$ 带 7°斜角	
3	T03	立铣刀		$\phi20$	40			底圆角 $R0.5\text{mm}$	
编　制		审核		批准				共1页	第1页

数控机床进给路线图		零件图号		工序号		工步号	3	程序编号	
机床型号	程序段号		加工内容		铣削外形及内孔ϕ70mm			共3页	第3页

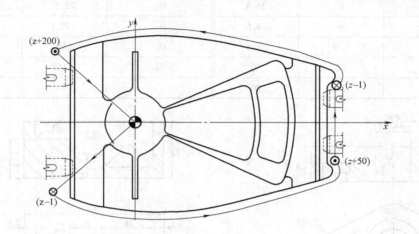

符号	⊙	⊗	✹	•→	↤↦	↤↧	•--•	•↝•	⇄	⇆	↥•
								编程	校对		审批
含义	抬刀	下刀	程编原点	起始	进给方向	进给线相交	爬斜坡	钻孔	行切	轨迹重选	回切

图 5-44 铣支架零件外形进给路线图

习 题

5-1 制订零件数控铣削加工工艺的目的是什么？其主要内容有哪些？

5-2 零件图工艺分析包括哪些内容？

5-3 确定铣刀进给路线时，应考虑哪些问题？

5-4 数控铣削薄壁件，刀具和切削用量的选择应注意哪些问题？

5-5 立铣刀和键槽铣刀有何区别。

5-6 数控铣削一个长 250mm、宽 100mm 的槽，铣刀直径为 ϕ25mm，交迭量为 6mm，加工时，以槽的左下角为坐标原点，刀具从点（500，250）开始移动，试绘出刀具的最短加工路线，并列出刀具中心轨迹各段始点和终点的坐标。

5-7 图 5-45 所示是要铣削零件的外形，为确保加工质量，应合理地选用铣刀直径，试根据给出的条件，确定出最大铣刀直径是多少？

5-8 试制订图 5-46 所示法兰外轮廓面 A 的数控铣削加工工艺（其余表面已加工）。

5-9 加工图 5-47 所示的具有三个台阶的槽腔零件。试编制槽腔的数控铣削加工工艺（其余表面已加工）。

5-10 加工图 5-48 所示偏心轮。先制订出该零件的整个加工工艺过程（毛坯为锻件），然后再制订轮廓及圆弧槽的数控铣削加工工艺。

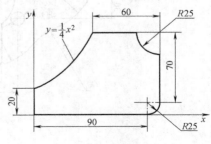

图 5-45 题 5-7 图

（单位：mm）

坐标 圆心	x	y	坐标 圆心	x	y
O_1	0	24.5	O_6	72.5	41
O_2	9	34.5	O_7	−72.5	41
O_3	−9	34.5	O_8	150	−130
O_4	17	70	O_9	−150	−130
O_5	−17	70			

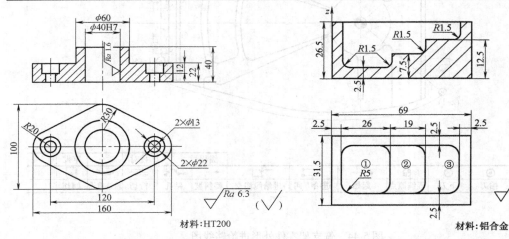

图 5-46 题 5-8 图   图 5-47 题 5-9 图

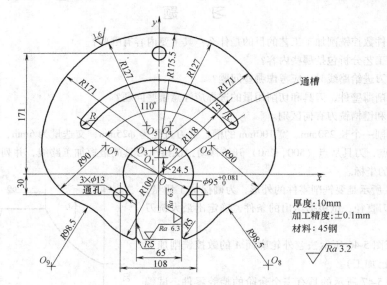

图 5-48 题 5-10 图

第六章 加工中心的加工工艺

第一节 加工中心的工艺特点

加工中心（指镗铣加工中心）是一种功能较全的数控机床，它集铣削、钻削、铰削、镗削、攻螺纹和切螺纹于一身，使其具有多种工艺手段，与普通机床加工相比，加工中心具有许多显著的工艺特点。

1. 加工精度高 在加工中心上加工，其工序高度集中，一次装夹即可加工出零件上大部分甚至全部表面，避免了工件多次装夹所产生的装夹误差，因此，加工表面之间能获得较高的相互位置精度。同时，加工中心多采用半闭环，甚至全闭环的位置补偿功能，有较高的定位精度和重复定位精度，在加工过程中产生的尺寸误差能及时得到补偿，与普通机床相比，能获得较高的尺寸精度。

2. 精度稳定 整个加工过程由程序自动控制，不受操作者人为因素的影响，同时，没有凸轮、靠模等硬件，省去了制造和使用中磨损等所造成的误差，加上机床的位置补偿功能和较高的定位精度和重复定位精度，加工出的零件尺寸一致性好。

3. 效率高 一次装夹能完成较多表面的加工，减少了多次装夹工件所需的辅助时间。同时，减少了工件在机床与机床之间、车间与车间之间的周转次数和运输工作量。

4. 表面质量好 加工中心主轴转速和各轴进给量均是无级调速，有的甚至具有自适应控制功能，能随刀具和工件材质及刀具参数的变化，把切削参数调整到最佳数值，从而提高了各加工表面的质量。

5. 软件适应性大 零件每个工序的加工内容、切削用量、工艺参数都可以编入程序，可以随时修改，这给新产品试制，实行新的工艺流程和试验提供了方便。

但在加工中心上加工，与在普通机床上加工相比，还有一些不足之处。例如，刀具应具有更高的强度、硬度和耐磨性；悬臂切削孔时，无辅助支承，刀具还应具备很好的刚性；在加工过程中，切屑易堆积，会缠绕在工件和刀具上，影响加工顺利进行，需要采取断屑措施和及时清理切屑；一次装夹完成从毛坯到成品的加工，无时效工序，工件的内应力难以消除；使用、维修管理要求较高，要求操作者应具有较高的技术水平；加工中心的价格一般都在几十万元到几百万元，一次性投入较大，零件的加工成本高等。

第二节 加工中心的主要加工对象

针对加工中心的工艺特点，加工中心适宜于加工形状复杂、加工内容多、要求较高、需用多种类型的普通机床和众多的工艺装备，且经多次装夹和调整才能完成加工的零件。其主要的加工对象有下列几种。

一、既有平面又有孔系的零件

加工中心具有自动换刀装置，在一次安装中，可以完成零件上平面的铣削、孔系的钻削、镗削、铰削、铣削及攻螺纹等多工步加工。加工的部位可以在一个平面上，也可以在不同的平面上。五面体加工中心一次安装可以完成除装夹面以外的五个面的加工。因此，既有平面又有孔系的零件是加工中心的首选加工对象，这类零件常见的有箱体类零件和盘、套、板类零件。

1. 箱体类零件　箱体类零件很多，图 3-27 和图 3-28 是常见的几种箱体类零件。箱体类零件一般都要进行多工位孔系及平面加工，精度要求较高，特别是形状精度和位置精度要求较严格，通常要经过铣、钻、扩、镗、铰、锪、攻螺纹等工步，需要刀具较多，在普通机床上加工难度大，工装套数多，需多次装夹找正，手工测量次数多，精度不易保证。在加工中心上一次安装可完成普通机床的 60% ~ 95% 的工序内容，零件各项精度一致性好，质量稳定，生产周期短。

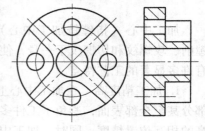

图 6-1　十字盘

2. 盘、套、板类零件　这类零件端面上有平面、曲面和孔系，径向也常分布一些径向孔，如图 6-1 所示的十字盘。加工部位集中在单一端面上的盘、套、板类零件宜选择立式加工中心，加工部位不是位于同一方向表面上的零件宜选择卧式加工中心。

二、结构形状复杂、普通机床难加工的零件

主要表面是由复杂曲线、曲面组成的零件，加工时，需要多坐标联动加工，这在普通机床上是难以甚至无法完成的，加工中心是加工这类零件的最有效的设备。此类常见的典型零件有以下几类：

1. 凸轮类　这类零件有各种曲线的盘形凸轮、圆柱凸轮、圆锥凸轮和端面凸轮等，加工时，可根据凸轮表面的复杂程度，选用三轴、四轴或五轴联动的加工中心。

2. 整体叶轮类　整体叶轮常见于航空发动机的压气机、空气压缩机、船舶水下推进器等，它除具有一般曲面加工的特点外，还存在许多特殊的加工难点，如通道狭窄，刀具很容易与加工表面和邻近曲面产生干涉。图 6-2 所示是轴向压缩机涡轮，它的叶面是一个典型的三维空间曲面，加工这样的型面，可采用四轴以上联动的加工中心。

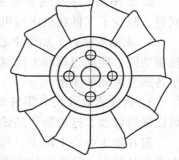

图 6-2　轴向压缩机涡轮

3. 模具类　常见的模具有锻压模具、铸造模具、注塑模具及橡胶模具等。图 6-3 所示为连杆锻压模具。采用加工中心加工模具，由于工序高度集中，动模、静模等关键件的精加工基本上是在一次安装中完成全部机加工内容，尺寸累积误差及修配工作量小。同时，模具的可复制性强，互换性好。

三、外形不规则的异形零件

异形零件是指如图 6-4、图 6-6 所示的支架、拨叉这一类外形不规则的零件，大多要点、线、面多工位混合加工。由于外形不规则，在普通机床上只能采取工序分散的原则加工，需用工装较多，周期较长。利用加工中心多工位点、线、面混合加工的特点，可以完成大部分甚至全部工序内容。

上述是根据零件特征选择的适合加工中心加工的几种零件，此外，还有以下一些适合加工中心加工的零件。

四、周期性投产的零件

　　用加工中心加工零件时，所需工时主要包括基本时间和准备时间，其中，准备时间占很大比例。例如工艺准备、程序编制、零件首件试切等，这些时间往往是单件基本时间的几十倍。采用加工中心可以将这些准备时间的内容储存起来，供以后反复使用。这样，对周期性投产的零件，生产周期就可以大大缩短。

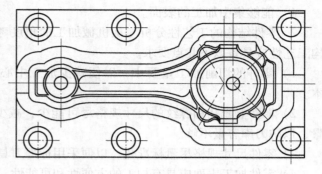

图 6-3　连杆锻压模简图

五、加工精度要求较高的中小批量零件

　　针对加工中心加工精度高、尺寸稳定的特点，对加工精度要求较高的中小批量零件，选择加工中心加工，容易获得所要求的尺寸精度和形状位置精度，并可得到很好的互换性。

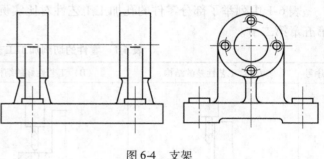

图 6-4　支架

六、新产品试制中的零件

　　在新产品定型之前，需经反复试验和改进。选择加工中心试制，可省去许多用通用机床加工所需的试制工装。当零件被修改时，只需修改相应的程序及适当地调整夹具、刀具即可，节省了费用，缩短了试制周期。

第三节　加工中心加工工艺方案的制订

　　制订加工中心加工工艺方案是数控加工中的一项重要工作，其主要内容包括：分析零件的工艺性、选择加工中心及设计零件的加工工艺等。

一、零件的工艺分析

　　零件的工艺分析是制订加工中心加工工艺的首要工作。其任务是分析零件图的完整性、正确性和技术要求、选择加工内容、分析零件的结构工艺性和定位基准等。其中，零件图的完整性、正确性和技术要求分析详见第三章第二节，这里不再赘述。

　　1. 加工中心加工内容的选择　在本章第二节中分析了适合加工中心加工的零件，这里所述的加工内容选择是指在零件选定之后，选择零件上适合加工中心加工的表面。这种表面通常是：

　　1）尺寸精度要求较高的表面。

　　2）相互位置精度要求较高的表面。

　　3）不便于普通机床加工的复杂曲线、曲面。

170

4）能够集中加工的表面。

2. 零件结构的工艺性分析　从机械加工的角度考虑，在加工中心上加工的零件，其结构工艺性应具备以下几点要求。

1）零件的切削加工量要小，以便减少加工中心的切削加工时间，降低零件的加工成本。

2）零件上光孔和螺纹的尺寸规格尽可能少，减少加工时钻头、铰刀及丝锥等刀具的数量，以防刀库容量不够。

3）零件尺寸规格尽量标准化，以便采用标准刀具。

4）零件加工表面应具有加工的方便性和可能性。

5）零件结构应具有足够的刚性，以减少夹紧变形和切削变形。

表 6-1 中列举了部分零件的孔加工工艺性对比实例。有关表面的铣削加工工艺性实例见第五章第二节。

表 6-1　零件的切削加工工艺性实例

序号	（A）工艺性差的结构	（B）工艺性好的结构	说　明
1			A 结构不便引进刀具，难以实现孔的加工
2			B 结构可避免钻头钻入和钻出时因工件表面倾斜而造成引偏或断损
3			B 结构节省材料，减小了质量，还避免了深孔加工
4	M17	M16	A 结构不能采用标准丝锥攻螺纹
5	Ra 0.8	Ra 0.8　Ra 12.5　Ra 0.8	B 结构减少配合孔的加工面积

（续）

序号	（A）工艺性差的结构	（B）工艺性好的结构	说　明
6			B 结构孔径从一个方向递减或从两个方向递减，便于加工
7			B 结构可减少深孔的螺纹加工
8			B 结构刚性好

　　3. 定位基准分析　零件上应有一个或几个共同的定位基准。该定位基准一方面要能保证零件经多次装夹后其加工表面之间相互位置的正确性，如多棱体、复杂箱体等在卧式加工中心上完成四周加工后，要重新装夹加工剩余的加工表面，用同一基准定位可以避免由基准转换引起的误差；另一方面要满足加工中心工序集中的特点，即一次安装尽可能完成零件上较多表面的加工。定位基准最好是零件上已有的面或孔，若没有合适的面或孔，也可专门设置工艺孔或工艺凸台等作为定位基准。

　　图 6-5 所示为铣头体，其中 $\phi80H7$、$\phi80K6$、$\phi90K6$、$\phi95H7$、$\phi140H7$ 孔及 D-E 孔两端面要在

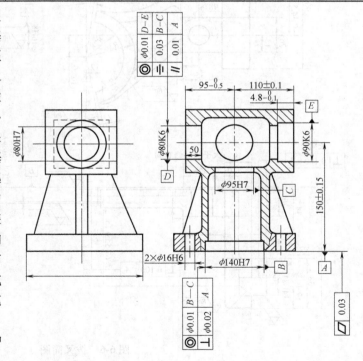

图 6-5　铣头体简图

加工中心上加工。在卧式加工中心上须经两次装夹才能完成上述孔和面的加工。第一次装夹加工 $\phi80K6$、$\phi90K6$、$\phi80H7$ 孔及 D-E 孔两端面；第二次装夹加工 $\phi95H7$ 及 $\phi140H7$ 孔。

为保证孔与孔之间、孔与面之间的相互位置精度，应有同一定位基准。为此，在前面工序中加工出 A 面，另外再专门设置两个定位用的工艺孔 2 × φ16H6。这样两次装夹都以 A 面和 2 × φ16H6 孔定位，可减少因定位基准转换而引起的定位误差。

图 6-6 所示为机床变速机构中的拨叉。选择在卧式加工中心上加工的表面为 φ16H8 孔、16A11 槽、14H11 槽及 8 处 R7mm 圆弧。其中 8 处 R7mm 圆弧位置精度要求较低。为在一次安装中能加工出上述表面，并保证 16A11 槽对 φ16H8 孔的对称度要求和 14H11 槽对 φ16H8 孔的垂直度要求，可用 R28mm 圆弧中心线及 B 面作为主要定位基准。因为 R28mm 圆弧中心线是 φ16H8 孔及 16A11 槽的设计基准，符合"基准重合"原则，B 面尽管不是 14H11 槽的设计基准（14H11 槽的设计基准是尺寸 $12_{-0.059}^{-0.016}$ mm 的对称中心面），但它能限制三个自由度，定位稳定，基准不重合误差只有 0.0215mm，比设计尺寸（67.5 ± 0.15）mm 的允差小得多，加工中心精度完全能保证。因此，在前道工序中先加工好 R28mm 圆弧（加工至 φ56H7）和 B 面。

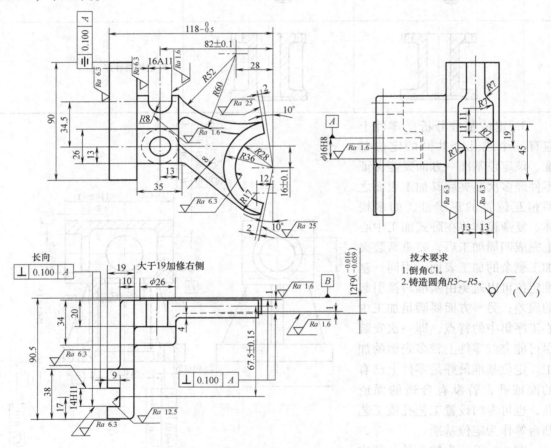

图 6-6　拨叉简图

又如图 6-7a 所示的电动机端盖，在加工中心上一次安装可完成所有加工端面及孔的加工。但表面上无合适的定位基准，因此，在分析零件图时，可向设计部门提出，改成图 6-7b 所示的结构，增加三个工艺凸台，以此作为定位基准。

二、加工中心的选用

任何一台加工中心都有一定的规格、精度、加工范围和使用范围。卧式加工中心适用于需多工位加工和位置精度要求较高的零件，如箱体、泵体、阀体和壳体等。立式加工中心适用于需单工位加工的零件，如箱盖、端盖和平面凸轮等。规格（指工作台宽度）相近的加工中心，一般卧式加工中心的价格要比立式加工中心贵50%～100%。因此，从经济性角度考虑，完成同样工艺内容，宜选用立式加工中心。但卧式加工中心的工艺范围较宽。

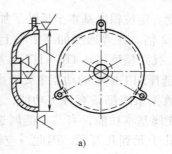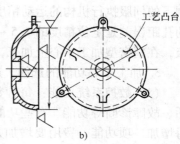

图 6-7　电动机端盖简图

1. 加工中心规格的选择　选择加工中心的规格主要考虑：工作台的大小、坐标行程、坐标数量和主电动机功率等。

所选工作台台面应比零件稍大一些，以便安装夹具。例如，零件外形尺寸是450mm×450mm×450mm的箱体，选取尺寸为500mm×500mm的工作台即可。加工中心工作台台面尺寸与 x、y、z 三坐标行程有一定的比例，如工作台台面为500mm×500mm，则 x、y、z 坐标行程分别为700～800mm、550～700mm、500～600mm。若工件尺寸大于坐标行程，则加工区域必须在坐标行程以内。另外，工件和夹具的总重量不能大于工作台的额定负载，工件移动轨迹不能与机床防护罩干涉，交换刀具时，不得与工件相碰等。

加工中心的坐标数根据加工对象选择。加工中心除有 x、y、z 三向直线移动坐标外，尚有 A、B、C 回转坐标和 U、V、W 附加坐标。

主轴电动机功率反映了机床的切削效率和切削刚性。加工中心一般都配置功率较大的交流或直流调速电动机，调速范围比较宽，可满足高速切削的要求。但在用大直径盘铣刀铣削平面和粗镗大孔时，转速较低，输出功率较小，转矩受限制。因此，必须对低速转矩进行校核。

2. 加工中心精度的选择　根据零件关键部位的加工精度选择加工中心的精度等级。国产加工中心按精度分为普通型和精密型两种。表6-2列出加工中心所有精度项目当中的几项关键精度。

表 6-2　加工中心精度等级　　　　　　　　　　　（单位：mm）

精 度 项 目	普 通 型	精 密 型
单轴定位精度	±0.01/300 全长	0.005/全长
单轴重复定位精度	±0.006	±0.003
铣圆精度	0.03～0.04	0.02

加工中心的定位精度和重复定位精度反映了各轴运动部件的综合精度，尤其是重复定位精度，它反映了该控制轴在行程内任意点的定位稳定性，这是衡量控制轴能否可靠工作的基本指标。因此，所选加工中心应有必要的误差补偿功能，如螺距误差补偿功能、反向间隙补偿功能等。

加工中心定位精度是指在控制轴行程内任意一个点的定位误差，它反映了在控制系统控制下的伺服执行机构的运动精度。定位精度基本上反映了加工精度。一般来说，加工两个孔的孔距误差是定位精度的 1.5 ~ 2 倍。在普通型加工中心上加工，孔距精度可达 IT8 公差等级，在精密型加工中心上加工，孔距精度可达 IT6 ~ IT7 公差等级。

3. 加工中心功能的选择　选择加工中心的功能主要考虑以下几项功能。

（1）数控系统功能：每种数控系统都备有许多功能，如随机编程、图形显示、人机对话、故障诊断等功能。有些功能属基本功能，有些功能属选择功能。在基本功能的基础上，每增加一项功能，费用要增加几千元到几万元。因此，应根据实际需要选择数控系统的功能。

（2）坐标轴控制功能：坐标轴控制功能主要从零件本身的加工要求来选择。如平面凸轮需两轴联动，复杂曲面的叶轮、模具等需三轴或四轴以上联动。

（3）工作台自动分度功能：当零件在卧式加工中心上需经多工位加工时，机床的工作台应具有分度功能。普通型的卧式加工中心多采用鼠齿盘定位的工作台自动分度，分度定位精度较高，其分度定位间距有 $0.5° \times 720mm$；$1° \times 360mm$；$5° \times 72mm$；$3° \times 120mm$ 等几种，根据零件的加工要求选择相应的分度定位间距。立式加工中心也可配置数控分度头。

4. 刀库容量的选择　通常根据零件的工艺分析，算出工件一次安装所需刀具数，来确定刀库容量。刀库容量需留有余地，但不宜太大。因为大容量刀库成本和故障率高、结构和刀具管理复杂。表 6-3 所列是在中小型加工中心上加工典型零件时所需刀具数量的统计数据。一般说来，在立式加工中心上选用 20 把左右刀具容量的刀库，在卧式加工中心上选用 40 把左右刀具容量的刀库即可满足使用要求。

表 6-3　中小型加工中心所需刀具数量

所需刀具数（把）	< 10	< 20	< 30	< 40	> 40
所需刀具数加工零件数占加工全部零件数的百分比（%）	18	50	17	10	5

5. 刀柄的选择

（1）刀柄：刀柄是机床主轴与刀具之间的连接工具。加工中心上一般都采用 7:24 圆锥刀柄，如图 6-8 所示。这类刀柄不自锁，换刀比较方便，比直柄有较高的定心精度与刚度。加工中心刀柄已系列化和标准化，其锥柄部分和机械手抓拿部分都有相应的国际和国家标准。ISO7388/I 和 GB/T 10944—1989《自动换刀机床用 7:24 圆锥工具柄部 40、45 和 50 号圆锥柄》对此作了统一规定。固定在刀柄尾部且与主轴内拉紧机构相适应的拉钉也已标准

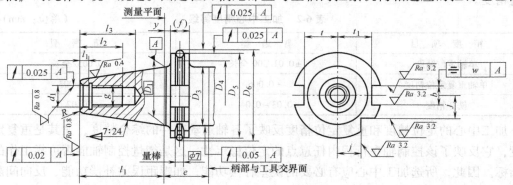

图 6-8　自动换刀机床用 7:24 圆锥工具柄部简图

化，具体规定见 ISO 7388 和 GB/T 10945—1989《自动换刀机床用 7：24 圆锥工具柄部 40、45 和 50 号圆锥柄用拉钉》。图 6-9 和图 6-10 所示分别是标准中规定的 A 型（用于不带钢球的拉紧装置）和 B 型（用于带钢球的拉紧装置）两种拉钉。柄部及拉钉的有关尺寸查阅相应标准。

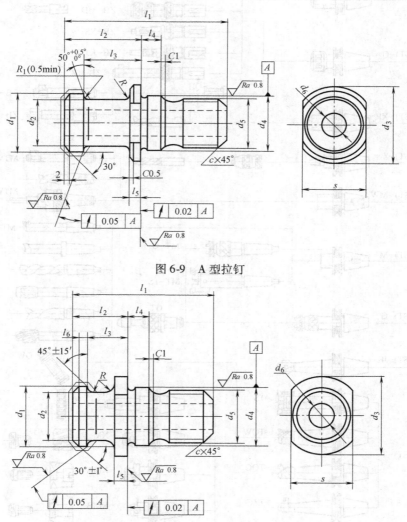

图 6-9　A 型拉钉

图 6-10　B 型拉钉

（2）工具系统：由于在加工中心上要适应多种形式零件不同部位的加工，故刀具装夹部分的结构、形式、尺寸也是多种多样的。把通用性较强的几种装夹工具（例如装夹铣刀、镗刀、扩铰刀、钻头和丝锥等）系列化、标准化就成为通常所说的工具系统。工具系统分为整体式结构（TSG）和模块式结构（TMG）两大类。

1）整体式结构工具系统。整体式结构镗铣类工具系统把工具柄部和装夹刀具的工作部分连成一体。不同品种和规格的工作部分都必须带有与机床主轴相连接的柄部。其优点是使用方便、刚性好、可靠。其缺点是所用的刀柄规格品种数量较多。图 6-11 所示的为 TSG82 整体式结构工具系统，选用时一定要按图示进行配置。其型号由五个部分组成，其表示方法

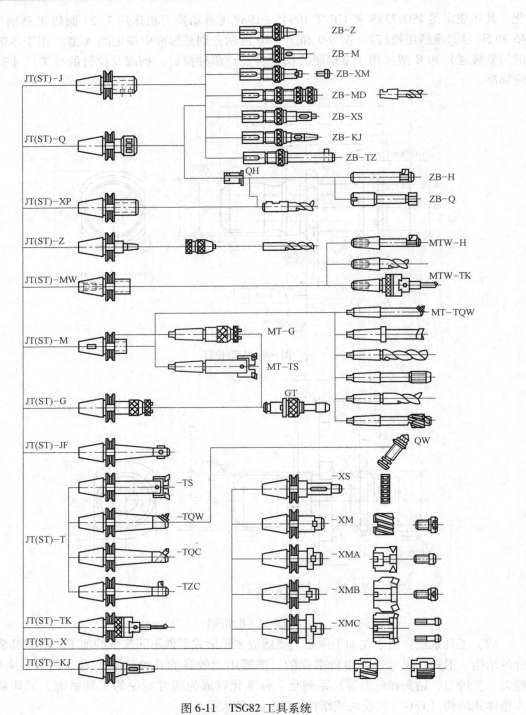

图 6-11 TSG82 工具系统

如下：

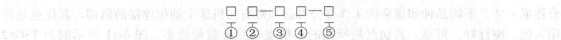

① 表示工具柄部形式。常用的工具柄部形式有 JT、BT 和 ST 三种，它们可直接与机

床主轴连接。JT 表示采用国际标准 ISO7388 制造的加工中心机床用锥柄柄部（带机械手抓拿槽）；BT 表示采用日本标准 MAS403 制造的加工中心机床用锥柄柄部（带机械手抓拿槽）；ST 表示按 GB3837 制造的数控机床用锥柄（无机械手抓拿槽）。

镗刀类刀柄自己带有刀头，可用于粗、精镗。有的刀柄则需要接杆或标准刀具，才能组装成一把完整的刀具；KH、ZB、MT 和 MTW 为四类接杆，接杆的作用是改变刀具长度。TSG 工具柄部形式见表 6-4。

表 6-4　TSG 工具柄部形式

代号	工具柄部形式	类别	标　准	柄部尺寸
JT	加工中心用锥柄，带机械手抓拿槽	刀柄	GB/T 10944—2006	ISO 锥度号
XT	一般镗铣床用工具柄部	刀柄	GB/T 3837—2001	ISO 锥度号
ST	数控机床用锥柄，无机械手抓拿槽	刀柄	GB/T 3837—2001	ISO 锥度号
MT	带扁尾莫氏圆锥工具柄	接杆	GB/T 1443—1996	莫氏锥度号
MW	无带扁尾莫氏圆锥工具柄	接杆	GB/T 1443—1996	莫氏锥度号
XH	7：24 锥度的锥柄接杆	接杆		锥柄锥度号
ZB	直柄工具柄	接杆	GB/T 6131.1—2006	直径尺寸

② 表示柄部尺寸。对锥柄表示相应的 ISO 锥度号，对圆柱柄表示直径。7：24 锥柄的锥度号有 25、30、40、45、50 和 60 等。如 50 和 40 分别代表大端直径为 $\phi69.85mm$ 和 $\phi44.45mm$ 的 7：24 锥度。大规格 50、60 号锥柄适用于重型切削机床，小规格 25、30 号锥柄适用于高速轻切削机床。

③ 表示工具用途代码。如 XP 表示装削平型铣刀刀柄。TSG82 工具系统的用途代码和意义见表 6-5。

表 6-5　TSG82 工具系统用途的代码和意义

代码	代码的意义	代码	代码的意义	代码	代码的意义
J	装接长刀杆用锥柄	KJ	用于装扩、铰刀	TF	浮动镗刀
Q	弹簧夹头	BS	倍速夹头	TK	可调镗刀
KH	7：24 锥柄快换夹头	H	倒锪端面刀	X	用于装铣削刀具
Z(J)	装钻夹头刀柄（莫氏锥度加 J）	T	镗孔刀具	XS	装三面刃铣刀
MW	装无扁尾莫氏锥柄刀具	TZ	直角镗刀	XM	装套式面铣刀
M	装有扁尾莫氏锥柄刀具	TQW	倾斜式微调镗刀	XDZ	装直角面铣刀
G	攻螺纹夹头	TQC	倾斜式粗镗刀	XD	装面铣刀
C	切内槽工具	TZC	直角形粗镗刀	XP	装削平型直柄刀具

④ 表示工具规格。其含义随工具不同而异，有些工具该数字为其轮廓尺寸 D 或 L；有些工具该数字表示应用范围。

⑤ 表示工具的设计工作长度（锥柄大端直径处到端面的距离）。

例如，标示为 JT45-Q32-120 的刀辅具，表示自动换刀机床用 7：24 圆锥工具柄（GB/T 10944—1989），锥柄为 45 号，前部为弹簧夹头，最大夹持直径 32mm，刀柄工作长度（锥柄大端直径 $\phi57.15mm$ 处到弹簧夹头前端面的距离）为 120mm。

2）模块式结构工具系统。模块式结构是把工具的柄部和工作部分分开，制成系统化的主柄模块、中间模块和工作模块，然后用不同规格的中间模块，组装成不同用途、不同规格的模块式工具。这样，既方便了制造、也方便了使用和保管，大大减少了用户的工具储备。图 6-12 所示为模块式工具的组成。

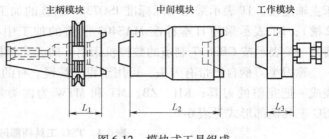

图 6-12　模块式工具组成

国内镗铣类模块式工具系统可用其汉语"镗铣类"、"模块式"、"工具系统"三个词组的大写拼音字头 TMG 来表示，为了区别各种结构不同的模块式工具系统，在 TMG 之后加上两位数字，以表示结构特征。

前面的一位数字（即十位数字）表示模块连接的定心方式：1—短圆锥定心；2—单圆柱面定心；3—双键定心；4—端齿啮合定心；5—双圆柱面定心。

后面的一位数字（即个位数字）表示模块连接的锁紧方式：0—中心螺钉拉紧；1—径向销钉锁紧；2—径向楔块锁紧；3—径向双头螺栓锁紧；4—径向单侧螺钉锁紧；5—径向两螺钉垂直方向锁紧；6—螺纹联接锁紧。

国内常见的镗铣类模块式工具系统有 TMG10、TMG21 和 TMG28 等。

TMG10 模块式工具系统采用短圆锥定心，轴向用中心螺钉拉紧，主要用于工具组合后不经常拆卸或加工件具有一定批量的情况。

TMG21 模块式工具系统采用单圆柱面定心，径向销钉锁紧，它的一部分为孔，而另一部分为轴，两者插入连接构成一个刚性刀柄，一端和机床主轴连接，另一端则安装上各种可转位刀具，便构成了一个先进的工具系统，主要用于重型机械、机床等各种行业。

TMG28 模块式工具系统是我国开发的新型工具系统，采用单圆柱面定心，模块接口锁紧方式采用与前述 0～6 不同的径向锁紧方式（用数字"8"表示）。TMG28 工具系统互换性好，连接的重复精度高，模块组装、拆卸方便，模块之间的连接牢固可靠，结合刚性好，达到国外模块式工具的水平。其主要适用于高效切削刀具（如可转位浅孔钻、扩孔钻和双刃镗刀等）。

TMG 模块式工具系统型号的表示方法如下：

$$\underset{①}{\square}\ \underset{②}{\square}\ \underset{③}{\square}\cdot\underset{④}{\square}\ \underset{⑤}{\square}\cdot\underset{⑥}{\square}-\underset{⑦}{\square}$$

①　表示模块连接的定心方式，即 TMG 类型代号的十位数字（0～5）。

②　表示模块连接的锁紧方式，即 TMG 类型代号的个位数字（一般为 0～6，TMG28 锁紧方式代号为 8）。

③　表示模块类别，一共有 5 种：A——表示标准主柄模块，AH——表示带冷却环的主柄模块，B——表示中间模块，C——表示普通工作模块，CD——表示带刀具的工作模块。

④　表示锥柄型式，如 JT、BT 和 ST 等。

⑤　表示柄部尺寸（锥度号）。

⑥　表示主柄模块和刀具模块接口处外径。

⑦　表示装在主轴上悬伸长度，指主柄圆锥大端直径至前端面的距离或者是中间模块前端到其与主柄模块接口处的距离。

TMG 模块型号示例:

28A·ISOJT50·80-70——表示为 TMG28 工具系统的主柄模块,主柄柄部符合 ISO 标准,规格为 50 号 7:24 锥度,主柄模块接口外径为 80mm,装在主轴上悬伸长度 70mm。

21A·JT40·25-50——表示为 TMG21 工具系统的主柄模块,锥柄型式为 JT,规格为 40 号 7:24 锥度,主柄模块接口外径为 25mm,装在主轴上悬伸长度 50mm。

(3)选择刀柄的注意事项:选择加工中心用刀柄需注意的问题较多,主要应注意以下几点:

1)刀柄结构形式的选择,需要考虑多种因素。对一些长期反复使用,不需要拼装的简单刀柄,如在零件外廓上加工用的装面铣刀刀柄、弹簧夹头刀柄及钻夹头刀柄等以配备整体式刀柄为宜。这样,工具刚性好,价格便宜。当加工孔径、孔深经常变化的多品种、小批量零件时,以选用模块式工具为宜。这样可以取代大量整体式镗刀柄。当应用的加工中心较多时,应选用模块式工具。因为选用模块式工具各台机床所用的中间模块(接杆)和工作模块(装刀模块)都可以通用,能大大减少设备投资,提高工具利用率,同时也利于工具的管理与维护。

2)刀柄数量应根据要加工零件的规格、数量、复杂程度以及机床的负荷等配置,一般是所需刀柄的 2~3 倍。这是因为要考虑到机床工作的同时,还有一定数量的刀柄正在预调或刀具修理。只有当机床负荷不足时,才取 2 倍或不足 2 倍。一般加工中心刀库只用来装载正在加工零件所需的刀柄。典型零件的复杂程度与刀库容量有一定关系,所以配置数量也大约为刀库容量的 2~3 倍。

3)刀柄的柄部应与机床相配。加工中心的主轴孔多选定为不自锁的 7:24 锥度。但是,与机床相配的刀柄柄部(除锥度角以外)并没有完全统一。尽管已经有了相应的国际标准,可是在有些国家并未得到贯彻。如有的柄部在 7:24 锥度的小端带有圆柱头,而另一些就没有。现在有几个与国际标准不同的国家标准。标准不同,机械手抓拿槽的形状、位置、拉钉的形状、尺寸或键槽尺寸也都不相同。我国近年来引进了许多国外的工具系统技术,现在国内也有多种标准刀柄。因此,在选择刀柄时,应弄清楚选用的机床应配用符合哪个标准的工具柄部,要求工具的柄部应与机床主轴孔的规格(40 号、45 号还是 50 号)相一致;工具柄部抓拿部位要能适应机械手的形态位置要求;拉钉的形状、尺寸要与主轴里的拉紧机构相匹配。

6. 刀具预调仪的选择 刀具预调仪是用来调整或测量刀具尺寸的。刀具预调仪结构有许多种,其对刀精度有:轴向 0.01~0.1mm,径向 ±0.005~±0.01mm。从结构上来讲,有直接接触式测量和光屏投影放大测量两种。读数方法也各不相同,有的用圆盘刻度或游标读数,有的则用光学读数头或数字显示器等。

图 6-13 是两种预调仪的示意图,图 6-13a 中的是将刀具装在刀座中之后用千分表或高度尺测量,而图 6-13b 中的则是将刀具安装在刀座上之后,调整镜头,就可以在屏幕上见到放大的刀具刃口部分的影像,调整屏幕可以使米字刻线与刃口重合,同时在数字显示器上读出相应的直径和轴向尺寸值。

选择刀具预调仪必须根据零件加工精度来考虑。预调仪测得的刀具尺寸是在没有承受切削力的静态下测得的,与加工后的实际尺寸不一定相同。例如国产镗刀刀柄加工之后的孔径要比预调仪上尺寸小 0.01~0.02mm。加工过程中要经过试切后现场修调刀具。为了提高刀

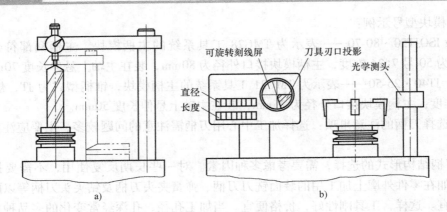

图 6-13　刀具预调仪

具预调仪的利用率，多台机床可共用一台刀具预调仪。

三、零件的加工工艺设计

设计加工中心加工的零件的工艺主要从精度和效率两方面考虑。在保证零件质量的前提下，要充分发挥机床的加工效率。工艺设计的内容主要包括以下几个方面。

1. 加工方法的选择　　加工中心加工零件的表面不外乎平面、平面轮廓、曲面、孔和螺纹等。所选加工方法要与零件的表面特征、所要求达到的精度及表面粗糙度相适应。

平面、平面轮廓及曲面在镗铣类加工中心上唯一的加工方法是铣削。经粗铣的平面，尺寸精度可达 IT12 ~ IT14 公差等级（指两平面之间的尺寸），表面粗糙度 Ra 值可达 12.5 ~ 50 μm。经粗、精铣的平面，尺寸精度可达 IT7 ~ IT9 公差等级，表面粗糙度 Ra 值可达 1.6 ~ 3.2 μm。铣削方法详见第五章。

孔加工方法比较多，有钻削、扩削、铰削和镗削等。大直径孔还可采用圆弧插补方式进行铣削加工。钻削、扩削、铰削及镗削所能达到的精度和表面粗糙度见表 3-6。

对于直径大于 $\phi30mm$ 的已铸出或锻出毛坯孔的孔加工，一般采用粗镗—半精镗—孔口倒角—精镗加工方案，孔径较大的可采用立铣刀粗铣—精铣加工方案。有空刀槽时可用锯片铣刀在半精镗之后、精镗之前铣削完成，也可用镗刀进行单刀镗削，但单刀镗削效率低。

对于直径小于 $\phi30mm$ 的无毛坯孔的孔加工，通常采用锪平端面—打中心孔—钻—扩—孔口倒角—铰加工方案，有同轴度要求的小孔，须采用锪平端面—打中心孔—钻—半精镗—孔口倒角—精镗（或铰）加工方案。为提高孔的位置精度，在钻孔工步前须安排锪平端面和打中心孔工步。孔口倒角安排在半精加工之后、精加工之前，以防孔内产生毛刺。

螺纹的加工根据孔径大小，一般情况下，直径在 M6 ~ M20mm 之间的螺纹，通常采用攻螺纹方法加工。直径在 M6mm 以下的螺纹，在加工中心上完成底孔加工，通过其他手段攻螺纹。因为在加工中心上攻螺纹不能随机控制加工状态，小直径丝锥容易折断。直径在 M20mm 以上的螺纹，可采用镗刀片镗削加工。

2. 加工阶段的划分　　在加工中心上加工的零件，其加工阶段的划分主要根据零件是否已经过粗加工、加工质量要求的高低、毛坯质量的高低以及零件批量的大小等因素确定。

若零件已在其他机床上经过粗加工，加工中心只是完成最后的精加工，则不必划分加工阶段。

对加工质量要求较高的零件，若其主要表面在上加工中心加工之前没有经过粗加工，则应尽量将粗、精加工分开进行。使零件粗加工后有一段自然时效过程，以消除残余应力和恢复切削力、夹紧力引起的弹性变形、切削热引起的热变形，必要时还可以进行人工时效处理，最后通过精加工消除各种变形。

对加工精度要求不高，而毛坯质量较高，加工余量不大，生产批量很小的零件或新产品试制中的零件，利用加工中心的良好的冷却系统，可把粗、精加工合并进行。但粗、精加工应划分成两道工序分别完成。粗加工用较大的夹紧力，精加工用较小的夹紧力。

3. 加工顺序的安排　在加工中心上加工零件，一般都有多个工步，使用多把刀具，因此加工顺序安排得是否合理，直接影响到加工精度、加工效率、刀具数量和经济效益。在安排加工顺序时同样要遵循"基面先行"、"先粗后精"、"先主后次"及"先面后孔"的一般工艺原则。此外，还应考虑：

1）减少换刀次数，节省辅助时间。一般情况下，每换一把新的刀具后，应通过移动坐标，回转工作台等将由该刀具切削的所有表面全部完成。

2）每道工序尽量减少刀具的空行程移动量，按最短路线安排加工表面的加工顺序。

安排加工顺序时可参照采用粗铣大平面—粗镗孔、半精镗孔—立铣刀加工—加工中心孔—钻孔—攻螺纹—平面和孔精加工（精铣、铰、镗等）的加工顺序。

4. 装夹方案的确定和夹具的选择　在零件的工艺分析中，已确定了零件在加工中心上加工的部位和加工时用的定位基准，因此，在确定装夹方案时，只需根据已选定的加工表面和定位基准确定工件的定位夹紧方式，并选择合适的夹具。此时，主要考虑以下几点：

1）夹紧机构或其他元件不得影响进给，加工部位要敞开。要求夹持工件后夹具上一些组成件（如定位块、压块和螺栓等）不能与刀具运动轨迹发生干涉。图6-14所示，用立铣刀铣削零件的六边形，若用压板机构压住工件的 A 面，则压板易与铣刀发生干涉，若夹压 B 面，就不影响刀具进给。对有些箱体零件加工可以利用内部空间来安排夹紧机构，将其加工表面敞开，如图6-15所示。当在卧式加工中心上对工件的四周进行加工时，若很难安排夹具的定位和夹紧装置，则可以通过减少加工表面来留出定位夹紧元件的空间。

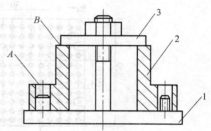

图6-14　不影响进给的装夹示例
1—定位装置　2—工件　3—夹紧装置

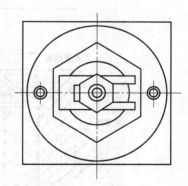

2）必须保证最小的夹紧变形。工件在粗加工时，切削力大，需要夹紧力大，但又不能把工件夹压变形。否则，松开夹具后零件发生变形。因此，必须慎重选择夹具的支撑点、定位点和夹紧点。有关夹紧点的选择原则见第二章。如果采用了相应措施仍不能控制工件变

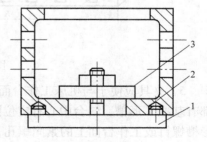

图6-15　敞开加工表面的装夹示例
1—定位装置　2—工件　3—夹紧装置

形，只能将粗、精加工分开，或者粗、精加工使用不同的夹紧力。

3）装卸方便，辅助时间尽量短。由于加工中心效率高，装夹工件的辅助时间对加工效率影响较大，所以要求配套夹具在使用中也要装卸快而方便。

4）对小型零件或工序不长的零件，可以考虑在工作台上同时装夹几件进行加工，以提高加工效率。例如在加工中心工作台上安装一块与工作台大小一样的平板，如图 6-16a 所示。该平板既可作为大工件的基础板，也可作为多个小工件的公共基础板。又如在卧式加工中心分度工作台上安装一块如图 6-16b 所示的四周都可装夹一件或多件工件的立方基础板，可依次加工装夹在各面上的工件。当一面在加工位置进行加工的同时，另三面都可装卸工件，因此能显著减少换刀次数和停机时间。

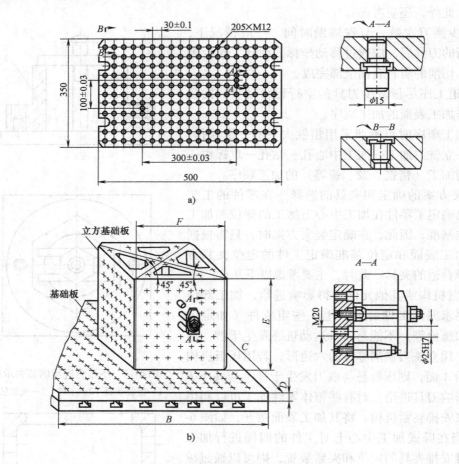

图 6-16 新型数控夹具元件

5）夹具应便于与机床工作台面及工件定位面间的定位连接。加工中心工作台面上一般都有基准 T 形槽，转台中心有定位圆、台面侧面有基准挡板等定位元件。固定方式一般用 T 形槽螺钉或工作台面上的紧固螺孔，用螺栓或压板压紧。夹具上用于紧固的孔和槽的位置必须与工作台上的 T 形槽和孔的位置相对应。

6）夹具结构应力求简单。由于零件在加工中心上加工大都采用工序集中原则，加工的部位较多，同时批量较小，零件更换周期短，夹具的标准化、通用化和自动化对加工效率的提高及加工费用的降低有很大影响。因此，对批量小的零件应优先选用组合夹具。对形状简单的单件小批量生产的零件，可选用通用夹具，如三爪自定心卡盘、台虎钳等。只有对批量较大，且周期性投产，加工精度要求较高的关键工序才设计专用夹具，以保证加工精度和提高装夹效率。加工中心用夹具与数控铣床用夹具相同，典型夹具见第五章。

5. 刀具的选择　加工中心使用的刀具由刃具和刀柄两部分组成。刃具有面加工用的各种铣刀和孔加工用的钻头、扩孔钻、镗刀、铰刀及丝锥等。刀柄要满足机床主轴的自动松开和拉紧定位，并能准确地安装各种切削刃具和适应换刀机械手的夹持等。

各种铣刀及其选择已在第五章中述及，这里只介绍孔加工刀具及其选择。

（1）对刀具的基本要求：在第三章第二节中介绍了对数控机床刀具的要求，这里针对加工中心刀具的结构特点，再提以下几点基本要求：

1）刀具的长度在满足使用要求的前提下尽可能短。因为在加工中心上加工时无辅助装置支承刀具，刀具本身应具有较高的刚性。

2）同一把刀具多次装入机床主轴锥孔时，切削刃的位置应重复不变。

3）切削刃相对于主轴的一个固定点的轴向和径向位置应能准确调整。即刀具必须能够以快速简单的方法准确地预调到一个固定的几何尺寸。

（2）孔加工刀具的选择

1）钻孔刀具及其选择。钻孔刀具较多，有普通麻花钻、可转位浅孔钻及扁钻等，应根据工件材料、加工尺寸及加工质量要求等合理选用。

在加工中心上钻孔，大多是采用普通麻花钻。麻花钻有高速钢和硬质合金两种。麻花钻的组成如图 6-17 所示，它主要由工作部分和柄部组成。工作部分包括切削部分和导向部分。

麻花钻的切削部分有两个主切削刃、两个副切削刃和一个横刃。两个螺旋槽是切屑流经的表面，为前刀面；与工件过渡表面（即孔底）相对的端部两曲面为主后刀面；与工件已加工表面（即孔壁）相对的两条刃带为副后刀面。前刀面与主后刀面的交线为主切削刃，前刀面与副后刀面的交线为副切削刃，两个主后刀面的交线为横刃。横刃与主切削刃在端面上投影之间的夹角称为横刃斜角，横刃斜角 $\psi = 50° \sim 55°$；主切削刃上各点的前角、后角是变化的，外缘处前角约为 $30°$，钻心处前角接近 $0°$，甚至是负值；两条主切削刃在与其平行的平面内的投影之间的夹角为顶角，标准麻花钻的顶角 $2\phi = 118°$。

麻花钻导向部分起导向、修光、排屑和输送切削液作用，也是切削部分的后备。

根据柄部不同，麻花钻有莫氏锥柄和圆柱柄两种。直径为 $8 \sim 80mm$ 的麻花钻多为莫氏锥柄，可直接装在带有莫氏锥孔的刀柄内，刀具长度不能调节。直径小于 20mm 的

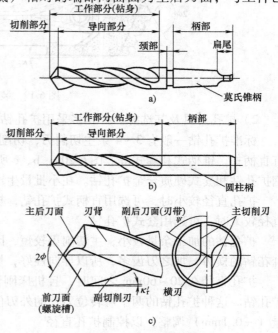

图 6-17　麻花钻的组成

麻花钻多为圆柱柄，可装在钻夹头刀柄上。中等尺寸麻花钻两种形式均可选用。

麻花钻有标准型和加长型，为了提高钻头刚性，应尽量选用较短的钻头，但麻花钻的工作部分应大于孔深，以便排屑和输送切削液。

在加工中心上钻孔，因无夹具钻模导向，受两切削刃上切削力不对称的影响，容易引起钻孔偏斜，故要求钻头的两切削刃必须有较高的刃磨精度（两刃长度一致，顶角 2ϕ 对称于钻头中心线）。

钻削直径在 20～60mm、孔的深径比小于等于 3 的中等浅孔时，可选用图 6-18 所示的可转位浅孔钻，其结构是在带排屑槽及内冷却通道钻体的头部装有一组刀片（多为凸多边形、菱形和四边形），多采用深孔刀片，通过该中心压紧刀片。靠近钻心的刀片用韧性较好的材料，靠近钻头外径的刀片选用较为耐磨的材料，这种钻头具有切削效率高、加工质量好的特点，最适用于箱体零件的钻孔加工。为了提高刀具的使用寿命，可以在刀片上涂镀碳化钛涂层。使用这种钻头钻箱体孔，比普通麻花钻提高效率 4～6 倍。

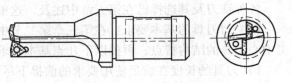

图 6-18　可转位浅孔钻

钻削大直径孔时，可采用刚性较好的硬质合金扁钻。扁钻切削部分磨成一个扁平体，主切削刃磨出顶角、后角，并形成横刃，副切削刃磨出后角与副偏角并控制钻孔的直径。扁钻没有螺旋槽，制造简单、成本低，它的结构与参数如图 6-19 所示。

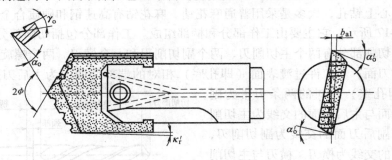

图 6-19　装配式扁钻

2）扩孔刀具及其选择。扩孔多采用扩孔钻，也有采用镗刀扩孔的。

标准扩孔钻一般有 3～4 条主切削刃，切削部分的材料为高速钢或硬质合金，结构形式有直柄式、锥柄式和套式等。图 6-20a、b、c 所示即分别为锥柄式高速钢扩孔钻、套式高速钢扩孔钻和套式硬质合金扩孔钻。在小批量生产时，常用麻花钻改制。

扩孔直径较小时，可选用直柄式扩孔钻，扩孔直径中等时，可选用锥柄式扩孔钻，扩孔直径较大时，可选用套式扩孔钻。

扩孔钻的加工余量较小，主切削刃较短，因而容屑槽浅、刀体的强度和刚度较好。它无麻花钻的横刃，加之刀齿多，所以导向性好，切削平稳，加工质量和生产率都比麻花钻高。

扩孔直径在 20～60mm 之间时，且机床刚性好、功率大，可选用图 6-21 所示的可转位扩孔钻。这种扩孔钻的两个可转位刀片的外刃位于同一个外圆直径上，并且刀片径向可作微量（±0.1mm）调整，以控制扩孔直径。

3）镗孔刀具及其选择。镗孔所用刀具为镗刀。镗刀种类很多，按切削刃数量可分为单

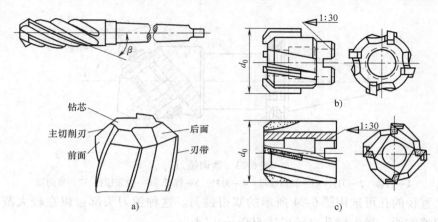

图 6-20 扩孔钻

刃镗刀和双刃镗刀。

镗削通孔、阶梯孔和不通孔可分别选用图 6-22a、b、c 所示的单刃镗刀。

单刃镗刀头结构类似车刀，用螺钉装夹在镗杆上。螺钉 1 用于调整尺寸，螺钉 2 起锁紧作用。

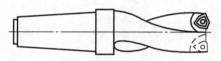

图 6-21 可转位扩孔钻

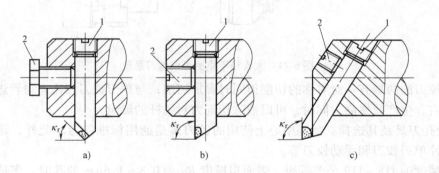

图 6-22 单刃镗刀
a) 通孔镗刀 b) 阶梯孔镗刀 c) 不通孔镗刀
1—调节螺钉 2—紧固螺钉

单刃镗刀刚性差，切削时易引起振动，所以镗刀的主偏角选得较大，以减小径向力。镗铸铁孔或精镗时，一般取 $\kappa_r = 90°$；粗镗钢件孔时，取 $\kappa_r = 60° \sim 75°$，以提高刀具的寿命。

所镗孔径的大小要靠调整刀具的悬伸长度来保证，调整麻烦，效率低，只能用于单件小批生产。但单刃镗刀结构简单，适应性较广，粗、精加工都适用。

在孔的精镗中，目前较多地选用精镗微调镗刀。这种镗刀的径向尺寸可以在一定范围内进行微调，调节方便，且精度高，其结构如图 6-23 所示。调整尺寸时，先松开拉紧螺钉 6，然后转动带刻度盘的调整螺母 3，等调至所需尺寸，再拧紧拉紧螺钉 6，使用时应保证锥面靠近大端接触（即镗杆 90°锥孔的角度公差为负值），且与直孔部分同心。键与键槽配合间隙不能太大，否则微调时就不能达到较高的精度。

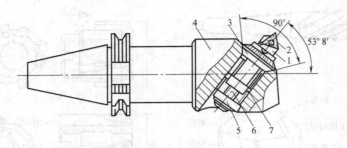

图 6-23 微调镗刀
1—刀体 2—刀片 3—调整螺母 4—刀杆 5—螺母 6—拉紧螺钉 7—导向键

镗削大直径的孔可选用图 6-24 所示的双刃镗刀。这种镗刀头部可以在较大范围内进行调整，且调整方便，最大镗孔直径可达 500mm 以上。

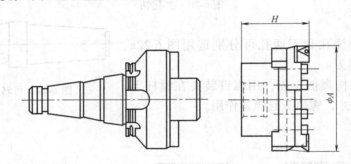

图 6-24 大直径不重磨可调镗刀系统

双刃镗刀的两端有一对对称的切削刃同时参加切削，与单刃镗刀相比，每转进给量可提高一倍左右，生产效率高。同时，可以消除切削力对镗杆的影响。

4) 铰孔刀具及其选择。加工中心上使用的铰刀多是通用标准铰刀。此外，还有机夹硬质合金刀片单刃铰刀和浮动铰刀等。

加工精度为 IT8 ~ IT9 公差等级、表面粗糙度 Ra 为 0.8 ~ 1.6μm 的孔时，多选用通用标准铰刀。

通用标准铰刀如图 6-25 所示，有直柄、锥柄和套式三种。锥柄铰刀直径为 10 ~ 32mm，直柄铰刀直径为 6 ~ 20mm，小孔直柄铰刀直径为 1 ~ 6mm，套式铰刀直径为 25 ~ 80mm。

铰刀工作部分包括切削部分与校准部分。切削部分为锥形，担负主要切削工作。切削部分的主偏角为 5° ~ 15°，前角一般为 0°，后角一般为 5° ~ 8°。校准部分的作用是校正孔径、修光孔壁和导向。为此，这部分带有很窄的刃带（$\gamma_o = 0°$，$\alpha_o = 0°$）。校准部分包括圆柱部分和倒锥部分。圆柱部分保证铰刀直径和便于测量，倒锥部分可减少铰刀与孔壁的摩擦和减小孔径扩大量。

标准铰刀有 4 ~ 12 齿。铰刀的齿数除了与铰刀直径有关外，主要根据加工精度的要求选择。齿数对加工表面粗糙度的影响并不大。齿数过多，刀具的制造重磨都比较麻烦，而且会因齿间容屑槽减小，而造成切屑堵塞和划伤孔壁以致使铰刀折断的后果。齿数过少，则铰削时的稳定性差，刀齿的切削负荷增大，且容易产生几何形状误差。铰刀齿数可参照表 6-6 选择。

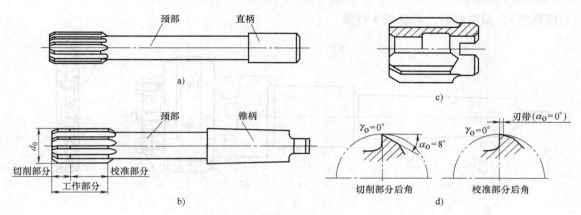

图 6-25　通用标准铰刀

a）直柄机用铰刀　b）锥柄机用铰刀　c）套式机用铰刀　d）切削校准部分角度

表 6-6　铰刀齿数的选择

铰刀直径/mm		1.5~3	3~14	14~40	>40
齿　数	一般加工精度	4	4	6	8
	高加工精度	4	6	8	10~12

加工 IT5~IT7 公差等级、表面粗糙度 Ra 为 $0.7\mu m$ 的孔时，可采用机夹硬质合金刀片的单刃铰刀。这种铰刀的结构如图 6-26 所示，刀片 3 通过楔套 4 用螺钉 1 固定在刀体 5 上，通过螺钉 7、销子 6 可调节铰刀尺寸。导向块 2 可采用粘结和铜焊固定。机夹单刃铰刀应有很高的刃磨质量。因为精密铰削时，半径上的铰削余量是在 $10\mu m$ 以下，所以刀片的切削刃口要磨得异常锋利。

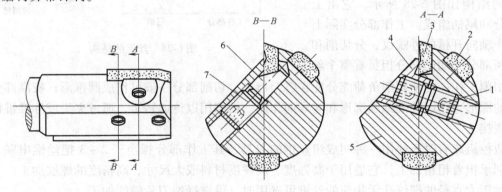

图 6-26　硬质合金单刃铰刀

1、7—螺钉　2—导向块　3—刀片　4—楔套　5—刀体　6—销子

铰削精度为 IT6~IT7 公差等级，表面粗糙度 Ra 为 $0.8~1.6\mu m$ 的大直径通孔时，可选用专为加工中心设计的浮动铰刀。

图 6-27 所示的即为加工中心上使用的浮动铰刀。在装配时，先根据所要加工孔的大小调节好铰刀体 2，在铰刀体插入刀杆体 1 的长方孔后，在对刀仪上找正两切削刃与刀杆轴的对称度在 $0.02~0.05mm$ 以内，然后，移动定位滑块 5，使圆锥端螺钉 3 的锥端对准刀杆体上的定位窝，拧紧螺钉 6 后，调整圆锥端螺钉，使铰刀体有 $0.04~0.08mm$ 的浮动量（用对

刀仪观察），调整好后，将螺母 4 拧紧。

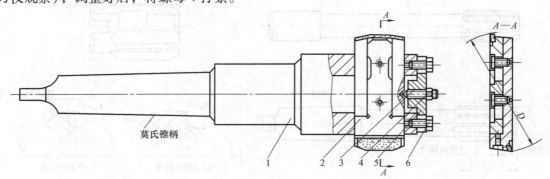

图 6-27　加工中心上使用的浮动铰刀

1—刀杆体　2—可调式浮动铰刀体　3—圆锥端螺钉　4—螺母　5—定位滑块　6—螺钉

　　浮动铰刀既能保证在换刀和进刀过程中刀片不会从刀杆的长方孔中滑出，又能较准确地定心。它有两个对称刃，能自动平衡切削力，在铰削过程中又能自动抵偿因刀具安装误差或刀杆的径向跳动而引起的加工误差，因而加工精度稳定。浮动铰刀的寿命比高速钢铰刀高 8 ~ 10 倍，且具有直径调整的连续性。

　　5）螺纹孔加工刀具及其选择。对于小直径的螺纹孔应选择攻螺纹的加工方法。攻螺纹加工精度可达 6 ~ 7 公差等级，表面粗糙度可达 $Ra1.6\mu m$。攻螺纹用的刀具为丝锥。丝锥的结构如图 6-28 所示，它由工作部分和尾柄组成。工作部分实际上是一个轴向开槽的外螺纹，分切削和校准两部分。切削部分担负着整个丝锥的切削工作，为使切削负荷能分配在各个齿上，切削部分一般可作成圆锥形；校准部分有

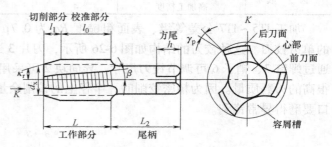

图 6-28　丝锥的结构

完整的廓形，用以校准螺纹廓形和起导向作用。柄部用以传递转矩，通过夹头或标准锥柄与机床联接。

　　数控机床有时还使用一种叫成组丝锥的刀具，其工作部分相当于 2 ~ 3 把丝锥串联，依次分别承担着粗精加工，它适用于高强度、高硬度材料或大尺寸、高精度的螺纹加工。

　　对于大直径的螺纹孔无相应的丝锥可选用时，可选择镗刀片镗削加工。

　　（3）刀具尺寸的确定：刀具尺寸包括直径尺寸和长度尺寸。孔加工刀具的直径尺寸根据被加工孔直径确定，特别是定尺寸刀具（如钻头、铰刀）的直径，完全取决于被加工孔直径。面加工用铣刀直径的确定已在第五章中述及，这里不再赘述。因此，这里只介绍刀具长度的确定。

　　在加工中心上，刀具长度一般是指主轴端面至刀尖的距离，包括刀柄和刃具两部分，如图 6-29 所示。

　　刀具长度的确定原则是：在满足各个部位加工要求的前提下，尽量减小刀具长度，以提高工艺系统刚性。

制订工艺时，一般不必准确确定刀具长度，只需初步估算出刀具长度范围，以方便刀具准备。

刀具长度范围可根据工件尺寸、工件在机床工作台上的装夹位置以及机床主轴端面距工作台面或中心的最大、最小距离等确定。在卧式加工中心上，针对工件在工作台上的装夹位置不同，刀具长度范围有下列两种估算方法。

图 6-29　加工中心刀具长度

1）加工部位位于卧式加工中心工作台中心和机床主轴之间（见图 6-30），刀具最小长度为

$$T_L = A - B - N + L + Z_\circ + T_t \tag{6-1}$$

式中　T_L——刀具长度；

　　　　A——主轴端面至工作台中心最大距离；

　　　　B——主轴在 z 向的最大行程；

　　　　N——加工表面距工作台中心距离；

　　　　L——工件的加工深度尺寸；

　　　　T_t——钻头尖端锥度部分长度，一般 $T_t = 0.3d$（d 为钻头直径）；

　　　　$Z_\circ$——刀具切出工件长度，见表 6-7。

刀具长度范围为

$$\begin{cases} T_L > A - B - N + L + Z_\circ + T_t & (6\text{-}2) \\ T_L < A - N & (6\text{-}3) \end{cases}$$

2）加工部位位于卧式加工中心工作台中心和机床主轴两者之外（见图 6-31），刀具最小长度为

$$T_L = A - B + N + L + Z_\circ + T_t \tag{6-4}$$

刀具长度范围为

$$\begin{cases} T_L > A - B + N + L + Z_\circ + T_t & (6\text{-}5) \\ T_L < A + N & (6\text{-}6) \end{cases}$$

满足式（6-2）或式（6-5）可避免机床负 z 向超程，满足式（6-3）或式（6-6）可避免机床正 z 向超程。

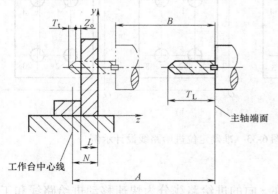

图 6-30　加工中心刀具长度的确定（一）

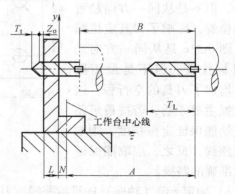

图 6-31　加工中心刀具长度的确定（二）

在确定刀具长度时，还应考虑工件其他凸出部分及夹具、螺钉对刀具运动轨迹的干涉。

主轴端面至工作台中心的最大、最小距离由机床样本提供。

6. 进给路线的确定　加工中心上刀具的进给路线可分为孔加工进给路线和铣削加工进给路线。进给路线的确定应遵循第四章第五节中提出的几条原则。

（1）孔加工时进给路线的确定：孔加工时，一般是首先将刀具在 xOy 平面内快速定位运动到孔中心线的位置上，然后刀具再沿 z 向（轴向）运动进行加工。所以孔加工进给路线的确定包括：

1）确定 xOy 平面内的进给路线。孔加工时，刀具在 xOy 平面内的运动属点位运动，确定进给路线时，主要考虑：①定位要迅速。也就是在刀具不与工件、夹具和机床碰撞的前提下空行程时间尽可能短。例如，加工图 6-32a 所示零件。按图 6-32b 所示进给路线进给比按图 6-32c 所示进给路线进给节省定位时间近一半。这是因为在点位运动情况下，刀具由一点运动到另一点时，通常是沿 x、y 坐标轴方向同时快速移动，当 x、y 轴各自移距不同时，短移距方向的运动先停，待长移距方向的运动停止后刀具才达到目标位置。图 6-32b 方案使沿两轴方向的移距接近，所以定位过程迅速；②定位要准确。安排进给路线时，要避免机械进给系统反向间隙对孔位精度的影响。例如，镗削图 6-33a 所示零件上的 4 个孔。按图 6-33b 所示进给路线加工，由于 4 孔与 1、2、3 孔定位方向相反，y 向反向间隙会使定位误差增加，从

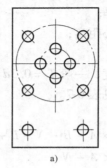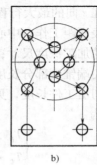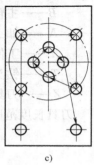

图 6-32　最短进给路线设计示例

而影响 4 孔与其他孔的位置精度。按图 6-33c 所示进给路线，加工完 3 孔后往上多移动一段距离至 P 点，然后再折回来在 4 孔处进行定位加工，这样方向一致，就可避免反向间隙的引入，提高了 4 孔的定位精度。

定位迅速和定位准确有时两者难以同时满足，在上述两例中，图 6-32b 是按最短路线进给，但不是从同一方向趋近目标位置，影响了刀具定位精度，图 6-33c 是从同一方向趋近目标位置，但不是最短路线，增加了刀具的空行程。这时应抓主要矛盾，若按最短路线进给能保证定位精度，则取最短路线，反之，应取能保证定位准确的路线。

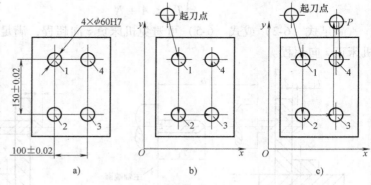

图 6-33　准确定位进给路线设计示例

2）确定 z 向（轴向）的进给路线。刀具在 z 向的进给路线分为快速移动进给路线和工作进给路线。刀具先从初始平面快速运动到距工件加工表面一定距离的 R 平面（距工件加工表面一切入距离的平面）上，然后按工作进给速度运动进行加工。图 6-34a 所示为加工单

个孔时刀具的进给路线。对多孔加工，为减少刀具空行程进给时间，加工中间孔时，刀具不必退回到初始平面，只要退到 R 平面上即可，其进给路线如图6-34b所示。

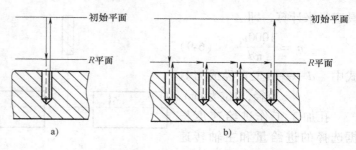

图6-34 刀具 z 向进给路线设计示例
—→快速移动进给路线 --→工作进给路线

在工作进给路线中，工作进给距离 Z_F 包括被加工孔的深度 H、刀具的切入距离 Z_a 和切出距离 Z_o（加工通孔），如图6-35所示。加工不通孔时，工作进给距离为

$$Z_F = Z_a + H + T_t \qquad (6-7)$$

加工通孔时，工作进给距离为

$$Z_F = Z_a + H + Z_o + T_t \qquad (6-8)$$

式中刀具切入、切出距离的经验数据见表6-7。

（2）铣削加工时进给路线的确定：铣削加工进给路线比孔加工进给路线要复杂些，因为铣削加工的表面有平面、平面轮廓、各种槽及空间曲面等，表面形状不同，进给路线也就不一样。但总

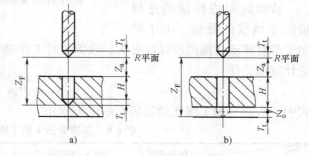

图6-35 工作进给距离计算图
a）加工不通孔时的工作进给距离 b）加工通孔时的工作进给距离

的可分为切削进给和 z 向快速移动进给两种路线。切削进给路线已在第五章中详细介绍过，那里介绍的铣削加工进给路线对加工中心铣削加工同样适用，因此，不再重复。z 向快速移动进给路线常见的有下列几种情况。

1）铣削开口不通槽时，铣刀在 z 向可直接快速移动到位，不需工作进给。

2）铣削封闭槽（如键槽）时，铣刀需有一切入距离，先快速移动到距工件表面一切入距离的位置上，然后以工作进给速度进给至铣削深度。

3）铣削轮廓及通槽时，铣刀需有一切出距离，可直接快速移动到距工件加工表面一切出距离的位置上。

图6-36所示即为上述三种情况的进给路线。有关铣削加工切入、切出距离的经验数据见表6-7。

表6-7 刀具切入切出点距离 （单位：mm）

表面状态 加工方式	已加工表面	毛坯表面	表面状态 加工方式	已加工表面	毛坯表面
钻孔	2～3	5～8	铰孔	3～5	5～8
扩孔	3～5	5～8	铣削	3～5	5～10
镗孔	3～5	5～8	攻螺纹	5～10	5～10

7. 切削用量的选择 切削用量应根据第一章第五节和第三章第二节中所述的原则、方法和注意事项，在机床说明书允许的范围之内，查阅手册并结合经验确定。表6-8～表6-12中列出了部分孔加工切削用量，供选择时参考。

主轴转速 n（单位为 r/min）根据选定的切削速度 v_c（单位为 m/min）和加工直径或刀

具直径来计算，即

$$n = \frac{1000v_{\mathrm{c}}}{\pi d} \quad (6\text{-}9)$$

式中　d——加工直径或刀具直径，单位为 mm。

孔加工工作进给速度根据选择的进给量和主轴转速按式（1-2）计算。铣削加工工作进给速度按式（5-2）计算。

攻螺纹时进给量的选择决定于螺纹的导程，由于使用了带有浮动功能的攻螺纹夹头，攻螺纹时工作进给速度 v_{f}（单位为 mm/min）可略小于理论计算值，即

$$v_{\mathrm{f}} \leq P_{\mathrm{h}}n \qquad (6\text{-}10)$$

式中　P_{h}——加工螺孔的导程，单位为 mm。

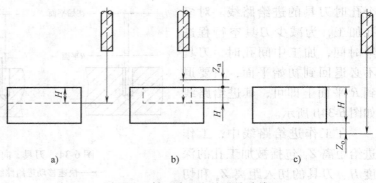

图 6-36　铣刀在 z 向的进给路线

a）铣削开口不通槽的 z 向进给路线　b）铣削封闭槽的 z 向进给路线
c）铣削轮廓及通槽的 z 向进给路线

表 6-8　高速钢钻头加工铸铁的切削用量

切削用量 钻头直径/mm	材料硬度 160~200HBW		200~400HBW		300~400HBW	
	$v_{\mathrm{c}}/$ （m/min）	$f/$ （mm/r）	$v_{\mathrm{c}}/$ （m/min）	$f/$ （mm/r）	$v_{\mathrm{c}}/$ （m/min）	$f/$ （mm/r）
1~6	16~24	0.07~0.12	10~18	0.05~0.1	5~12	0.03~0.08
6~12	16~24	0.12~0.2	10~18	0.1~0.18	5~12	0.08~0.15
12~22	16~24	0.2~0.4	10~18	0.18~0.25	5~12	0.15~0.2
22~50	16~24	0.4~0.8	10~18	0.25~0.4	5~12	0.2~0.3

注：采用硬质合金钻头加工铸铁时取 $v_{\mathrm{c}} = 20 \sim 30\mathrm{m/min}$。

在确定工作进给速度时，要注意一些特殊情况。例如在高速进给的轮廓加工中，由于工艺系统的惯性在拐角处易产生如图 6-37 所示的"超程"和"过切"现象，因此在拐角处应选择变化的进给速度，接近拐角时减速，过了拐角后加速。

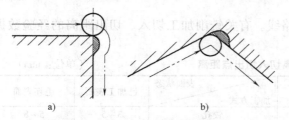

图 6-37　拐角处的超程和过切

a）超程　b）过切

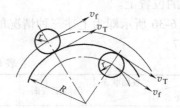

图 6-38　切削圆弧的进给速度

又如当加工圆弧（半径为 R）段时，切削点的实际进给速度 v_{T} 并不等于选定的刀具中心（半径为 r）进给速度 v_{f}。由图 6-38 可知，加工外圆弧时，切削点实际进给速度为

$$v_{\mathrm{T}} = \frac{R}{R+r}v_{\mathrm{f}}$$

即 $v_T < v_f$；而加工内圆弧时

$$v_T = \frac{R}{R-r}v_f$$

即 $v_T > v_f$，如果 $R \approx r$ 时，则切削点的实际进给速度将变得非常大，有可能损伤刀具或工件。所以要考虑到圆弧半径对工作进给速度的影响。

表6-9　高速钢钻头加工钢件的切削用量

切削用量\材料强度\铰刀直径/mm	$\sigma_b = 520 \sim 700MPa$（35、45钢）		$\sigma_b = 700 \sim 900MPa$（15Cr、20Cr）		$\sigma_b = 1000 \sim 1100MPa$（合金钢）	
	$v_c/$（m/min）	$f/$（mm/r）	$v_c/$（m/min）	$f/$（mm/r）	$v_c/$（m/min）	$f/$（mm/r）
1 ~ 6	8 ~ 25	0.05 ~ 0.1	12 ~ 30	0.05 ~ 0.1	8 ~ 15	0.03 ~ 0.08
6 ~ 12	8 ~ 25	0.1 ~ 0.2	12 ~ 30	0.1 ~ 0.2	8 ~ 15	0.08 ~ 0.15
12 ~ 22	8 ~ 25	0.2 ~ 0.3	12 ~ 30	0.2 ~ 0.3	8 ~ 15	0.15 ~ 0.25
22 ~ 50	8 ~ 25	0.3 ~ 0.45	12 ~ 30	0.3 ~ 0.45	8 ~ 15	0.25 ~ 0.35

表6-10　高速钢铰刀铰孔的切削用量

切削用量\工件材料\钻头直径/mm	铸　铁		钢及合金钢		铝铜及其合金	
	$v_c/$（m/min）	$f/$（mm/r）	$v_c/$（m/min）	$f/$（mm/r）	$v_c/$（m/min）	$f/$（mm/r）
6 ~ 10	2 ~ 6	0.3 ~ 0.5	1.2 ~ 5	0.3 ~ 0.4	8 ~ 12	0.3 ~ 0.5
10 ~ 15	2 ~ 6	0.5 ~ 1	1.2 ~ 5	0.4 ~ 0.5	8 ~ 12	0.5 ~ 1
15 ~ 25	2 ~ 6	0.8 ~ 1.5	1.2 ~ 5	0.5 ~ 0.6	8 ~ 12	0.8 ~ 1.5
25 ~ 40	2 ~ 6	0.8 ~ 1.5	1.2 ~ 5	0.4 ~ 0.5	8 ~ 12	0.8 ~ 1.5
40 ~ 60	2 ~ 6	1.2 ~ 1.8	1.2 ~ 5	0.5 ~ 0.6	8 ~ 12	1.5 ~ 2

注：采用硬质合金铰刀铰铸铁时 $v_c = 8 \sim 10m/min$，铰铝时 $v_c = 12 \sim 15m/min$。

表6-11　镗孔切削用量

工序	刀具材料	铸　铁		钢		铝及其合金	
		$v_c/$（m/min）	$f/$（mm/r）	$v_c/$（m/min）	$f/$（mm/r）	$v_c/$（m/min）	$f/$（mm/r）
粗镗	高速钢、硬质合金	20 ~ 25 35 ~ 50	0.4 ~ 1.5	15 ~ 30 50 ~ 70	0.35 ~ 0.7	100 ~ 150 100 ~ 250	0.5 ~ 1.5
半精镗	高速钢、硬质合金	20 ~ 35 50 ~ 70	0.15 ~ 0.45	15 ~ 50 95 ~ 135	0.15 ~ 0.45	100 ~ 200	0.2 ~ 0.5
精镗	高速钢、硬质合金	70 ~ 90	D1 级 <0.08 D 级 0.12 ~ 0.15	100 ~ 135	0.12 ~ 0.15	150 ~ 400	0.06 ~ 0.1

注：当采用高精度的镗头镗孔时，由于余量较小，直径余量不大于0.2mm，切削速度可提高一些，铸铁件为100 ~ 150m/min，钢件为150 ~ 250m/min，铝合金为200 ~ 400m/min，巴氏合金为250 ~ 500m/min。进给量可在0.03 ~ 0.1mm/r 范围内。

表6-12　攻螺纹切削用量

加工材料	铸　铁	钢及其合金	铝及其合金
$v_c/m \cdot min^{-1}$	2.5 ~ 5	1.5 ~ 5	5 ~ 15

第四节　典型零件的加工中心加工工艺分析

本节选择几个典型实例，简要介绍加工中心的加工工艺，以便进一步掌握制订零件加工中心加工工艺的方法和步骤。

一、盖板零件加工中心的加工工艺

盖板是机械加工中常见的零件，加工表面有平面和孔，通常需经铣平面、钻孔、扩孔、镗孔、铰孔及攻螺纹等工步才能完成。下面以图 6-39 所示盖板为例介绍其加工中心加工工艺。

1. 分析图样，选择加工内容　该盖板的材料为铸铁，故毛坯为铸件。由图 6-39 可知，盖板的四个侧面为不加工表面，全部加工表面都集中在 A、B 面上。最高精度为 IT7 公差等级。从工序集中和便于定位两个方面考虑，选择 B 面及位于 B 面上的全部孔在加工中心上加工，将 A 面作为主要定位基准，并在前道工序中先加工好。

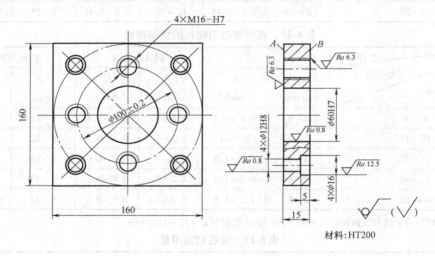

图 6-39　盖板零件简图

2. 选择加工中心　由于 B 面及位于 B 面上的全部孔，只需单工位加工即可完成，故选择立式加工中心。加工表面不多，只有粗铣、精铣、粗镗、半精镗、精镗、钻、扩、锪、铰及攻螺纹等工步，所需刀具不超过 20 把。选用国产 XH714 型立式加工中心即可满足上述要求。该机床工作台尺寸为 400mm×800mm，x 轴行程为 600mm，y 轴行程为 400mm，z 轴行程为 400mm，主轴端面至工作台台面距离为 125～525mm，定位精度和重复定位精度分别为 0.02mm 和 0.01mm，刀库容量为 18 把，工件一次装夹后可自动完成铣、钻、镗、铰及攻螺纹等工步的加工。

3. 设计工艺

（1）选择加工方法：B 平面用铣削方法加工，因其表面粗糙度 Ra 为 6.3μm，故采用粗铣—精铣方案；φ60H7 孔为已铸出毛坯孔，为达到 IT7 公差等级和 Ra0.8μm 的表面粗糙度，需经三次镗削，即采用粗镗—半精镗—精镗方案；对 φ12H8 孔，为防止钻偏和达到 IT8 公差等级，按钻中心孔—钻孔—扩孔—铰孔方案进行；φ16mm 孔在 φ12mm 孔基础上锪至尺寸即可；M16mm 螺纹孔采用先钻底孔后攻螺纹的加工方法，即按钻中心孔—钻底孔—倒角—攻螺纹方案加工。

（2）确定加工顺序：按照先面后孔、先粗后精的原则确定。具体加工顺序为粗、精铣 B 面—粗、半精、精镗 ϕ60H7 孔—钻各光孔和螺纹孔的中心孔—钻、扩、锪、铰 ϕ12H8 及 ϕ16mm 孔—M16mm 螺孔钻底孔、倒角和攻螺纹，详见表 6-13。

表 6-13　数控加工工序卡片

（工厂）	数控加工工序卡片		产品名称或代号	零件名称		材料		零件图号
				盖板		HT200		
工序号	程序编号	夹具名称	夹具编号		使用设备		车间	
		台钳			XH714			
工步号	工 步 内 容		加工面	刀具号	刀具规格尺寸 /mm	主轴转速 /(r/min)	进给速度 /(mm/min)	背吃刀量 /mm	备　注
1	粗铣 B 平面留余量 0.5mm			T01	ϕ100	300	70	3.5	
2	精铣 B 平面至尺寸			T13	ϕ100	350	50	0.5	
3	粗镗 ϕ60H7 孔至 ϕ58mm			T02	ϕ58	400	60		
4	半精镗 ϕ60H7 孔至 ϕ59.95mm			T03	ϕ59.95	450	50		
5	精镗 ϕ60H7 孔至尺寸			T04	ϕ60H7	500	40		
6	钻 $4\times\phi$12H8 及 $4\times$M16mm 的中心孔			T05	ϕ3	1000	50		
7	钻 $4\times\phi$12H8 至 ϕ10mm			T06	ϕ10	600	60		
8	扩 $4\times\phi$12H8 至 ϕ11.85mm			T07	ϕ11.85	300	40		
9	锪 $4\times\phi$16mm 至尺寸			T08	ϕ16	150	30		
10	铰 $4\times\phi$12H8 至尺寸			T09	ϕ12H8	100	40		
11	钻 $4\times$M16mm 底孔至 ϕ14mm			T10	ϕ14	450	60		
12	倒 $4\times$M16mm 底孔端角			T11	ϕ18	300	40		
13	攻 $4\times$M16mm 螺纹孔成			T12	M16	100	200		
编　制		审　核		批　准			共1页	第1页

（3）确定装夹方案和选择夹具：该盖板零件形状简单，四个侧面较光整，加工面与不加工面之间的位置精度要求不高，故可选用通用台虎钳，以盖板底面 A 和两个侧面定位，用台虎钳钳口从侧面夹紧。

（4）选择刀具：所需刀具有面铣刀、镗刀、中心钻、麻花钻、铰刀、立铣刀（锪 ϕ16mm 孔）及丝锥等，其规格根据加工尺寸选择。B 面粗铣铣刀直径应选小一些，以减小切削力矩，但也不能太小，以免影响加工效率；B 面精铣铣刀直径应选大一些，以减少接刀痕迹，但要考虑到刀库允许装刀直径（XH714 型加工中心的允许装刀直径：无相邻刀具为 ϕ150mm，有相邻刀具为 ϕ80mm）也不能太大。刀柄柄部根据主轴锥孔和拉紧机构选择。XH714 型加工中心主轴锥孔为 ISO40，适用刀柄为 BT40（日本标准 JISB6339），故刀柄柄部应选择 BT40 型式。具体所选刀具及刀柄见表 6-14。

（5）确定进给路线：B 面的粗、精铣削加工进给路线根据铣刀直径确定，因所选铣刀直径为 ϕ100mm，故安排沿 x 方向两次进给（见图 6-40）。所有孔加工进给路线均按最短线确定，因为孔的位置精度要求不高，机床的定位精度完全能保证，图 6-41~图 6-45 所示的即为各孔加工工步的进给路线。

表 6-14　数控加工刀具卡片

产品名称或代号			零件名称	盖　板	零件图号		程序编号	
工步号	刀具号	刀具名称	刀柄型号		刀　具		补偿值 /mm	备注
					直径 /mm	长度 /mm		
1	T01	面铣刀 φ100mm	BT40-XM32-75		φ100			
2	T13	面铣刀 φ100mm	BT40-XM32-75		φ100			
3	T02	镗刀 φ58mm	BT40-TQC50-180		φ58			
4	T03	镗刀 φ59.95mm	BT40-TQC50-180		φ59.95			
5	T04	镗刀 φ60H7	BT40-TW50-140		φ60H7			
6	T05	中心钻 φ3mm	BT40-Z10-45		φ3			
7	T06	麻花钻 φ10mm	BT40-M1-45		φ10			
8	T07	扩孔钻 φ11.85mm	BT40-M1-45		φ11.85			
9	T08	阶梯铣刀 φ16mm	BT40-MW2-55		φ16			
10	T09	铰刀 φ12H8	BT40-M1-45		φ12H8			
11	T10	麻花钻 φ14mm	BT40-M1-45		φ14			
12	T11	麻花钻 φ18mm	BT40-M2-50		φ18			
13	T12	机用丝锥 M16mm	BT40-G12-130		φ16			
编　制			审　核			批　准		共1页 第1页

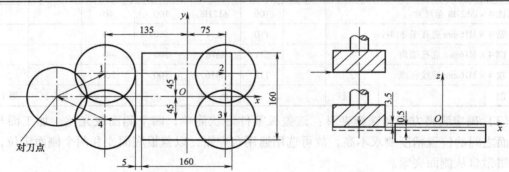

图 6-40　铣削 B 面进给路线

（6）选择切削用量：查表确定切削速度和进给量，然后计算出机床主轴转速和机床进给速度，详见表 6-13。

二、支撑套零件加工中心的加工工艺

图 6-46 所示为升降台铣床的支撑套，在两个互相垂直的方向上有多个孔要加工，若在普通机床上加工，则需多次安装才能完成，且效率低，在加工中心上加工，只需一次安装即可完成，现将其工艺介绍如下：

1. 分析图样并选择加工内容　支撑套的材料为 45 钢，毛坯选棒料。支撑套 φ35H7 孔对

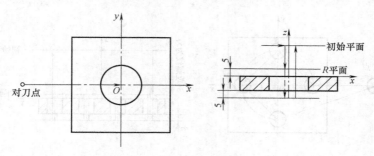

图 6-41　镗 ϕ60H7 孔进给路线

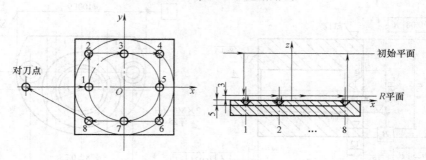

图 6-42　钻中心孔进给路线

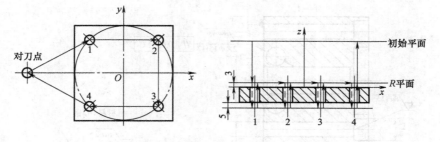

图 6-43　钻、扩、铰 ϕ12H8 孔进给路线

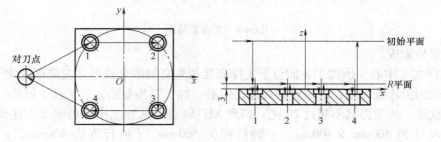

图 6-44　锪 ϕ16mm 孔进给路线

ϕ100f9 外圆、ϕ60mm 孔底平面对 ϕ35H7 孔、$2 \times \phi$15H7 孔对端面 C 及端面 C 对 ϕ100f9 外圆均有位置精度要求。为便于在加工中心上定位和夹紧，将 ϕ100f9 外圆、$80_{\ 0}^{+0.5}$ mm 尺寸两端面、$78_{-0.5}^{\ 0}$ mm 尺寸上平面均安排在前面工序中由普通机床完成。其余加工表面（$2 \times \phi$15H7 孔、ϕ35H7 孔、ϕ60mm 孔、$2 \times \phi$11mm 孔、$2 \times \phi$17mm 孔、$2 \times$M6-6H 螺孔）确定在加工中

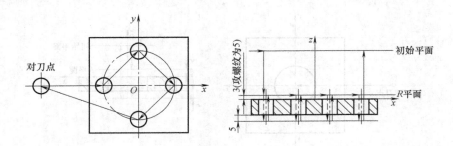

图 6-45   钻螺纹底孔、攻螺纹进给路线

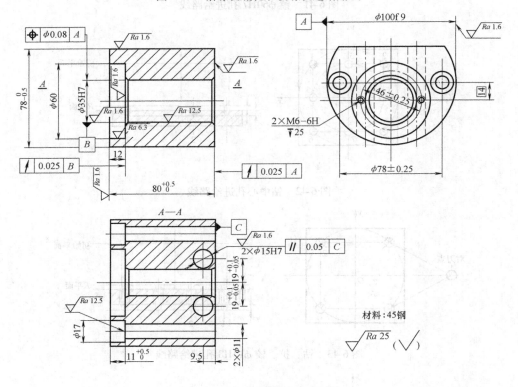

图 6-46   支撑套简图

心上一次安装完成。

2. 选择加工中心   因加工表面位于支撑套互相垂直的两个表面（左侧面及上平面）上，需要两工位加工才能完成，故选择卧式加工中心。加工工步有钻孔、扩孔、镗孔、锪孔、铰孔及攻螺纹等，所需刀具不超过 20 把。国产 XH754 型卧式加工中心可满足上述要求。该机床工作台尺寸为 400mm × 400mm，x 轴行程为 500mm，z 轴行程为 400mm，y 轴行程为 400mm，主轴中心线至工作台距离为 100~500mm，主轴端面至工作台中心线距离为 150~550mm，主轴锥孔为 ISO40，刀库容量 30 把，定位精度和重复定位精度分别为 0.02mm 和 0.01mm，工作台分度精度和重复分度精度分别为 7″和 4″。

3. 设计工艺

（1）选择加工方法：所有孔都是在实体上加工，为防钻偏，均先用中心钻钻引正孔，然后再钻孔。为保证 $\phi35H7$ 孔及 $2 \times \phi15H7$ 孔的精度，根据其尺寸，选择铰削作其为最终加工方法。对 $\phi60mm$ 的孔，根据孔径精度，孔深尺寸和孔底平面要求，用铣削方法同时完成孔壁和孔底平面的加工。各加工表面选择的加工方案如下：

$\phi35H7$ 孔：钻中心孔—钻孔—粗镗—半精镗—铰孔。

$\phi15H7$ 孔：钻中心孔—钻孔—扩孔—铰孔。

$\phi60mm$ 孔：粗铣—精铣。

$\phi11mm$ 孔：钻中心孔—钻孔。

$\phi17mm$ 孔：锪孔（在 $\phi11mm$ 底孔上）。

M6—6H 螺纹孔：钻中心孔—钻底孔—孔端倒角—攻螺纹。

（2）确定加工顺序：为减少变换工位的辅助时间和工作台分度误差的影响，各个工位上的加工表面在工作台一次分度下按先粗后精的原则加工完毕。具体的加工顺序是：第一工位（B0°）：钻 $\phi35H7$、$2\times\phi11mm$ 中心孔——钻 $\phi35H7$ 孔——钻 $2\times\phi11mm$ 孔——锪 $2\times\phi17mm$ 孔—粗镗 $\phi35H7$ 孔——粗铣、精铣 $\phi60mm\times12mm$ 孔——半精镗 $\phi35H7$ 孔——钻 $2\times M6$—6H 螺纹中心孔—钻 $2\times M6$—6H 螺纹底孔——$2\times M6$—6H 螺纹孔端倒角——攻 $2\times M6$—6H 螺纹——铰 $\phi35H7$ 孔；第二工位（B90°）；钻 $2\times\phi15H7$ 中心孔——钻 $2\times\phi15H7$ 孔——扩 $2\times\phi15H7$ 孔——铰 $2\times15H7$ 孔。详见表 6-15 数控加工工序卡片。

表 6-15　数控加工工序卡片

（工厂）	数控加工工序卡片		产品名称或代号		零件名称	材料		零件图号	
					支撑套	45 钢			
工序号	程序编号	夹具名称	夹具编号		使用设备			车　间	
		专用夹具			XH754				
工步号	工步内容		加工面 刀具号	刀具规格 尺寸/mm	主轴转速 /r·min⁻¹	进给速度 /mm·min⁻¹	背吃刀量 /mm	备注	
	B0°								
1	钻 $\phi35H7$ 孔，$2\times\phi17mm\times11mm$ 孔中心孔		T01	$\phi3$	1200	40			
2	钻 $\phi35H7$ 孔至 $\phi31mm$		T13	$\phi31$	150	30			
3	钻 $\phi11mm$ 孔		T02	$\phi11$	500	70			
4	锪 $2\times\phi17mm$ 孔		T03	$\phi17$	150	15			
5	粗镗 $\phi35H7$ 孔至 $\phi34mm$		T04	$\phi34$	400	30			
6	粗铣 $\phi60mm\times12mm$ 孔至 $\phi59mm\times11.5mm$		T05	$\phi32T$	500	70			
7	精铣 $\phi60mm\times12mm$ 孔		T05	$\phi32T$	600	45			
8	半精镗 $\phi35H7$ 孔至 $\phi34.85mm$		T06	$\phi34.85$	450	35			
9	钻 $2\times M6$—6H 螺纹中心孔		T01		1200	40			
10	钻 $2\times M6$—6H 底孔至 $\phi5mm$		T07	$\phi5$	650	35			
11	$2\times M6$—6H 螺纹孔端倒角		T02		500	20			
12	攻 $2\times M6$—6H 螺纹		T08	M6	100	100			
13	铰 $\phi35H7$ 孔		T09	$\phi35AH7$	100	50			
	B90°								
14	钻 $2\times\phi15H7$ 孔至中心孔		T01		1200	40			
15	钻 $2\times\phi15H7$ 孔至 $\phi14mm$		T10	$\phi14$	450	60			
16	扩 $2\times\phi15H7$ 孔至 $\phi14.85mm$		T11	$\phi14.85$	200	40			
17	铰 $2\times\phi15H7$ 孔		T12	$\phi15AH7$	100	60			
编　制		审　核		批　准			共 1 页	第 1 页	

注："B0°" 和 "B90°" 表示加工中心上两个互成 90° 的工位。

　　（3）确定装夹方案和选择夹具：$\phi35H7$ 孔、$\phi60mm$ 孔、$2 \times \phi11mm$ 孔及 $2 \times \phi17mm$ 孔的设计基准均为 $\phi100f9$ 外圆中心线，遵循基准重合原则，选择 $\phi100f9$ 外圆中心线为主要定位基准。因 $\phi100f9$ 外圆不是整圆，故用 V 形块作为定位元件。在支撑套长度方向，若选右端面定位，则难以保证 $\phi17mm$ 孔深尺寸 $11_{0}^{+0.5}mm$（因工序尺寸 80mm—11mm 无公差），故选择左端面定位。所用夹具为专用夹具，工件的装夹简图如图 6-47 所示。在装夹时应使工件上平面在夹具中保持垂直，以消除转动自由度。

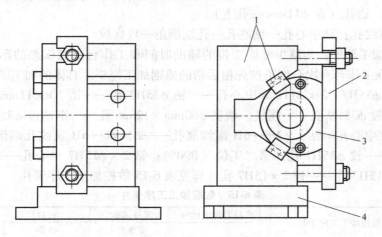

图 6-47　支撑套装夹示意图
1—定位元件　2—夹紧机构　3—工件　4—夹具体

　　（4）选择刀具：各工步刀具直径根据加工余量和孔径确定，详见表 6-16 数控加工刀具卡片。刀具长度与工件在机床工作台上的装夹位置有关，在装夹位置确定之后，再计算刀具长度。限于篇幅，这里只介绍 $\phi35H7$ 孔钻孔刀具的长度计算。为减小刀具的悬伸长度，将工件装夹在工作台中心线与机床主轴之间，因此，刀具的长度用式（6-2）和式（6-3）计算，计算式中

$A = 550mm$　　　$B = 150mm$　　　$N = 180mm$　　　$L = 80mm$

$Z_o = 3mm$　　　$T_l = 0.3d = 0.3 \times 31mm = 9.3mm$

所以　$T_L > (550 - 150 - 180 + 80 + 3 + 9.3) mm \approx 312mm$

　　　　$T_L < (550 - 180) mm = 370mm$

取 $T_L = 330mm$。其余刀具的长度参照上述算法一一确定，见表 6-16。

表 6-16　数控加工刀具卡片

产品名称或代号				零件名称	支撑套	零件图号			程序编号	
工步号	刀具号	刀具名称		刀柄型号		刀　具			补偿量/mm	备注
						直径/mm	长度/mm			
1	T01	中心钻 $\phi3mm$		JT40-Z6-45		$\phi3$	280			
2	T13	锥柄麻花钻 $\phi31mm$		JT40-M3-75		$\phi31$	330			
3	T02	锥柄麻花钻 $\phi11mm$		JT40-M1-35		$\phi11$	330			

（续）

工步号	刀具号	刀具名称	刀柄型号	刀具		补偿量/mm	备注
				直径/mm	长度/mm		
4	T03	锥柄埋头钻 φ17mm×11mm	JT40-M2-50	φ17	300		
5	T04	粗镗刀 φ34mm	JT40-TQC30-165	φ34	320		
6	T05	硬质合金立铣刀 φ32mm	JT40-MW4-85	φ32T	300		
7	T05						
8	T06	镗刀 φ34.85mm	JT40-TZC30-165	φ34.85	320		
9	T01						
10	T07	直柄麻花钻 φ5mm	JT40-Z6-45	φ5	300		
11	T02						
12	T08	机用丝锥 M6mm	JT40-G1JT3	M6	280		
13	T09	套式铰刀 φ35AH7	JT40-K19-140	φ35AH7	330		
14	T01						
15	T10	锥柄麻花钻 φ14mm	JT40-M1-35	φ14	320		
16	T11	扩孔钻 φ14.85mm	JT40-M2-50	φ14.85	320		
17	T12	铰刀 φ15AH7	JT40-M2-50	φ15AH7	320		

产品名称或代号			零件名称	支撑套	零件图号		程序编号

编制　　　　　　审核　　　　　　批准　　　　　　共1页　第1页

（5）选择切削用量：在机床说明书允许的切削用量范围内查表选取切削速度和进给量，然后算出主轴转速和进给速度，其值见表 6-15。

*三、铣床变速箱体零件加工中心的加工工艺

图 6-48 所示是 XQ5030 铣床变速箱体简图。

1. 分析零件结构及技术要求　变速箱体毛坯为铸件，壁厚不均，毛坯余量较大。其主要加工表面集中在箱体左右两壁上（相对 A—A 剖视图），基本上是孔系。主要配合表面的尺寸精度为 IT7 公差等级。为了保证变速箱体内齿轮的啮合精度，孔系之间及孔系内各孔之间均提出了较高的相互位置精度要求，其中 I 孔对 II 孔、II 孔对 III 孔的平行度以及 I、II、III、IV 孔内各孔之间的同轴度均为 0.02mm。其余还有孔与平面及端面与孔的垂直度要求。

2. 确定加工中心的加工内容　为了提高加工效率和保证各加工表面之间的相互位置精度，尽可能在一次装夹下完成绝大部分表面的加工。因此，确定下列表面在加工中心上加工：I 孔中 φ52J7、φ62J7 和 φ125H8 孔、II 孔中 2×φ62J7 孔和 2×φ65H12 卡簧槽、III 孔中 φ80J7、φ95H7 和 φ131mm 孔、I 孔左端面上的 4×M8—6H 螺纹孔、40mm 尺寸左侧面，以及 A₁、A₂、A₃ 和 A₄ 孔中的 φ16H8、φ20H8 孔。

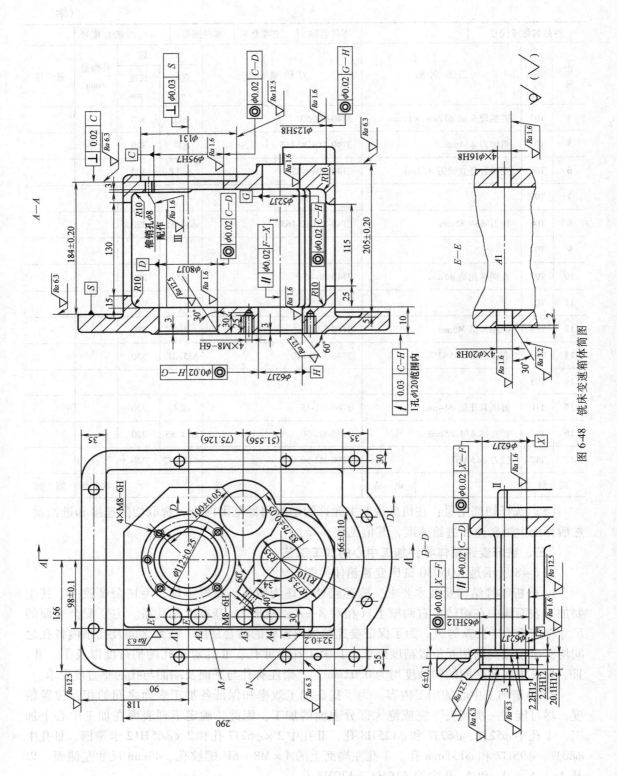

图 6-48　铣床变速箱箱体简图

3. 选择加工中心　根据零件的结构特点、尺寸和技术要求，选择日本一家公司生产的卧式加工中心。该加工中心的工作台面积为630mm×630mm，工作台 x 向行程为910mm，z 向行程为635mm，主轴 y 向行程为710mm，刀库容量为60把，一次装夹可完成不同工位的钻、扩、铰、镗、铣、攻螺纹等工步。

4. 设计工艺

（1）选择加工方法：在确定的加工中心加工表面中，除了 φ20mm 以下孔未铸出毛坯孔外，其余孔均已铸出毛坯孔，所以所需的加工方法有：钻削、锪削、镗削、铰削、铣削和攻螺纹等。针对加工表面的形状、尺寸和技术要求不同，采用不同的加工方案。

对 φ125H7 孔，因其不是一个完整的孔，若粗加工用镗削，则切削不连续，受较大的切削力冲击作用，易引起振动，故粗加工用立铣刀以圆弧插补方式铣削，精加工用镗削，以保证该孔与 I 孔的同轴度要求；对 φ131mm 孔，因其孔径较大，孔深较浅，故粗、精加工用立铣刀铣削，同时完成孔壁和孔底平面加工；为保证 4×φ16H8 及 4×φ20H8 孔的正确位置，均先锪孔口平面，再用中心钻引正，以防钻偏；孔口倒角和切 2×φ65H12 卡簧槽，安排在精加工之前，以防止精加工后孔内产生毛刺。

根据加工部位的形状、尺寸的大小、精度要求的高低，有无毛坯孔等，采用的加工方案如下：

φ125H8 孔：粗铣——精镗。

φ131mm 孔：粗铣——精铣。

φ95H7 及 φ62J7 孔：粗镗——半精镗——精镗。

φ52J7 孔：粗镗——半精镗——铰。

I、II 孔左 φ62J7 及 III 孔左 φ80J7 孔：粗镗——半精镗——倒角——精镗。

4×φ16H8 及 4×φ20H7 孔：锪平——钻中心孔——钻——镗——铰。

4×M8—6H 螺纹孔：钻中心孔——钻底孔——攻螺纹。

2×φ65H12 卡簧槽：立铣刀圆弧插补切削。

40mm 尺寸左侧面：铣削。

（2）划分加工阶段：为使切削过程中切削力和加工变形不致过大，以及前面加工中所产生的变形（误差）能在后续加工中切除，各孔的加工都遵循先粗后精的原则。全部配合孔均需经粗加工、半精加工和精加工。先完成全部孔的粗加工，然后再完成各个孔的半精加工和精加工。整个加工过程划分成粗加工阶段和半精、精加工阶段。

（3）确定加工顺序：同轴孔系的加工，全部从左右两侧进行，即"调头加工"。加工顺序为：粗加工右侧面上的孔——粗加工左侧面上的孔——半精、精加工右侧面上的孔——半精、精加工左侧面上的孔。详见表6-17数控加工工序卡片。

（4）确定定位方案和选择夹具：选用组合夹具，以箱体上的 M、S 和 N 面定位（分别限制3、2、1个自由度）。M 面向下放置在夹具水平定位面上，S 面靠在竖直定位面上，N 面靠在 X 向定位面上。上述三个面在前面工序中用普通机床加工完成。

（5）选择刀具和切削用量：所选切削用量和刀具分别见数控加工工序卡片（表6-17）和数控加工刀具卡片（表6-18）。

表6-17　数控加工工序卡片

（工厂）	数控加工工序卡片		产品名称或代号	零件名称		材料	零件图号	
			XQ5030	变速箱体		HT200		
工序号	程序编号	夹具名称	夹具编号		使用设备		车　间	
		组合夹具			卧式加工中心			

工步号	工步内容	加工面	刀具号	刀具规格尺寸/mm	主轴转速/(r/min)	进给速度/(mm/min)	背吃刀量/mm	备注
	B0°							
1	粗铣Ⅰ孔中ϕ125H8孔至ϕ124.85mm		T01	ϕ45	150	60		
2	精铣Ⅲ孔中ϕ131mm台，z向留0.1mm		T01		150	60		
3	粗镗ϕ95H7孔至ϕ94.2mm		T02	ϕ94.2	180	100		
4	粗镗ϕ62J7孔至ϕ61.2mm		T03	ϕ61.2	250	80		
5	粗镗ϕ52J7孔至ϕ51.2mm		T05	ϕ51.2	350	60		
6	锪平4×ϕ16H8孔端面		T07	I24—24	600	40		
7	钻4×ϕ16H8孔中心孔		T09	I34—4	1000	80		
8	钻4×ϕ16H8孔至ϕ15mm		T11	ϕ15	600	60		
	B180°							
9	铣40mm尺寸左面		T45	ϕ120	300	60		
10	粗镗ϕ80J7孔至ϕ79.2mm		T13	ϕ79.2	200	80		
11	粗镗Ⅱ孔中ϕ62J7孔至ϕ61.2mm		T03		250	80		
12	粗镗Ⅰ孔中ϕ62J7孔至ϕ61.2mm		T03		250	80		
13	锪平4×ϕ20H8孔端面		T07		600	40		
14	钻4×ϕ20H8、2×M8mm孔中心孔		T09		1000	80		
15	钻4×ϕ20H8孔至ϕ18.5mm		T57	ϕ18.5	500	60		
16	钻2×M8—6H底孔至ϕ6.7mm		T55	ϕ6.7	800	80		
	B0°							
17	精镗ϕ125H8孔成		T58	ϕ125H8	150	60		
18	精铣ϕ131mm孔成		T01		250	40		
19	半精镗ϕ95H7孔至ϕ94.85mm		T16	ϕ94.85	250	80		
20	精镗ϕ95H7孔成		T18	ϕ95H7	320	40		
21	半精镗ϕ62J7孔至ϕ61.85mm		T20	ϕ61.85	350	60		
22	精镗ϕ62J7孔成		T22	ϕ62J7	450	40		
23	半精镗ϕ52J7孔至ϕ51.85mm		T24	ϕ51.85	400	60		
24	铰ϕ52J7孔成		T26	ϕ52AJ7	100	50		
25	镗4×ϕ16H8孔至ϕ15.85mm		T10	ϕ15.85	250	40		
26	铰4×ϕ16H8孔成		T32	ϕ16H8	80	50		

编　制		审　核		批　准			共2页	第1页

（续）

（工厂）	数控加工工序卡片		产品名称或代号	零件名称		材料		零件图号
			XQ5030	变速箱体		HT200		
工序号	程序编号	夹具名称	夹具编号		使用设备		车 间	
		组合夹具			卧式加工中心			

工步号	工 步 内 容	加工面	刀具号	刀具规格尺寸/mm	主轴转速/(r/min)	进给速度/(mm/min)	背吃刀量/mm	备 注
	B180°							
27	半精镗 φ80J7 孔至 φ79.85mm		T34	φ79.85	270	60		
28	φ80J7 孔端倒角		T36	φ89	100	40		
29	精镗 φ80J7 孔成		T38	φ80J7	400	40		
30	半精镗II孔中 φ62J7 至 φ61.85mm		T20		350	60		
31	II孔中 φ62J7 孔端倒角		T40	φ69	100	40		
32	圆弧插补方式切二卡簧槽		T42	I22—28	150	20		
33	精镗II孔中 φ62J7 孔成		T22		450	40		
34	半精镗 I 孔中 φ62J7 孔至 φ61.85mm		T20		350	60		
35	I 孔中 φ62J7 孔端倒角		T40		100	40		
36	精镗 I 孔中 φ62J7 孔成		T22		450	40		
37	镗 4×φ20H8 孔至 φ19.85mm		T50	φ19.85	800	60		
38	铰 4×φ20H8 孔成		T52	φ20H8	60	50		
39	攻 4×M8—6H 成		T60	M8	90	90		
编制		审核		批准			共2页	第2页

注："B0°"和"B180°"表示加工中心上两个互成180°的工位。

表6-18 数控加工刀具卡片

产品名称或代号			零件名称	变速箱体	零件图号		程序编号	
工步号	刀具号	刀具名称	刀柄型号		刀 具		补偿量/mm	备 注
					直径/mm	长度/mm		
1	T01	粗齿立铣刀 φ45mm	JT40-MW4-85		φ45			
2	T01							
3	T02	镗刀 φ92.4mm	JT50-TZC80-220		φ94.2			
4	T03	镗刀 φ61.2mm	JT50-TZC50-200		φ61.2			
5	T05	镗刀 φ51.2mm	JT50-TZC40-180		φ51.2			
6	T07	专用铣刀 I24－24	JT-M2-180					
7	T09	中心钻 I34－4	JT50-M2-50					
8	T11	锥柄麻花钻 φ15mm	JT50-M2-50		φ15			
9	T45	面铣刀 φ120mm	JT50-XM32-105		φ120			
编 制		审 核		批 准			共2页	第1页

（续）

工步号	刀具号	刀具名称	刀柄型号	刀　具		补偿量 /mm	备　注
				直径 /mm	长度 /mm		
10	T13	镗刀 φ79.2mm	JT50-TZC63-220	φ79.2			
11	T03						
12	T03						
13	T07						
14	T09						
15	T57	锥柄麻花钻 φ18.5mm	JT50-M2-135	φ18.5			
16	T55	钻头 φ6.7mm	JT50-Z10-45	φ6.7			
17	T58	镗刀 φ125H8	JT50-TZC100-200	φ125H8			
18	T01						
19	T16	镗刀 φ94.85mm	JT50-TZC80-220	φ94.85			
20	T18	镗刀 φ95H7	JT50-TZC80-220	φ95H7			
21	T20	镗刀 φ61.85mm	JT50-TZC50-220	φ61.85			
22	T22	镗刀 φ62J7	JT50-TZC50-220	φ62J7			
23	T24	镗刀 φ51.85mm	JT50-TZC40-180	φ51.85			
24	T26	铰刀 φ52AJ7	JT50-K22-250	φ52AJ7			
25	T10	专用镗刀 φ15.85mm	JT50-M2-50	φ15.85			
26	T32	铰刀 φ16H8	JT50-M2-50	φ16H8			
27	T34	镗刀 φ79.85mm	JT50-TZC63-220	φ79.85			
28	T36	倒角刀 φ89mm	JT50-TZC63-220	φ89			
29	T38	镗刀 φ80J7	JT50-TZC63-220	φ80J7			
30	T20						
31	T40	倒角刀 φ69mm	JT50-TZC50-200	φ69			
32	T42	专用切槽刀 I22-28	JT50-M4-75				
33	T22						
34	T20						
35	T40						
36	T22						
37	T50	专用镗刀 φ19.85mm	JT50-M2-135	φ19.85			
38	T52	铰刀 φ20H7	JT50-M2-135	φ20H7			
39	T60	丝锥 M8mm	JT40-G1JJ3	M8			

编　制		审　核		批　准		共2页	第2页

产品名称或代号　　零件名称　变速箱体　零件图号　　程序编号

习　题

6-1　加工中心有哪些工艺特点？

6-2　适合加工中心加工的对象有哪些？

6-3　选用加工中心应注意哪几个方面？

6-4　在加工中心上钻孔，为什么通常要安排锪平面（对毛坯面）和钻中心孔工步？

6-5　在加工中心上钻孔与在普通机床上钻孔相比，对刀具有哪些更高的要求？

6-6　试确定立式加工中心刀具长度范围。

6-7　零件如图 6-49 所示，分别按"定位迅速"和"定位准确"的原则确定 xOy 平面内的孔加工进给路线。

6-8　图 6-50 所示零件的 A、B 面已加工好，在加工中心上加工其余表面，试确定定位、夹紧方案。

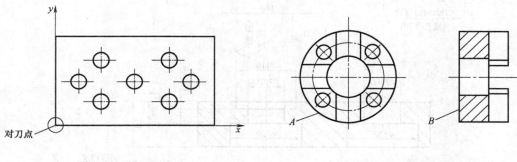

图 6-49　题 6-7 图　　　　　　　　　　　图 6-50　题 6-8 图

6-9　图 6-51 所示支承板上的 A、B、C、D 及 E 面已在前工序中加工好，现要在加工中心上加工所有孔及 $R100mm$ 圆弧，其中 $\phi 50H7$ 孔的铸出毛坯孔为 $\phi 47mm$，试制订该零件的加工中心加工工艺。

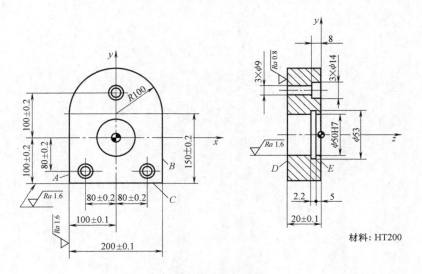

图 6-51　题 6-9 图

6-10　图 6-52 所示为板面零件，该零件的上、下平面及周边轮廓在前工序中已加工好，其余加工表面选择加工中心加工，试制订其加工中心的加工工艺（毛坯为铸铁件，$\phi 70H7$ 孔单边余量为 5mm）。

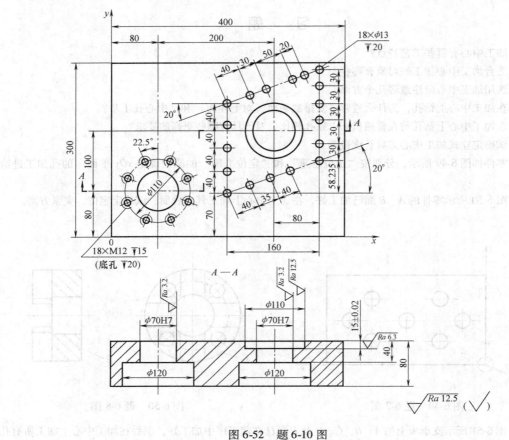

图 6-52　题 6-10 图

第七章 数控线切割加工工艺

数控线切割加工也称数控电火花线切割加工，它是在电火花成形加工基础上发展起来的，因其由数控装置控制机床的运动，采用线状电极通过火花放电对工件进行切割，故称为数控电火花线切割加工，简称数控线切割加工。

第一节 数控线切割加工原理、特点及应用

一、数控线切割加工原理

数控线切割加工的基本原理是利用移动的细金属导线（铜丝或钼丝等）作负电极对导电或半导电材料的工件（作为正电极）进行脉冲火花放电而进行所要求的尺寸加工。线切割加工时，线电极一方面相对工件不断地往上（下）移动（慢速走丝是单向移动，快速走丝是往返移动）；另一方面，装夹工件的十字工作台，由数控伺服电动机驱动，在 x、y 轴方向实现切割进给，使线电极沿加工图形的轨迹，对工件进行切割加工。图 7-1 是数控线切割加工的原理图。这种切割是依靠电火花放电作用来实现的，它是在线电极和工件之间加上脉冲电压，同时在线电极和工件之间浇注矿物油、乳化液或去离子水等工作液，不断地产生火花放电，使工件不断地被电蚀，从而可控制地完成工件的尺寸加工。

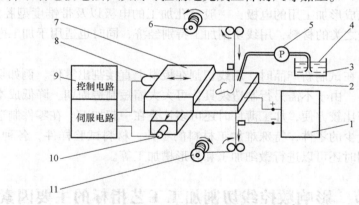

图 7-1 数控线切割加工原理图

1—脉冲电源 2—工件 3—工作液箱 4—去离子水
5—泵 6—放丝卷筒 7—工作台 8—x 轴电动机
9—数控装置 10—y 轴电动机 11—收丝卷筒

二、数控线切割加工的特点

1）它是以金属线为工具电极，大大降低了成形工具电极的设计和制造费用，缩短了生产准备时间，加工周期短。

2）除了金属丝直径决定的内侧角部的最小半径 R（金属丝半径＋放电间隙）受限制外，任何微细、异形孔，窄缝和复杂形状的零件，只要能编制出加工程序就可以进行加工，其加

工周期短、应用灵活，因而很适合于小批量零件和试制品的加工。

3）无论被加工工件的硬度如何，只要是导电体或半导电体的材料都能进行加工。由于加工中工具电极和工件不直接接触，没有像机械加工那样的切削力，因此，也适宜于加工低刚度工件及细小零件。

4）由于电极丝比较细，切缝很窄，只对工件材料进行"套料"加工，实际金属去除量很少，轮廓加工时所需余量也少，故材料的利用率很高，能有效地节约贵重材料。

5）由于采用移动的长电极丝进行加工，使单位长度电极丝的损耗较小，从而对加工精度的影响比较小，特别在低速走丝线切割加工时，电极丝一次使用，电极损耗对加工精度的影响更小。

6）加工模具时，依靠数控系统的线径偏移补偿功能，使冲模加工的凹凸模间隙可以任意调节。

7）采用乳化液或去离子水的工作液，不必担心发生火灾，可以昼夜无人值守连续加工。

8）采用四轴联动控制时，可加工上、下面异形体，形状扭曲的曲面体，变锥度和球形体等零件。

三、数控线切割加工的应用

数控线切割加工为新产品试制、精密零件及模具加工开辟了一条新的途径，主要应用于以下几个方面：

（1）加工模具：适用于各种形状的冲模，调整不同的间隙补偿量，只需一次编程就可以切割凸模、凸模固定板、凹模卸料板等，模具配合间隙、加工精度一般都能达到要求。此外，还可加工挤压模、粉末冶金模、弯曲模、塑压模等通常带锥度的模具。

（2）加工电火花成形加工用的电极：一般穿孔加工的电极以及带锥度型腔加工的电极，对于铜钨、银钨合金之类的材料，用线切割加工特别经济，同时也适用于加工微细复杂形状的电极。

（3）加工零件：在试制新产品时，用线切割在板料上直接割出零件，例如切割特殊微电机硅钢片定转子铁心。由于不需另行制造模具，可大大缩短制造周期、降低成本。同时修改设计、变更加工程序比较方便，加工薄件时还可多片叠在一起加工。在零件制造方面，可用于加工品种多，数量少的零件，特殊难加工材料的零件，材料试验样件，各种型孔、凸轮、样板、成形刀具，同时还可以进行微细加工和异形槽加工等。

第二节　影响数控线切割加工工艺指标的主要因素

一、主要工艺指标

1. 切割速度 v_{wi}　在保持一定表面粗糙度的切割加工过程中，单位时间内电极丝中心线在工件上切过的面积总和称为切割速度，单位为 mm^2/min。切割速度是反映加工效率的一项重要指标，数值上等于电极丝中心线沿图形加工轨迹的进给速度乘以工件厚度。通常高速走丝线切割速度为 $40 \sim 80mm^2/min$，慢速走丝线切割速度可达 $350mm^2/min$。

2. 切割精度　线切割加工后，工件的尺寸精度、形状精度（如直线度、平面度、圆度等）和位置精度（如平行度、垂直度、倾斜度等）称为切割精度。快速走丝线切割精度可达 $0.01mm$，一般为 $\pm 0.015 \sim 0.02mm$；慢速走丝线切割精度可达 $\pm 0.001mm$。

3. 表面粗糙度 线切割加工中的工件表面粗糙度通常用轮廓算术平均值偏差 Ra 值表示。高速走丝线切割的 Ra 值一般为 $1.25 \sim 2.5\mu m$，最低可达 $0.63 \sim 1.25\mu m$；慢速走丝线切割的 Ra 值可达 $0.3\mu m$。

二、影响工艺指标的主要因素

（一）脉冲电源主要参数的影响

1. 放电峰值电流 $\hat{i}_e$ 的影响 $\hat{i}_e$ 是决定单脉冲能量的主要因素之一。$\hat{i}_e$ 增大时，线切割加工速度提高，但表面粗糙度变差，电极丝损耗比加大甚至断丝。

2. 脉冲宽度 t_i 的影响 t_i 主要影响加工速度和表面粗糙度。加大 t_i 可提高加工速度，但表面粗糙度变差。

3. 脉冲间隔 t_0 的影响 t_0 直接影响平均电流。t_0 减小时平均电流增大，切割速度加快，但 t_0 过小，会引起电弧和断丝。

4. 空载电压 $\hat{u}_i$ 的影响 该值会引起放电峰值电流和电加工间隙的改变。$\hat{u}_i$ 提高，加工间隙增大，切缝宽，排屑变易，提高了切割速度和加工稳定性，但易造成电极丝振动，使加工面形状精度和粗糙度变差。通常 $\hat{u}_i$ 的提高还会使线电极损耗量加大。

5. 放电波形的影响 在相同的工艺条件下，高频分组脉冲常常能获得较好的加工效果。电流波形的前沿上升比较缓慢时，电极丝损耗较少。不过当脉宽很窄时，必须要有陡的前沿才能进行有效的加工。

（二）线电极及其走丝速度的影响

1. 线电极直径的影响 线切割加工中使用的线电极直径，一般为 $\phi0.03 \sim 0.35mm$，线电极材料不同，其直径范围也不同，一般纯铜丝为 $\phi0.15 \sim 0.30mm$；黄铜丝为 $\phi0.1 \sim 0.35mm$；钼丝为 $\phi0.06 \sim 0.25mm$；钨丝为 $\phi0.03 \sim 0.25mm$。电火花线切割加工的加工量 U_w，是切缝宽、切深和工件厚度的乘积。切缝宽是由线电极直径和放电间隙决定的，所以，线电极直径愈细，其加工量就愈少。但是线电极细了，允许通过的电流就会变小，切割速度会随线电极直径的变细而下降。另一方面，如果增大线电极的直径，允许通过的加工电流就可以增大，加工速度增快，但是加工槽宽增大，加工量也增大，因而必须增加由于加工槽加宽所增加的那一部分电流。线电极允许通过的电流是跟线电极直径的平方成正比的，而切缝宽仅与线电极的直径成正比，因此切割速度与线电极直径是成正比的增加，线电极直径越粗，切割速度越快，而且还有利于厚工件的加工。但是线电极直径的增加，要受到加工工艺要求的约束，另外增大加工电流，加工表面的粗糙度会变差，所以线电极直径的大小，要根据工件厚度，材料和加工要求进行确定。

2. 线电极走丝速度的影响 在一定范围内，随着走丝速度的提高，线切割速度也可以提高，提高走丝速度有利于电极丝把工作液带入较大厚度的工件放电间隙中，有利于电蚀产物的排除和放电加工的稳定。走丝速度也影响电极在加工区的逗留时间和放电次数，从而影响线电极的损耗。但走丝速度过高，将使电极丝的振动加大、降低精度、切割速度并使表面粗糙度变差，且易造成断丝，所以，高速走丝线切割加工时的走丝速度一般以小于 $10m/s$ 为宜。

在慢速走丝线切割加工中，电极丝材料和直径有较大的选择范围，高生产率时可用 $\phi0.3mm$ 以下的镀锌黄铜丝，允许较大的峰值电流和气化爆炸力。精微加工时可用 $\phi0.03mm$ 以上的钼丝。由于电极丝张力均匀，振动较少，所以加工稳定性、表面粗糙度、精度指标等均较好。

（三）工件厚度及材料的影响

工件材料薄，工作液容易进入并充满放电间隙，对排屑和消电离有利，加工稳定性好。但工件太薄，金属丝易产生抖动，对加工精度和表面粗糙度不利。工件厚，工作液难于进入和充满放电间隙，加工稳定性差，但电极丝不易抖动，因此精度和表面粗糙度较好。切割速度 v_{wi} 起先随厚度的增加而增加，达到某一最大值（一般为 $50 \sim 100 \, mm^2/min$）后开始下降，这是因为厚度过大时，排屑条件变差。

工件材料不同，其熔点、气化点、热导率等都不一样，因而加工效果也不同。例如采用乳化液加工时：

1）加工铜、铝、淬火钢时，加工过程稳定，切割速度高。

2）加工不锈钢、磁钢、未淬火高碳钢时，稳定性较差，切割速度较低，表面质量不太好。

3）加工硬质合金时，比较稳定，切割速度较低，表面粗糙度好。

此外，机械部分精度（例如导轨、轴承、导轮等磨损、传动误差）和工作液（种类、浓度及其脏污程度）都会影响加工效果。当导轮、轴承偏摆，工作液上下冲水不均匀，会使加工表面产生上下凹凸相间的条纹，工艺指标将变差。

（四）诸因素对工艺指标的相互影响关系

前面分析了各主要因素对线切割加工工艺指标的影响。实际上，各因素对工艺指标的影响往往是相互依赖又相互制约的。

切割速度与脉冲电源的电参数有直接的关系，它将随单个脉冲能量的增加和脉冲频率的提高而提高。但有时也受到加工条件或其他因素的制约。因此，为了提高切割速度，除了合理选择脉冲电源的电参数外，还要注意其他因素的影响。如工作液种类、浓度、脏污程度的影响，线电极材料、直径、走丝速度和抖动的影响，工件材料和厚度的影响，切割加工进给速度、稳定性和机械传动精度的影响等。合理地选择搭配各因素指标，可使两极间维持最佳的放电条件，以提高切割速度。

表面粗糙度也主要取决于单个脉冲放电能量的大小，但线电极的走丝速度和抖动状况等因素对表面粗糙度的影响也很大，而线电极的工作状况则与所选择的线电极材料、直径和张紧力大小有关。

加工精度主要受机械传动精度的影响，但线电极的直径、放电间隙大小、工作液喷流量大小和喷流角度等也影响加工精度。

因此，在线切割加工时，要综合考虑各因素对工艺指标的影响，善于取其利，去其弊，以充分发挥设备性能，达到最佳的切割加工效果。

第三节　数控线切割加工工艺的制订

数控线切割加工，一般作为工件加工的最后一道工序，使工件达到图样规定的尺寸、形位精度和表面粗糙度。图7-2所示为数控线切割加工的加工过程。下面就数控线切割加工中的有关工艺技术作一介绍，其余内容待后续课程讨论。

一、零件图的工艺分析

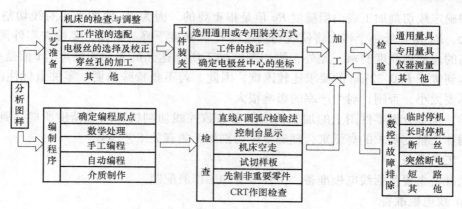

图 7-2　数控线切割加工的流程图

主要分析零件的凹角和尖角是否符合线切割加工的工艺条件，零件的加工精度、表面粗糙度是否在线切割加工所能达到的经济精度范围内。

1. 凹角和尖角的尺寸分析　因线电极具有一定的直径 d，加工时又有放电间隙 δ，使线电极中心的运动轨迹与加工面相距 l，即 $l = d/2 + \delta$，如图 7-3 所示。因此，加工凸模类零件时，线电极中心轨迹应放大；加工凹模类零件时，线电极中心轨迹应缩小，如图 7-4 所示。

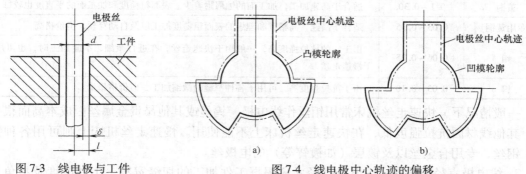

图 7-3　线电极与工件
　　加工面的位置关系

图 7-4　线电极中心轨迹的偏移
a) 加工凸模类零件　b) 加工凹模类零件

在线切割加工时，在工件的凹角处不能得到"清角"，而是圆角。对于形状复杂的精密冲模，在凸、凹模设计图样上应说明拐角处的过渡圆弧半径 R。同一副模具的凹、凸模中，R 值要符合下列条件，才能保证加工的实现和模具的正确配合。

对凹角，$R_1 \geq l = d/2 + \delta$

对尖角，$R_2 = R_1 - \Delta$

式中　R_1——凹角圆弧半径；

　　　R_2——尖角圆弧半径；

　　　Δ——凹、凸模的配合间隙。

2. 表面粗糙度及加工精度分析　电火花线切割加工表面和机械加工的表面不同，它是由无方向性的无数小坑和硬凸边所组成，特别有利于保存润滑油；而机械加工表面则存在着切削或磨削刀痕，具有方向性。两者相比，在相同的表面粗糙度和有润滑油的情况下，其表面润滑性能和耐磨损性能均比机械加工表面好。所以，在确定加工面表面粗糙度 Ra 值时要考虑到此项因素。

合理确定线切割加工表面粗糙度 Ra 值是很重要的。因为 Ra 值的大小对线切割速度 v_{wi} 影响很大，Ra 值降低一个档次将使线切割速度 v_{wi} 大幅度下降。所以，要检查零件图样上是否有过高的表面粗糙度要求。此外，线切割的加工所能达到的表面粗糙 Ra 值是有限的，譬如欲达到优于 $Ra0.32\mu m$ 的要求还较困难，因此，若不是特殊需要，零件上标注的 Ra 值尽可能不要太小，否则，对生产率的影响很大。

同样，也要分析零件图上的加工精度是否在数控线切割机床加工精度所能达到的范围内，根据加工精度要求的高低来合理确定线切割加工的有关工艺参数。

二、工艺准备

工艺准备主要包括线电极准备、工件准备和工作液配制。

（一）线电极准备

1. 线电极材料的选择　目前线电极材料的种类很多，主要有纯铜丝、黄铜丝、专用黄铜丝、钼丝、钨丝、各种合金丝及镀层金属线等。表7-1 是常用线电极材料的特点，可供选择时参考。

表 7-1　各种线电极的特点　　　　　（单位：mm）

材料	线径	特点
纯铜	0.1 ~ 0.25	适合于切割速度要求不高或精加工时用。丝不易卷曲，抗拉强度低，容易断丝
黄铜	0.1 ~ 0.30	适合于高速加工，加工面的蚀屑附着少。表面粗糙度和加工面的平直度也较好
专用黄铜	0.05 ~ 0.35	适合于高速、高精度和理想的表面粗糙度加工以及自动穿丝，但价格高
钼	0.06 ~ 0.25	由于它的抗拉强度高，一般用于快速走丝，在进行微细、窄缝加工时，也可用于慢速走丝
钨	0.03 ~ 0.10	由于抗拉强度高，可用于各种窄缝的微细加工，但价格昂贵

一般情况下，快速走丝机床常用钼丝作线电极，钨丝或其他昂贵金属丝因成本高而很少用，其他线材因抗拉强度低，在快速走丝机床上不能使用。慢速走丝机床上则可用各种铜丝、钢丝，专用合金丝以及镀层（如镀锌等）的电极丝。

2. 线电极直径的选择　线电极直径 d 应根据工件加工的切缝宽窄、工件厚度及拐角尺寸大小等来选择。由图 7-5 可知，线电极直径 d 与拐角半径 R 的关系为 $d \leqslant 2(R-\delta)$。所以，在拐角要求小的微细线切割加工中，需要选用线径细的电极，但线径太细，能够加工的工件厚度也将会受到限制。表 7-2 列出线径与拐角和工件厚度的极限的关系。

表 7-2　线径与拐角和工件厚度的极限　　（单位：mm）

线电极直径 d	拐角极限 R_{min}	切割工件厚度
钨 0.05	0.04 ~ 0.07	0 ~ 10
钨 0.07	0.05 ~ 0.10	0 ~ 20
钨 0.10	0.07 ~ 0.12	0 ~ 30
黄铜 0.15	0.10 ~ 0.16	0 ~ 50
黄铜 0.20	0.12 ~ 0.20	0 ~ 100 以上
黄铜 0.25	0.15 ~ 0.22	0 ~ 100 以上

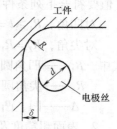

图 7-5　线电极直径
与拐角的关系

（二）工件准备

1. 工件材料的选定和处理　工件材料的选择是由图样设计时确定的。作为模具加工，在加工前毛坯需经锻打和热处理。锻打后的材料在锻打方向与其垂直方向会有不同的残余应力；淬火后也会出现残余应力。加工过程中残余应力的释放会使工件变形，从而达不到加工尺寸精度要求，淬火不当的工件还会在加工过程中出现裂纹，因此，工件需经二次以上回火或高温回火。另外，加工前还要进行消磁处理及去除表面氧化皮和锈斑等。例如，以线切割加工为主要工艺时，钢件的加工工艺路线一般为：下料——锻造——退火——机械粗加工——淬火与高温回火——磨加工（退磁）——线切割加工——钳工修整。

为了避免或减少上述情况，应选择锻造性能好、淬透性好、热处理变形小的材料，如以线切割为主要工艺的冷冲模具，尽量选用 CrWMn、Cr12Mo、GCr15 等合金工具钢，并要正确选择热加工方法和严格执行热处理规范。另一方面，也要合理安排线切割加工工艺（后述）。

2. 工件加工基准的选择　为了便于线切割加工，根据工件外形和加工要求，应准备相应的校正和加工基准，并且此基准应尽量与图样的设计基准一致，常见的有以下两种形式：

（1）以外形为校正和加工基准：外形是矩形状的工件，一般需要有两个相互垂直的基准面，并垂直于工件的上，下平面，如图 7-6 所示。

（2）以外形为校正基准，内孔为加工基准：无论是矩形、圆形还是其他异形的工件，都应准备一个与工件的上、下平面保持垂直的校正基准，此时其中一个内孔可作为加工基准，如图 7-7 所示。在大多数情况下，外形基面在线切割加工前的机械加工中就已准备好了。工件淬硬后，若基面变形很小，可稍加打光便可用线切割加工；若变形较大，则应当重新修磨基面。

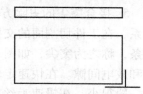

图 7-6 矩形工件的校正和加工基准

3. 穿丝孔的确定

（1）切割凸模类零件：此时为避免将坯件外形切断引起变形，通常在坯件内部外形附近预制穿丝孔（见图 7-8c）。

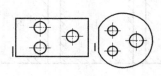

图 7-7 外形一侧边为校正基准，内孔为加工基准

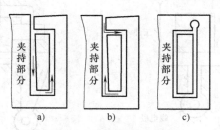

图 7-8 切割起始点和切割路线的安排

（2）切割凹模、孔类零件：此时可将穿丝孔位置选在待切割型腔（孔）内部。当穿丝孔位置选在待切割型腔（孔）的边角处时，切割过程中无用的轨迹最短；而穿丝孔位置选在已知坐标尺寸的交点处则有利于尺寸推算；切割孔类零件时，若将穿丝孔位置选在型孔中心可使编程操作容易。因此，要根据具体情况来选择穿丝孔的位置。

（3）穿丝孔大小：穿丝孔大小要适宜。一般不宜太小，如果穿丝孔径太小，不但钻孔难度增加，而且也不便于穿丝。但是，若穿丝孔径太大，则会增加钳工工艺上的难度。一般穿丝孔常用直径为 $\phi3 \sim 10mm$。如果预制孔可用车削等方法加工，则穿丝孔径也可大些。

4. 切割路线的确定 线切割加工工艺中，切割起始点和切割路线的确定合理与否，将影响工件变形的大小，从而影响加工精度。图 7-8 所示的由外向内顺序的切割路线，通常在加工凸模零件时采用。其中，图 7-8a 所示的切割路线是错误的，因为当切割完第一边，继续加工时，由于原来主要连接的部位被割离，余下材料与夹持部分的连接较少，工件的刚度大为降低，容易产生变形而影响加工精度。如按图 7-8b 所示的切割路线加工，可减少由于材料割离后残余应力重新分布而引起的变形。所以，一般情况下，最好将工件与其夹持部分分割的线段安排在切割路线的末端。对于精度要求较高的零件，最好采用如图 7-8c 所示的方案，电极丝不由坯件外部切入，而是将切割起始点取在坯件预制的穿丝孔中，这种方案可使工件的变形最小。

切割孔类零件时，为了减少变形，还可采用二次切割法，如图 7-9 所示。第一次粗加工型孔，各边留余量 0.1～0.5mm，以补偿材料被切割后由于内应力重新分布而产生的变形。第二次切割为精加工。这样可以达到比较满意的效果。

5. 接合突尖的去除方法 由于线电极的直径和放电间隙的关系，在工件切割面的交接处，会出现一个高出加工表面的高线条，称之为突尖，如图 7-10 所示。这个突尖的大小决定于线径和放电间隙。在快速走丝的加工中，用细的线电极加工，突尖一般很小，在慢速走丝加工中就比较大，必须将它去除。下面介绍几种去除突尖的方法。

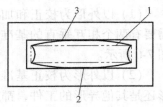

图 7-9 二次切割孔类零件
1—第一次切割的理论图形
2—第一次切割的实际图形
3—第二次切割的图形

（1）利用拐角的方法：凸模在拐角位置的突尖比较小，选用图 7-11 所示的切割路线，可减少精加工量。切下前要将凸模固定在外框上，并用导电金属将其与外框连通，否则在加工中不会产生放电。

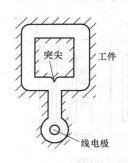

图 7-10 突尖

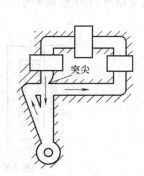

图 7-11 利用拐角去除突尖
1—凸模 2—外框 3—短路用金属 4—固定夹具 5—粘接剂

（2）切缝中插金属板的方法：将切割要掉下来的部分，用固定板固定起来，在切缝中插入金属板，金属板长度与工件厚度大致相同，金属板应尽量向切落侧靠近，如图 7-12 所示。切割时应往金属板方向多切入大约一个线电极直径的距离。

（3）用多次切割的方法：工件切断后，对突尖进行多次切割精加工。一般分三次进行，第一次为粗切割，第二次为半精切割，第三次为精切割。也有采用粗、精二次切割法去除突尖，如图 7-13 所示，切割次数的多少，主要看加工对象精度要求的高低和突尖的大小来确定。

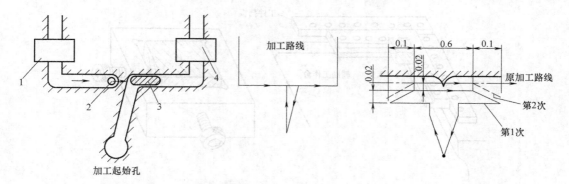

图 7-12　插入金属板去除突尖

1—固定夹具　2—线电极　3—金属板　4—短路用金属

图 7-13　二次切割去除突尖的路线

改变偏移量的大小，可使线电极靠近或离开工件。第一次比原加工路线增加大约 0.04mm 的偏移量，使线电极远离工件开始加工，第二次、第三次逐渐靠近工件进行加工，一直到突尖全部被除掉为止。一般为了避免过切，应留 0.01mm 左右的余量供手工精修。

（三）工作液的准备

根据线切割机床的类型和加工对象，选择工作液的种类、浓度及导电率等。对快速走丝线切割加工，一般常用质量分数为 10% 左右的乳化液，此时可达到较高的线切割速度。对于慢速走丝线切割加工，普遍使用去离子水。适当添加某些导电液有利于提高切割速度。一般使用电阻率为 $2 \times 10^4 \Omega \cdot cm$ 左右的工作液，可达到较高的切割速度。工作液的电阻率过高或过低均有降低线切割速度的倾向。

三、工件的装夹和位置校正

（一）对工件装夹的基本要求

1）工件的装夹基准面应清洁无毛刺，经过热处理的工件，在穿丝孔或凹模类工件扩孔的台阶处，要清理热处理液的渣物及氧化膜表面。

2）夹具精度要高。工件至少用两个侧面固定在夹具或工作台上，如图 7-14 所示。

3）装夹工件的位置要有利于工件的找正，并能满足加工行程的需要，工作台移动时，不得与丝架相碰。

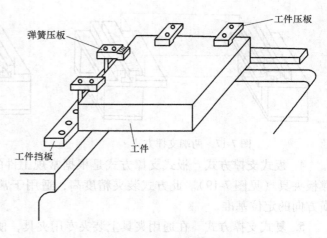

图 7-14　工件的固定

4）装夹工件的作用力要均匀，不得使工件变形或翘起。

5）批量零件加工时，最好采用专用夹具，以提高效率。

6）细小、精密、壁薄的工件应固定在辅助工作台或不易变形的辅助夹具上，如图 7-15 所示。

（二）工件的装夹方式

1. 悬臂支撑方式　图 7-16 所示的悬臂支撑方式通用性强，装夹方便。但工件平面难与

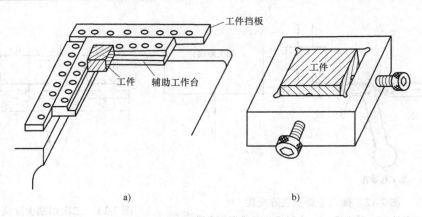

图 7-15 辅助工作台和夹具

a) 辅助工作台 b) 夹具

工作台面找平，工件受力时位置易变化。因此只在工件加工要求低或悬臂部分小的情况下使用。

2. 两端支撑方式 两端支撑方式是将工件两端固定在夹具上，如图 7-17 所示。这种方式装夹方便，支撑稳定，定位精度高。但不适于小工件的装夹。

3. 桥式支撑方式 桥式支撑方式是在两端支撑的夹具上，再架上两块支撑垫铁（见图 7-18）。此方式通用性强，装夹方便，大、中、小型工件都适用。

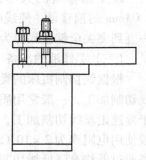

图 7-16 悬臂支撑方式

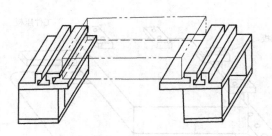

图 7-17 两端支撑方式

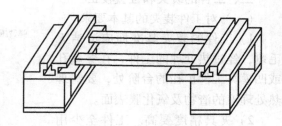

图 7-18 桥式支撑方式

4. 板式支撑方式 板式支撑方式是根据常规工件的形状，制成具有矩形或圆形孔的支撑板夹具（见图 7-19）。此方式装夹精度高，适用于常规与批量生产。同时，也可增加纵、横方向的定位基准。

5. 复式支撑方式 在通用夹具上装夹专用夹具，便成为复式支撑方式（见图 7-20）。此方式对于批量加工尤为方便，可大大缩短装夹和校正时间，提高效率。

（三）工件位置的校正方法

1. 拉表法 拉表法是利用磁力表架，将百分表固定在丝架或其他固定位置上，百分表头与工件基面接触，往复移动床鞍，按百分表指示数值调整工件。校正应在三个方向上进行（见图 7-21）。

2. 划线法 工件待切割图形与定位基准相互位置要求不高时，可采用划线法（见图 7-22）。固定在丝架上的一个带有顶丝的零件将划针固定，划针尖指向工件图形的基准线或基准面，移动纵（或横）向床鞍，据目测调整工件进行找正。该法也可以在粗糙度较差的基面校正时使用。

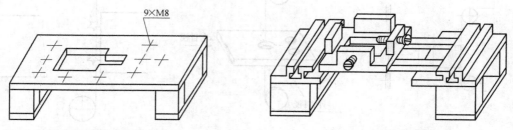

图 7-19　板式支撑方式　　　　　　　图 7-20　复式支撑方式

3. 固定基面靠定法　利用通用或专用夹具纵、横方向的基准面，经过一次校正后，保证基准面与相应坐标方向一致。于是具有相同加工基准面的工件可以直接靠定，就保证了工件的正确加工位置（见图 7-23）。

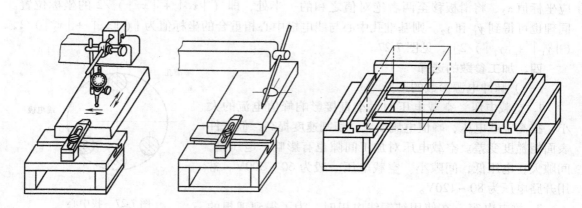

图 7-21　拉表法校正　　　　图 7-22　划线法校正　　　　图 7-23　固定基面靠定法

（四）线电极的位置校正

在线切割前，应确定线电极相对于工件基准面或基准孔的坐标位置。

1. 目视法　对加工要求较低的工件，在确定线电极与工件有关基准线或基准面相互位置时，可直接利用目视或借助于 2 ~ 8 倍的放大镜来进行观察。

图 7-24 所示为观察基准面来确定线电极位置。当线电极与工件基准面初始接触时，记下相应床鞍的坐标值。线电极中心与基准面重合的坐标值，则是记录值减去线电极半径值。

图 7-25 所示为观测基准线来确定线电极位置。利用穿丝孔处划出的十字基准线，观测线电极与十字基准线的相对位置，移动床鞍，使线电极中心分别与纵、横方向基准线重合，此时的坐标值就是线电极的中心位置。

2. 火花法　火花法是利用线电极与工件在一定间隙时发生火花放电来确定线电极的坐标位置（见图 7-26）。移动滑板，使线电极逼近工件的基准面，待开始出现火花时，记下滑板的相应坐标值来推算线电极中心坐标值。此法简便、易行。但因线电极运转易抖动而会出现误差；放电也会使工件的基准面受到损伤；此外，线电极逐渐逼近基准面时，开始产生脉冲放电的距离，往往并非正常加工条件下线电极与工件间的放电距离。

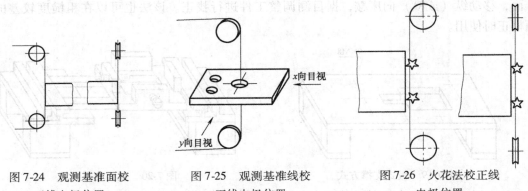

图 7-24　观测基准面校　　图 7-25　观测基准线校　　图 7-26　火花法校正线
　　　　正线电极位置　　　　　　　　正线电极位置　　　　　　　电极位置

3. 自动找中心　自动找中心是为了让线电极在工件的孔中心定位。具体方法为：移动横向床鞍，使电极丝与孔壁相接触，记下坐标值 x_1，反向移动床鞍至另一导通点，记下相应坐标值 x_2，将滑板移至两者绝对值之和的一半处，即 $(|x_1| + |x_2|)/2$ 的坐标位置。同理也可得到 y_1 和 y_2。则基准孔中心与线电极中心相重合的坐标值为 $[(|x_1| + |x_2|)/2 ,$ $(|y_1| + |y_2|)/2]$，见图 7-27。

四、加工参数的选择

（一）脉冲电源参数的选择

1. 空载电压　空载电压的大小直接影响峰值电流的大小，提高空载电压，峰值电流增大，切割速度提高，但工件表面粗糙度变差。空载电压对加工间隙也有影响，电压高，间隙大；电压低，间隙小。空载电压一般为 60～300V。常用开路电压为 80～120V。

2. 放电电容　在使用纯铜线电极时，为了得到理想的表面粗糙度，减小拐角的塌角，放电电容要小；在使用黄铜丝电极时，进行高速切割，希望减小腰鼓量，要选用大的放电电容量。

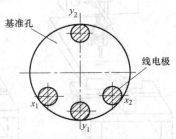

图 7-27　找中心

3. 脉冲宽度　脉冲宽度对加工效率、表面粗糙度和加工稳定性影响很大。增大脉冲宽度，单个脉冲能量增大，可提高切割速度，但表面粗糙度变差。因此，单个脉冲能量应限制在一定范围内，当峰值电流选定后，脉冲宽度要根据具体加工要求选定。通常，快速走丝切割脉冲宽度为 1～60μs，而低速走丝切割脉冲宽度为 0.5～100μs。另外，脉冲宽度的选择还与切割工件的厚度有关，工件厚度增加，脉冲宽度适当增大。

4. 脉冲间隔　脉冲间隔对切割速度和表面粗糙度影响较大。脉冲间隔太小，会使放电产物来不及排除，放电间隙来不及消电离，加工不稳定，易造成工件的烧蚀或断丝；脉冲间隔太大，会使切割速度明显降低，严重时不能连续进给，影响加工的稳定性。一般脉冲间隔在 10～250μs 之间选择，取脉冲间隔等于 4～8 倍的脉冲宽度，即 $t_0 = (4～8) t_i$。切割厚工件时，选用大的脉冲间隔，有利于排屑，保证加工稳定性。

5. 峰值电流　峰值电流是指放电电流的最大值。峰值电流大，切割速度快，但表面粗糙度变差，且容易断丝。一般快速走丝切割选择峰值电流小于 40A，平均电流小于 5A。慢速走丝切割选择峰值电流小于 100A，平均电流小于 18～30A。另外，峰值电流的选择与电极丝直径有关，直径越粗，选择的峰值电流越大，反之则越小。表 7-3 所示是不同直径钼丝可承受的最大峰值电流。

表 7-3　峰值电流与钼丝直径的关系

钼丝直径/mm	0.06	0.08	0.10	0.12	0.15	0.18
可承受的 i_e/A	15	20	25	30	—	37	45

（二）速度参数的选择

1. 进给速度　工作台进给速度太快，容易产生短路和断丝，工作台进给速度太慢，加工表面的腰鼓量就会增大，但表面粗糙度值较小，正式加工时，一般将试切的进给速度下降 10% ~20%，以防止短路和断丝。

2. 走丝速度　走丝速度应尽量快一些，对快速走丝来说，会有利于减少因线电极损耗对加工精度的影响，尤其是对厚工件的加工，由于线电极的损耗，会使加工面产生锥度。一般走丝速度是根据工件厚度和切割速度来确定的。

（三）工作液参数的选择

1. 工作液的电阻率　工作液电阻率需根据工件材料确定。对于表面在加工时容易形成绝缘膜的铝、钼、结合剂烧结的金刚石，以及受电腐蚀易使表面氧化的硬质合金和表面容易产生气孔的工件材料，要提高工作液的电阻率，一般可按表 7-4 选择。

表 7-4　工作液电阻率的选择　　　　　　（单位：$10^4\Omega \cdot cm$）

工件材料	钢铁	铝、结合剂烧结的金刚石	硬质合金
工作液电阻率	2 ~5	5 ~20	20 ~40

2. 工作液喷嘴的流量和压力　工作液的流量或压力大，冷却排屑的条件好，有利于提高切割速度和加工表面的垂直度。但是在精加工时，要减小工作液的流量或压力，以减少线电极的振动。粗加工时，冲液压力一般为 4 ~12kgf/cm²（1kgf/cm² = 98.0665kPa），冲液流量为 5 ~6L/min；精加工时，冲液压力一般为 0.2 ~0.8kgf/cm²，冲液流量为 1 ~2L/min。

（四）线径偏移量的确定

正式加工前，按照确定的加工条件，切一个与工件相同材料、相同厚度的正方形，测量尺寸，确定线径偏移量。这项工作对第一次加工者是必须要做的，但是当积累了很多的工艺数据或者生产厂家提供了有关工艺参数时，只要查数据即可。

进行多次切割时，要考虑工件的尺寸公差，估计尺寸变化，分配每次切割时的偏移量。偏移量的方向，按切割凸模或凹模以及切割路线的不同而定。

（五）多次切割加工参数的选择

多次切割加工也叫二次切割加工，它是在对工件进行第一次切割之后，利用适当的偏移量和更精的加工规准，使线电极沿原切割轨迹逆向或顺向再次对工件进行精修的切割加工。对快速走丝线切割机床来说，一定要求其数控装置具有以适当的偏移量沿原轨迹逆向加工的功能。对慢速走丝来说，由于穿丝方便，因而一般在完成第一次加工之后，可自动返回到加工的起始点，在重新设定适当的偏移量和精加工规准之后，就可沿原轨迹进行精修加工。

多次切割加工可提高线切割精度和表面质量，修整工件的变形和拐角塌角。一般情况下，采用多次切割能使加工精度达到 ±0.005mm，圆角和垂直度小于 0.005mm，表面粗糙度 Ra 值小于 0.63μm。但如果粗加工后工件变形过大，应通过合理选择材料和热处理方法，正确选择切割路线来尽可能减小工件的变形，否则，多次切割的效果会不好甚至反而差。

对凹模切割，第一次切除中间废芯后，一般工件留 0.2mm 左右的多次切割加工余量即可，大型工件应留 1mm 左右。

凸模加工时，若一次必须切下就不能进行多次切割。除此之外，第一次加工时，小工件要留一到二处 0.5mm 左右的固定留量，大工件要多留些。对固定留量部分切割下来后的精加工，一般用抛光等方法。

多次切割加工的有关参数可按表 7-5 选择。

表 7-5　多次切割加工参数选择

条件		薄工件	厚工件
空载电压/V		80 ~ 100	
峰值电流/A		1 ~ 5	3 ~ 10
脉宽/间隔		2/5	
电容量/μF		0.02 ~ 0.05	0.04 ~ 0.2
加工进给速度/（mm/min）		2 ~ 5	
线电极张力/N		8 ~ 9	
偏移量增减范围 /mm	开阔面加工	0.02 ~ 0.03	0.02 ~ 0.06
	切槽中加工	0.02 ~ 0.04	0.02 ~ 0.06

第四节　典型零件的数控线切割加工工艺分析

一、轴座零件的数控线切割加工工艺

如图 7-28 所示为轴座零件图，其材料为 45 钢，经过调质处理。该零件的主要尺寸：长度为 45mm，宽度为 15mm；孔的尺寸要求为 $\phi10^{+0.025}_{0}$ mm，其外形圆弧为 $R8$mm；$\phi10^{+0.025}_{0}$ mm 孔的中心线与安装基面的距离为 9mm；零件上 2-ϕ9mm 孔的中心距为 30.5mm，线切割加工外形，其外形尺寸公差为未注公差；$\phi10^{+0.025}_{0}$ mm 孔的表面粗糙度为 $Ra1.6\mu$m，其余被加工表面粗糙度均为 $Ra3.2\mu$m。

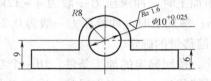

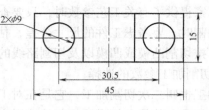

图 7-28　轴座零件图

（一）加工工艺路线

根据零件形状和尺寸精度可选用以下加工工艺。

1）下料：用圆棒料在锯床上下料。

2）锻造：坯料锻造成长条形坯料。

3）调质处理：热处理 28 ~ 32HRC。

4）刨床加工：刨削坯料四面，留磨量。

5）磨床加工：磨削四面。

6）线切割加工：加工外形。

7）钳工：钳工划线、钻孔、铰孔至图样要求。

8）检验。

（二）主要工艺装备

1）夹具：采用两端支撑装夹方式。

2）辅具：压板组件、扳手、锤子。

3）钼丝：$\phi 0.18\text{mm}$。

4）量具：磁力表座、杠杆百分表（分度值为 0.01mm，测量范围为 0~5mm）、游标卡尺（200mm，读数值 0.02mm）。

（三）线切割加工步骤

1. 线切割加工工艺处理及计算

（1）工件装夹与校正：工件坯料比较长，材料易变形，为防止由于装夹而产生工件变形、加工中出现废品等现象，故采用两端支撑方式装夹工件，工件的装夹如图 7-29 所示。用百分表拉直坯料的 A 面，在全长范围内，百分表的指针摆动不应大于 0.05mm。

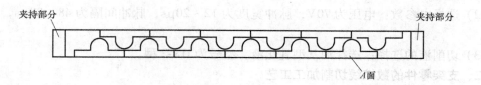

图 7-29 工件的装夹

（2）选择钼丝起始位置和切入点：此工序为切割工件外形，无需钻穿丝孔，直接在坯料的外部切入，如图 7-30 所示。

（3）确定切割路线：由于采用两端装夹，线切割先加工一侧工件，加工完毕再加工另一侧工件。图 7-30 所示为靠近坯料 A 面某个工件的切割路线，箭头所指方向为切割路线方向。

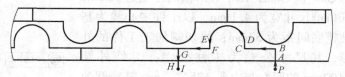

图 7-30 切割路线

（4）确定偏移量：选择直径为 $\phi 0.18\text{mm}$ 的钼丝，单面放电间隙为 0.01mm，钼丝中心偏移量 $f = 0.18/2\text{mm} + 0.01\text{mm} = 0.1\text{mm}$。

（5）计算平均尺寸：工件外形尺寸公差为未注公差，线切割加工尺寸可参考图 7-28 中的尺寸，其他尺寸如图 7-31 所示。为了实现连续加工，加工完毕后，电极丝处的位置应为下一个工件的起始位置，因而点 P 的位置应考虑钼丝半径和放电间隙。

（6）确定计算坐标系：为了以后计算点的坐标方便，直接选圆弧的圆心为坐标系的原点建立坐标系，如图 7-31 所示。

2. 编制加工程序

（1）计算钼丝中心轨迹及各交点的坐标：钼丝中心轨迹见图 7-32 中的双点画线，相对于工件平均尺寸偏移一垂直距离（0.1mm）。各交点坐标可通过几何计算或 CAD 查询

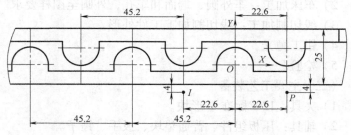

图 7-31 平均尺寸与建立坐标系

得到。

（2）编写加工程序单：采用 3B 编程，程序单略。

3. 工件加工

（1）钼丝起始点的确定：在 X 方向上，把调整好垂直度的钼丝摇至适当位置，保证在坯料上加工出最多工件；在 Y 向上，钼丝与坯料 A 面火花放电，当火花均匀时，记下 Y 向坐标，手摇线切割手轮，向 −Y 向移动钼丝 3.9mm，X、Y 向手轮对零，此时钼丝处在起始点的位置上。

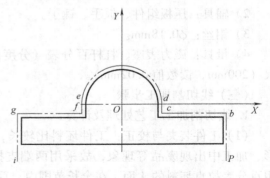

图 7-32　钼丝中心轨迹

（2）选择电参数：电压为 70V，脉冲宽度为 12～20μs，脉冲间隔为 48～80μs，电流为 1.5A。

（3）切削液的选择：选择油基型乳化液，型号为 DX-2 型。

二、支架零件的数控线切割加工工艺

如图 7-33 所示为支架零件图，其材料为铝。零件的主要尺寸：直径为 φ100mm，厚度为 40mm，凸台的直径 φ42mm；孔的直径为 $\phi25_{0}^{+0.052}$mm；四个外形槽尺寸宽为 12mm，开口槽尺寸宽为 4.1mm，以工件中心线为基准槽底间距为 57mm；线切割加工工件的外形，其尺寸公差为未注公差，工件外圆 φ100mm 的圆心与内孔 $\phi25_{0}^{+0.052}$mm 基准圆的圆心同轴度公差为 φ0.08mm；工件内孔表面粗糙度 Ra 为 1.6μm，其余被加工表面的粗糙度 Ra 均为 3.2μm。

（一）加工工艺路线

根据工件形状和尺寸精度可选用以下加工工艺。

1）下料：用 φ105mm 圆棒料在锯床上下料。

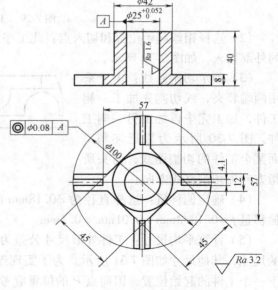

图 7-33　支架零件图

2）车床加工：车外圆、端面和车孔，外圆至图样要求。

3）线切割加工：线切割加工工件外形。

4）钳工抛光。

5）检验。

（二）主要工艺装备

1）夹具：120°标准 V 形块。

2）辅具：压板组件、普通垫块、扳手、锤子。

3）钼丝：直径为 φ0.18mm。

4）量具：带磁力表座的杠杆百分表（分度值为 0.01mm，测量范围 0～5mm）、游标卡尺。

（三）线切割加工步骤

1. 线切割加工工艺处理及计算

（1）工件装夹与校正：工件装夹如图 7-34 所示，工件靠近 V 形块，用压板组件把工件固定紧。V 形块用百分表校正，保证 V 形块 V 形凹槽中心线平行线切割工作台某一个方向。这样，无论工件坯料大小，工件的中心都处在同一条直线上。

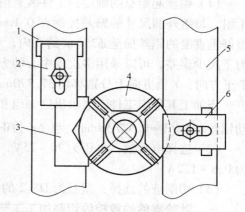

（2）工件在坯料上的排布：工件的外圆已加工至图样要求的 $\phi100mm$，按图 7-33 所示的方向加工，工件无法装夹，根据工件的形状，可把图 7-33 图形旋转45°，如图 7-34 所示。这样，工件两端装夹量约为 10mm。装夹时，注意线切割工作台支撑板的距离，防止切割上工作台支撑板。

图 7-34 工件的装夹
1、5—工作台支撑板 2、6—压板组件
3—V 形块 4—工件

（3）选择钼丝起始位置和切入点：此工序为切割工件外形，钼丝可在坯料的外部切入，起始点的位置如图 7-35 所示。

（4）确定切割路线：切割路线如图 7-35 所示，工件外形圆弧已加工完毕，为了防止工件在未加工完时脱离坯料，线切割最后加工工件压紧部分。箭头所指方向为切割路线方向。

（5）计算平均尺寸：平均尺寸见图 7-36。

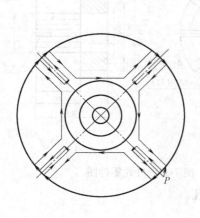

图 7-35 切割路线

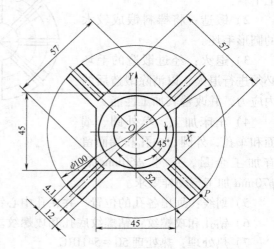

图 7-36 平均尺寸

（6）确定计算坐标系：选 $\phi25mm$ 内孔圆心为坐标系的原点建立坐标系，如图 7-36 所示。

（7）确定偏移量：选择直径为 $\phi0.18mm$ 的钼丝，加工铝件时单面放电间隙可取 0.02mm，钼丝中心偏移量 $f = 0.18/2mm + 0.02mm = 0.11mm$。

2. 编制加工程序

采用自动编程软件绘图编程（略）。

3. 工件加工

（1）钼丝起始点的确定：工件装夹前，需用游标卡尺测量坯料外圆尺寸，把工件分成若干组，每组外圆尺寸的偏差控制在 0.1mm。在第一组里拿出一件作为标准件装夹。为把调整好垂直度的钼丝摇至 $\phi25$mm 的孔内，利用线切割自动找中心的功能找出工件的中心位置，为了减少误差，可以采用多次找中心的方法校正。校正完毕，手轮对零，摇动手轮使钼丝向 X 正方向、Y 负方向上分别移动 37.770mm，此时钼丝停在切割起始位置 P 点上。

当加工其他组工件时，求出这一组和第一组工件坯料直径平均偏差 Δd，在 X 方向上移动钼丝 $\sqrt{3}\Delta d/3 \approx 0.577\Delta d$mm。当 Δd 为正值时，向 X 正向移动，反之，向 X 负向移动。

（2）选择电参数：电压为 70~75V，脉冲宽度为 8~12μs，脉冲间隔为 40~60μs，电流为 0.8~1.2A。

（3）切削液的选择：型号为 DX-2 的油基型乳化液。

三、叶轮零件的数控线切割加工工艺

如图 7-37 所示为叶轮零件图，其材料为 9CrSi，热处理 50~54HRC。该零件的直径为 $\phi135^{+0.03}_{0}$mm，厚度为 80mm，内孔直径为 $\phi45^{+0.025}_{0}$mm。需要线切割加工 8 个凹槽，其凹槽宽度尺寸要求为（7 ± 0.02）mm，8 个凹槽在圆周上均匀分布，凹槽之间的角度尺寸均为 $45°\pm2'$。凹槽表面粗糙度均为 $Ra1.6\mu$m。零件外圆和两端端面的表面粗糙度为 $Ra0.8\mu$m，其余被加工表面的表面粗糙度均为 $Ra3.2\mu$m。

（一）加工工艺路线

1）下料：用圆棒料在锯床上下料。

2）锻造：将棒料锻成较大的圆形毛坯。

3）退火：经过锻造的毛坯必须进行退火，以消除锻造后的内应力，并改善其加工性能。

4）车床加工：车外圆、端面和车孔，外圆、内孔和端面留有加工余量，尺寸 $\phi60$mm 和 $\phi70$mm 加工至图样要求。

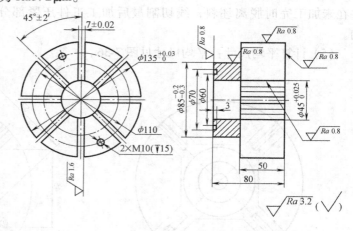

图 7-37 叶轮零件图

5）划线：划出各孔的位置，并在孔中心钻中心孔。

6）钻孔和攻螺纹：钻螺纹底孔和攻螺纹。

7）热处理：热处理 50~54HRC。

8）磨床加工：磨削外圆、内孔和端面，内孔和外圆尺寸 $\phi35$mm 留加工余量，单面留 0.3~0.5mm，其他至图样要求。

9）线切割加工：线切割加工 8 个凹槽。

10）精磨：精磨外圆尺寸 $\phi35^{+0.03}_{0}$mm 和内孔尺寸 $\phi45^{+0.025}_{0}$mm 至图样要求。

11）钳工抛光。

12）检验。

（二）主要工艺装备

1）夹具：分度头 F11125 或 F11100。

2）辅具：压板组件、锤子、扳手。

3）钼丝：直径为 $\phi 0.18mm$。

4）量具：磁力表座与百分表、钼丝垂直校正器、游标卡尺。

（三）线切割加工步骤

1．线切割加工工艺处理及计算

（1）工件装夹与校正：分析图样可知，零件的凹槽在外圆上均匀分布，不均匀度小于 ±2′，用线切割加工时需制作旋转胎具或用分度头加工，由于此件属于单件生产，在这里采用分度头进行分度，零件装夹如图 7-38 所示。把百分表靠在工件的最大外圆上，摇动分度头的手柄，使工件旋转，这时百分表的指针摆动小于 0.04mm，保证工件和分度头卡盘同心。同时用百分表校正工件的 A 面，通过调整分度头的位置保证百分表在 A 面上摆动量小于 0.02mm。

（2）选择钼丝起始位置和切入点：工件凹槽为开口形，所以线切割加工时，可以在工件的外部切入，切入点的位置为点 P，如图 7-39 所示。

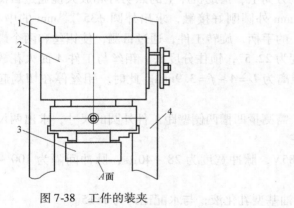

图 7-38 工件的装夹
1、4—工作台支撑板 2—分度头 3—工件

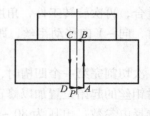

图 7-39 切割路线

（3）确定切割路线：工件精度要求高，特别是分度精度，而且凹槽较深，其工件材料已热处理，用线切割加工时往往产生变形。为了保证工件质量，采用两次切割：第一次切割目的是释放工件的内应力；第二次切割成形。两次切割路线如图 7-39 所示。

（4）计算平均尺寸：平均尺寸见图 7-40。图 7-40a、b 分别为第一次和第二次切割尺寸。工件切割厚度大，线切割加工速度低，加工过程中产生二次放电现象，而且凹槽表面有粗糙度要求，需留有抛光量余量，在第二次切割时，槽宽取 6.98mm。

（5）确定计算坐标系：为了计算点的坐标方便，以凹槽中心线和工件端面交点的位置坐标系的原点建立坐标系，如图 7-40 所示。

（6）确定偏移量：选择钼丝直径为 $\phi 0.18mm$，单面放电间隙为 0.01mm，钼丝中心偏移量 $f = 0.18/2mm + 0.01mm = 0.1$（mm）。

（7）计算钼丝中心轨迹及各交点的坐标 钼丝中心轨迹见图 7-41 中的双点画线，相对于工件平均尺寸偏移一垂直距离（0.1mm）。通过几何计算得到各交点的坐标。

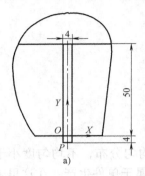
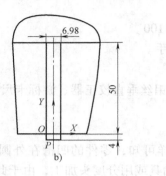
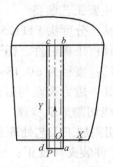

图 7-40 平均尺寸　　　　　　　　　　　　图 7-41 钼丝中心轨迹

2. 编写加工程序　采用 3B 编程，程序单略。

3. 工件加工。

（1）钼丝起始点的确定：钼丝垂直度的调整：在 X 方向上，用机床厂家提供的垂直器校正；在 Y 向上，以工件的 A 面为基准，采用火花放电的方式调整钼丝的垂直度，使钼丝平行于工件的 A 面。

（2）钼丝起始位置的确定：在 X 方向上，借助机床上的照明灯和放大镜通过目测，使钼丝在 $+X$ 和 $-X$ 向与工件的 $\phi 35^{+0.03}_{0}$mm 外圆刚好接触，求出外圆 $\phi 35^{+0.03}_{0}$mm 的中心位置，并把钼丝停在此位置上。摇动分度头的手柄，旋转工件，通过目测，使钼丝和两个螺钉孔的中心连线重合，再次旋转工件，角度为 22.5°，锁住分度头。钼丝与工件 A 面火花放电，当火花均匀时，向 $-Y$ 向移动钼丝，距离为 $L = 4 - f = 3.9$mm。此时，钼丝停在切割起始位置上。

当第一次切割完第一个凹槽时，需测量凹槽两侧壁距工件外圆的尺寸，求出两尺寸之间的误差，对钼丝的起始位置加以修正。

（3）选择电参数：电压为 80~85V，脉冲宽度为 28~40μs，脉冲间隔为 100~160μs，电流为 2.8~3.2A。

（4）切削液的选择：选择 DX-2 油基型乳化液，与水配比约为 1:15。

习　题

7-1　数控线切割加工有哪些特点？

7-2　为什么在模具制造中，数控线切割加工得到广泛地应用？

7-3　数控线切割加工中，影响表面粗糙度的主要因素有哪些？其影响规律如何？

7-4　数控线切割加工的主要工艺指标有哪些？影响工艺指标的因素有哪些？这些因素是如何影响工艺指标的？

7-5　数控线切割加工中对工件装夹有哪些要求？

7-6　数控线切割加工的工艺准备和加工参数包括哪些内容？

7-7　为什么慢速走丝比快速走丝加工精度高？

7-8　数控线切割加工中，切削液有何作用？如何选择和配置？

7-9　数控线切割加工图 7-42 所示直纹曲面工件，它们各需几坐标联动加工？

7-10　数控线切割加工图 7-43 所示工件，材料为 GCr15，试制订其数控线切割加工工艺。

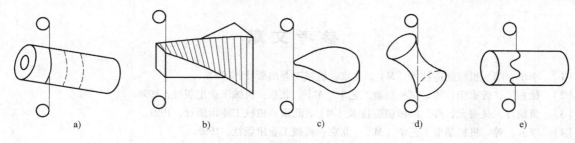

图 7-42 题 7-9 图

a）加工窄螺旋槽　b）加工扭转锥台　c）加工平面凸轮　d）加工双曲面　e）加工回转端面曲线

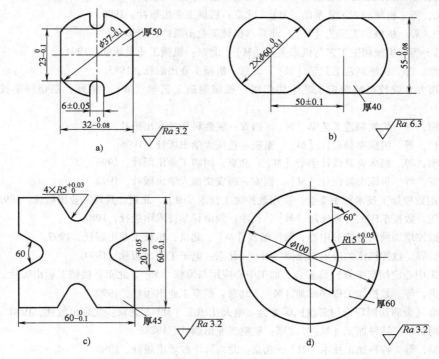

图 7-43 题 7-10 图

a）、b）、c）凸模类零件　d）凹模类零件

参 考 文 献

[1]　李华，等．机械制造技术［M］．北京：机械工业出版社，1997.

[2]　徐嘉元，曾家驹，等．机械制造工艺学［M］．北京：机械工业出版社，1998.

[3]　黄鹤汀，吴善元，等．机械制造技术［M］．北京：机械工业出版社，1997.

[4]　李云，等．机械制造工艺学［M］．北京：机械工业出版社，1995.

[5]　庞怀玉，等．机械制造工程学［M］．北京：机械工业出版社，1998.

[6]　金问楷，等．机械加工工艺基础［M］．北京：清华大学出版社，1990.

[7]　徐嘉元，等．机械加工工艺基础［M］．北京：机械工业出版社，1990.

[8]　朱绍华，等．机械加工工艺［M］．北京：机械工业出版社，1996.

[9]　刘守勇，等．机械制造工艺与机床夹具［M］．北京：机械工业出版社，1994.

[10]　赵志修，等．机械制造工艺学［M］．北京：机械工业出版社，1985.

[11]　上海市大专院校机械制造工艺学协作组．机械制造工艺学［M］．福州：福建科学技术出版社，1985.

[12]　顾崇衔，等．机械制造工艺学［M］．西安：陕西科学技术出版社，1981.

[13]　徐发仁，等．机床夹具设计［M］．重庆：重庆大学出版社，1996.

[14]　杨黎明，等．机床夹具设计手册［M］．北京：国防工业出版社，1996.

[15]　龚定安，等．机床夹具设计［M］．西安：西安交通大学出版社，1992.

[16]　《实用数控加工技术》编委会．实用数控加工技术［M］．北京：兵器工业出版社，1995.

[17]　周定伍．数控车床的合理使用［M］．长沙：湖南科学技术出版社，1987.

[18]　全国数控培训网络天津分中心．数控编程［M］．北京：机械工业出版社，1997.

[19]　曹琰，等．数控机床的应用与维修［M］．北京：电子工业出版社，1994.

[20]　《加工中心应用与维修》编委会．加工中心应用与维修［M］．北京：机械工业出版社，1992.

[21]　范炳炎，等．数控加工程序编制［M］．北京：航空工业出版社，1990.

[22]　北京市《金属切削理论与实践》编委会．电火花加工［M］．北京：北京出版社，1980.

[23]　金庆同，等．特种加工［M］．北京：航空工业出版社，1988.

[24]　陈传梁，等．特种加工技术［M］．北京：北京科学技术出版社，1989.

[25]　刘晋春，赵家齐，等．特种加工［M］．北京：机械工业出版社，1994.

[26]　刘振辉，等．特种加工［M］．重庆：重庆大学出版社，1991.

[27]　卢存伟，等．电火花加工工艺学［M］．北京：国防工业出版社，1988.

[28]　北京联合大学机械工程学院．机夹可转位刀具手册［M］．北京：机械工业出版社，1994.

[29]　劳动部教材办公室．车床数字控制（'96新版）［M］．北京：中国劳动出版社，1997.

[30]　刘文信，等．机床数字控制［M］．北京：机械工业出版社，1995.

[31]　唐健，等．数控加工及程序编制基础［M］．北京：机械工业出版社，1997.

[32]　吴玉华，等．金属切削加工技术［M］．北京：机械工业出版社，1998.

[33]　郑修本，冯冠大，等．机械制造工艺学［M］．北京：机械工业出版社，1993.

[34]　徐宏海，等．数控加工工艺［M］．北京：化学工业出版社，2008.

[35]　周晓宏，等．数控加工工艺与设备［M］．北京：机械工业出版社，2008.

[36]　于杰，等．数控加工工艺与编程［M］．北京：国防工业出版社，2009.

[37]　赵华，等．数控加工工艺与编程［M］．北京：化学工业出版社，2007.

[38]　田春霞，等．数控加工工艺［M］．北京：机械工业出版社，2006.

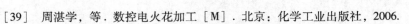

［39］ 周湛学，等．数控电火花加工［M］．北京：化学工业出版社，2006.

［40］ 周晖．数控电火花加工工艺与技巧［M］．北京：化学工业出版社，2009.

［41］ 晏初宏，等．数控加工工艺与编程［M］．北京：化学工业出版社，2004.